T0098894

PHILOSOPHIE DE LA BIOLOGIE
I

TEXTES CLÉS

PHILOSOPHIE DE LA BIOLOGIE
Explication biologique, hérédité, développement

Textes réunis et introduits par
Jean GAYON et Thomas PRADEU

PARIS
LIBRAIRIE PHILOSOPHIQUE J. VRIN
6 place de la Sorbonne, V[e]

2021

Imprimé en France
ISSN 1968-1178
ISBN 978-2-7116-2936-7
www.vrin.fr

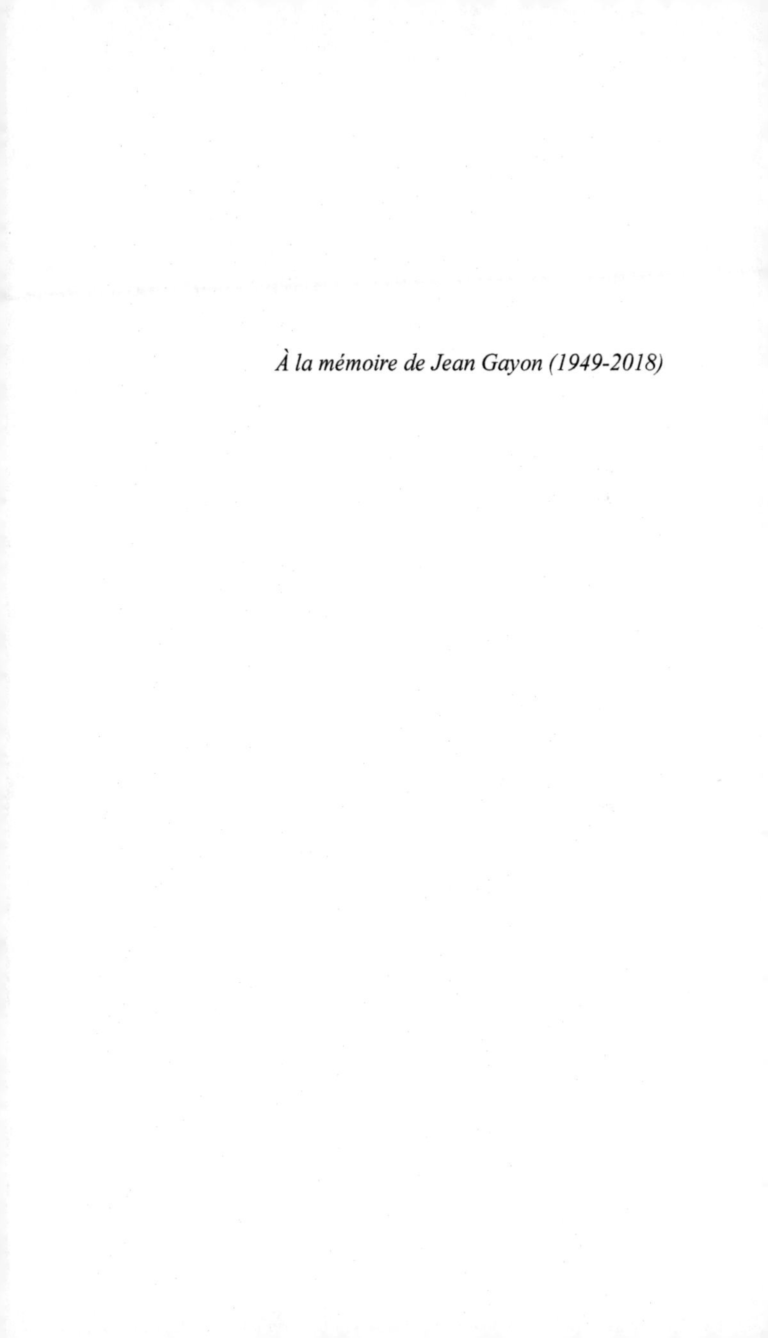

À la mémoire de Jean Gayon (1949-2018)

INTRODUCTION GÉNÉRALE

La philosophie de la biologie est la branche de la philosophie des sciences qui étudie les fondements conceptuels, théoriques et méthodologiques des sciences du vivant contemporaines. Elle soulève des problèmes proches de ceux qui intéressent les biologistes eux-mêmes, tout en le faisant généralement à un plus haut niveau d'abstraction conceptuelle et théorique, et avec les moyens de l'analyse philosophique.

Les problèmes majeurs qu'explore la philosophie de la biologie et qui sont devenus classiques au cours de la seconde moitié du XXe siècle incluent le statut épistémologique de la théorie de l'évolution (en quel sens est-elle une théorie, voire un ensemble de théories ? [1]), l'interprétation du concept de sélection naturelle [2], la

1. M. Ruse, *The Philosophy of Biology* [1973], London, Hutchinson University Library ; E. Lloyd, *The Structure and Confirmation of Evolutionary Theory* [1993], Princeton, NJ, Princeton University Press (1re éd. 1988).

2. E. Sober, *The Nature of Selection. Evolutionary Theory in Philosophical Focus* [1984], Chicago, The University of Chicago Press ; J. Gayon, *Darwin et l'après-Darwin. Une histoire de l'hypothèse de sélection naturelle* [1992], Paris, Kimé ; P. Godfrey-Smith, *Darwinian Populations and Natural Selection*, Oxford, Oxford University Press, 2009.

définition et les limites du concept d'adaptation [1], la réflexion sur les fonctions et la téléologie dans les sciences du vivant [2], le débat autour des unités et des niveaux de sélection [3], le développement embryonnaire [4], la définition du gène et la possibilité de réduire la génétique à la génétique moléculaire [5], ainsi que les approches évolutionnaires de

1. R. M. Burian, « Adaptation », *in* M. Greene (ed.), *Dimensions of Darwinism*, New York-Cambridge, Cambridge University Press, 1983, p. 287-314 ; R. Brandon, *Adaptation and Environment*, Cambridge, Cambridge University Press, 1990.

2. L. Wright, « Functions », *Philosophical Review* 82(2), 1973, p. 139-168 ; R. Cummins, « Functional Analysis », *The Journal of Philosophy* 72, 1975, p. 741-764 ; K. Neander, « The Teleological Notion of Function », *Australian Journal of Philosophy* 69, 1991, p. 454-468.

3. R. Lewontin, « Units of selection », *Annual Review of Ecology and Systematics* 1, 1970, p. 1-18 ; D. Hull, « Individuality and Selection », *Annual Review of Ecology and Systematics* 11, 1980, p. 11-332 ; R. Brandon, R. Burian (eds.), *Genes, Organisms and Populations. Controversies Over the Units of Selection*, Cambridge (Mass.), The MIT Press, 1984 ; S. Okasha, *Evolution and the Levels of Selection*, Oxford, Oxford University Press, 2006.

4. S. Oyama, *The Ontogeny of Information*, Cambridge-New York, Cambridge University Press, 1985 ; 2nd edition, Durham (N.C.), Duke University Press, 2000 ; P. Griffiths, R. Gray, « Developmental Systems and Evolutionary Explanation », *Journal of Philosophy* 91, 1994, p. 277-304 ; R. M. Burian, *The Epistemology of Development, Evolution and Genetics : Selected Essays*, Cambridge (UK and New York), Cambridge University Press, 2005 ; R. Amundson, *The changing role of the embryo in evolutionary thought : roots of evo-devo*, Cambridge (New York), Cambridge University Press, 2005.

5. K. Schaffner, « Approaches to reduction », *Philosophy of Science* 34, 1967, p. 137-147 ; D. Hull, *Philosophy of Biological Science*, Englewood Cliffs (N.J.), Prentice-Hall, 1974 ; P. S. Kitcher, « 1953 and all That. A Tale of Two Sciences », *Philosophy of Science* 93(3), 1984, p. 335-373 ; A. Rosenberg, *The Structure of Biological Science*, Cambridge, Cambridge University Press, 1985.

l'épistémologie, de l'éthique et de la culture[1], parmi de nombreux autres problèmes bien entendu[2].

D'un point de vue historique, le domaine de la philosophie de la biologie tel qu'il est aujourd'hui entendu à l'échelle internationale s'est principalement développé dans les pays de langue anglaise à partir des années 1960 et 1970. Il se caractérise par certaines figures « fondatrices » majeures (notamment David Hull, Michael Ruse et Elliott Sober), une société savante (l'International Society for the History, Philosophy and Social Studies of Biology), des manuels et plusieurs revues spécialisées. Certains biologistes, tout particulièrement des biologistes de l'évolution (par exemple Ernst Mayr, Stephen Jay Gould et Richard Lewontin), ont également joué un rôle important dans la naissance de la philosophie de la biologie[3].

La France possède, elle aussi, une forte tradition dans le domaine de la réflexion philosophique sur le vivant. La tradition d'épistémologie historique française a en effet donné lieu à des travaux particulièrement riches, notamment ceux de Georges Canguilhem. De manière volontairement simplificatrice, on pourrait dire que cette approche diffère de l'approche anglo-saxonne par deux caractéristiques

1. D. Sperber, *Explaining culture : a naturalistic approach*, Oxford, Blackwell, 1998 ; J. Dupré, *Human Nature and the Limits of Science*, Oxford, Clarendon Press, 2001.

2. Pour une présentation détaillée, en langue française, des principaux problèmes soulevés par la philosophie de la biologie, voir T. Pradeu, « Philosophie de la biologie », dans A. Barberousse, D. Bonnay, M. Cozic (éd.), *Précis de philosophie des sciences*, Paris, Vuibert, 2011 ; T. Hoquet, F. Merlin (éd.), *Précis de philosophie de la biologie*, Paris, Vuibert, 2014.

3. Voir par exemple E. Mayr, « Footnotes on the philosophy of biology », *Philosophy of Science* 36, 1969, p. 197-202, ainsi que E. Mayr, *Toward a new philosophy of biology : observations of an evolutionist*, Cambridge (Mass.), Belknap Press of Harvard University Press, 1988.

principales. L'une est l'insistance sur la mise en contexte historique des problèmes biologiques abordés, conduisant à un mariage entre questionnement historique et philosophique (là où, dans l'approche anglo-saxonne, les questions historiques et philosophiques sont plus souvent considérées comme distinctes). L'autre est la convergence entre questions relatives à la biologie et questions relatives à la médecine – convergence très forte chez Georges Canguilhem [1], François Dagognet, ou Anne Fagot-Largeault, par exemple. Cependant, ce ne sont là, bien sûr, que des lignes très générales, et de nombreuses exceptions existent.

Par le choix des textes dans ces deux volumes de *Textes clés*, notre objectif a été de montrer au lecteur francophone la diversité des thèmes et problématiques explorés par les philosophes de la biologie au cours des cinquante dernières années environ. Ces textes s'adressent aussi bien aux philosophes qu'aux biologistes ainsi qu'à l'« honnête homme ». La spécificité et parfois la technicité de la philosophie de la biologie ne doivent pas, en effet, faire oublier un constat essentiel : la philosophie de la biologie soulève des questions philosophiques majeures, dont les racines remontent souvent à l'Antiquité (tout particulièrement, bien sûr, à Aristote, qui fut comme on le sait un immense biologiste, et dont le questionnement biologique se nourrissait de la réflexion philosophique et la nourrissait en retour [2]). Ces questions philosophiques

1. Voir notamment G. Canguilhem, *La Connaissance de la vie*, 2 e éd. Paris, Vrin, 1975.

2. Pour un éclairage sur ce sujet, voir notamment P. Pellegrin, *La Classification des animaux chez Aristote : statut de la biologie et unité de l'aristotélisme*, Paris, Les Belles Lettres, 1982 ; J. G. Lennox, *Aristotle's philosophy of biology : studies in the origins of life science*, Cambridge (UK-New York), Cambridge University Press, 2001.

incluent par exemple la définition de la « nature humaine »[1], la question de savoir ce qu'est un individu[2], la possibilité de penser certaines de nos catégories classificatoires comme des « essences »[3], les origines évolutionnaires de la cognition humaine[4] ou encore le problème de savoir si l'on peut expliquer à l'aide de lois générales des phénomènes et processus qui sont le produit d'une histoire[5].

Ce premier volume porte sur l'explication biologique, l'hérédité, et le développement (le second volume portera, pour sa part, sur l'évolution, l'environnement et la diversité biologique). Il est l'occasion d'un dialogue entre deux ensembles de questions nécessairement très liés dans les sciences du vivant : les questions portant sur l'*explanandum* (ce qu'il s'agit d'expliquer) et celles portant sur l'*explanans* (ce qui permet d'expliquer).

Du côté de ce qu'il s'agit d'expliquer, ce premier volume rassemble des textes portant pour la plupart sur la question de savoir comment rendre compte du *fonctionnement présent* des êtres vivants. L'accent est donc principalement mis sur des questions et des domaines biologiques qui s'intéressent non pas à l'histoire du vivant mais aux mécanismes et processus du fonctionnement des organismes

1. D. Hull, « A Matter of Individuality », *Philosophy of Science* 45, 1978, p. 335-360.

2. D. Hull, « Individuality and Selection », *op. cit.*

3. E. Sober, « Evolution, Population Thinking, and Essentialism », *Philosophy of Science* 47, 1980, p. 350-383 ; M. Ereshefsky, « What's Wrong with the New Biological Essentialism », *Philosophy of Science* 77, 2010, p. 674-685.

4. K. Sterelny, *Thought in a hostile world : the evolution of human cognition*, Malden (Mass.), Blackwell, 2003.

5. J. J. C. Smart, *Philosophy and Scientific Realism*, London-New York, Routledge & Kegan Paul-Humanities Press, 1963 ; J. Gayon, « La biologie entre loi et histoire », *Philosophie*, 1993, p. 50-57.

tels qu'ils peuvent être étudiés aujourd'hui. Cela correspond à ce que le biologiste Ernst Mayr, dans le texte devenu classique traduit dans ce volume[1], appelle la « biologie fonctionnelle » ou biologie posant la question « comment ? », qu'il oppose à la « biologie évolutionnaire », ou biologie posant la question « pourquoi » ? ». Les exemples de ces processus étudiés par les biologistes sont pratiquement infinis ; dans les textes réunis dans ce volume, on trouvera des analyses détaillées de la transmission d'une « information » génétique par la molécule d'ADN (textes de Griffiths et Kitcher, mais également de Mayr et de Gayon), la neurotransmission (texte de Machamer, Darden et Craver), ou encore le développement embryonnaire (texte de Scott Gilbert).

Bien entendu, le présent en biologie est toujours éclairé par le passé, le fonctionnement actuel des organismes étant le produit d'une riche histoire évolutive. C'est pour cela que lorsque nous abordons dans ce volume, par exemple, la question du gène et de l'information génétique, nous la resituons dans le contexte de la double définition du gène – à la fois unité d'hérédité (et donc le produit d'une histoire) et unité moléculaire (séquence d'ADN qui spécifie l'ordre d'un ARN ou d'une protéine). Il en va de même, et de manière sans doute plus évidente encore, du débat sur les « fonctions » en biologie. Il est fréquent en biologie de dire que la « fonction » du cœur chez les vertébrés, pour prendre un exemple devenu canonique, est de faire circuler le sang. C'est une manière de parler que l'on est loin de retrouver dans toutes les sciences (en physique, par exemple), et qui a parfois suscité une grande méfiance :

1. E. Mayr, « Cause and effect in biology », *Science* 134, 1961, p. 1501-1506.

tout se passe comme si la biologie expliquait l'existence d'un trait ou d'un comportement par le « but » qu'il permet de réaliser. Ceci semble indiquer une violation d'un principe élémentaire de la causalité ; on doit expliquer un effet par sa cause, mais pas une cause par son effet. Les textes de Neander d'une part et de Rosenberg et McShea d'autre part permettent de dresser un portrait des deux grandes conceptions des fonctions biologiques, la conception dite « systémique » et la conception dite « étiologique ». Or, ce débat sur les fonctions biologiques ne peut se comprendre que comme l'opposition entre deux approches – éventuellement complémentaires – dont l'une est actuelle (la conception systémique, qui demande quelle est, ici et maintenant, la contribution causale d'un trait à un système biologique préalablement délimité)[1] et l'autre est historique (la conception étiologique, qui voit en toute fonction un trait conservé par la sélection naturelle à travers l'histoire évolutive de l'espèce)[2].

Au total, c'est donc souvent, comme on vient de le voir, par la mise en regard et la complémentarité entre une explication « présente » et une explication « historique » que les sciences biologiques se proposent de rendre compte des processus à l'œuvre dans le monde vivant.

Du côté de ce qui permet d'expliquer, ce premier volume explore certains des principaux concepts, approches et méthodes mobilisés pour produire des explications dans les sciences du vivant. La philosophie des sciences a pendant longtemps été dominée par le modèle des sciences physiques, ce qui a suscité de nombreuses réflexions sur

1. R. Cummins, « Functional Analysis », *op. cit.*

2. L. Wright, « Functions », *op. cit.* ; K. Neander, « The Teleological Notion of Function », *op. cit.*

les notions de loi et de théorie, par exemple. Peut-on, cependant, parler de « loi » et de « théorie » en biologie au même sens que ce que l'on fait en physique ? (Voir sur ce sujet les textes de Smart et de Sober mais aussi de Mayr, Gayon ainsi que Machamer, Darden et Craver). Que considère-t-on comme une « cause » en biologie ? Dans le texte traduit dans ce volume, Mayr insiste sur le fait que les êtres vivants, parce qu'ils sont le produit d'une histoire évolutive, obéissent à deux régimes de causalité différents : les causes prochaines et les causes ultimes [1]. Plus récemment, le courant « mécanistique » en philosophie de la biologie (dont l'article sans doute le plus remarqué et le plus cité a été celui de Machamer, Darden et Craver traduit ici), a posé à nouveaux frais la question de la causalité et celle des modes d'explication dans les sciences du vivant actuelles [2].

Il ne s'agit là que de quelques exemples de ces questionnements qui portent tant sur ce que la biologie s'efforce d'expliquer que sur les outils conceptuels et méthodologiques dont elle se sert pour produire ses explications. Les textes qui suivent donneront une idée beaucoup plus riche de la diversité de ces questionnements – sans bien sûr prétendre à une quelconque exhaustivité. En examinant la manière dont les sciences biologiques actuelles expliquent le vivant mais également en évoquant les notions de « structure » et de « fonction », d'« information » biologique, ou encore d'« inné » et « d'acquis », nous espérons que ces textes donneront envie

1. E. Mayr, « Cause and effect in biology », *op. cit.*

2. Voir également C. F. Craver, *Explaining the Brain : Mechanisms and the Mosaic Unity of Neuroscience*, Oxford, Clarendon Press, 2007 ; C. F. Craver, L. Darden, *In Search of Mechanisms : Discoveries Across the Life Sciences*, Chicago, University of Chicago Press, 2013.

au lecteur d'en apprendre davantage sur les principales questions conceptuelles, empiriques et méthodologiques de la biologie contemporaine, ainsi que sur la manière dont des collaborations entre scientifiques et philosophes des sciences sont susceptibles d'apporter une contribution à ces recherches.

Pour en savoir plus sur la philosophie de la biologie

GODFREY-SMITH P., *Philosophy of Biology*, Princeton, Princeton University Press, 2014.

HULL D. L., RUSE M., *The Cambridge Companion to the Philosophy of Biology*, Cambridge-New York, Cambridge University Press, 2007.

OKASHA S., *Philosophy of Biology : A Very Short Introduction*, Oxford, Oxford University Press, 2019.

ROSENBERG A., McShea D. W., *Philosophy of Biology : A Contemporary Introduction*, New York, Routledge, 2008.

SARKAR S., PLUTYNSKI A., *A Companion to the Philosophy of Biology*, Malden (Mass.), Blackwell, 2008.

SOBER E., *Philosophy of Biology*, 2 e ed. Boulder, Westview Press, 2000 (1 re éd. 1993).

– *Conceptual Issues in Evolutionary Biology*, 3 e éd. Cambridge (Mass.), The MIT Press, 2006 (1 re éd. 1984).

STERELNY K., GRIFFITHS P. E., *Sex and Death : An Introduction to Philosophy of Biology*, Chicago (Ill.), University of Chicago Press, 1999.

Jean GAYON et Thomas PRADEU

PRÉSENTATION

LOIS ET THÉORIES

Depuis le milieu du XIXe siècle, certains philosophes ont émis des doutes sur l'existence de lois authentiquement générales dans les sciences de la vie, en dépit de l'usage fréquent de ce terme dans la littérature biologique. Henri Bergson en est un exemple notoire. Dans *L'Évolution créatrice*, il insiste sur l'historicité, l'imprévisibilité, l'unicité, la non-répétabilité de l'évolution de la vie, et récuse l'idée de « loi biologique universelle » [1]. On peut aussi mentionner Antoine-Augustin Cournot, qui contestait la vision laplacienne du Monde selon laquelle « la Nature obéit à un petit nombre de lois immuables », et suggérait que dans le monde vivant il existe autant de lois qu'il y a d'espèces, chacune venant dans l'évolution comme un « coup d'État » [2]. Toutefois, ce n'est qu'à la faveur du concept de loi élaboré par la philosophie des sciences d'inspiration néo-positiviste que la thèse selon laquelle il n'y a ni lois ni théories en biologie a été clairement formulée et argumentée.

1. H. Bergson, *L'Evolution créatrice*, Paris, P.U.F., 1907, p. 11 et p. 88.

2. A.-A. Cournot, *Matérialisme, vitalisme, rationalisme. Étude sur l'emploi des données de la science en philosophie* [1875], Paris, Vrin, 1987, p. 75.

On doit au philosophe australien John Jamieson Carswell Smart (1920-2012) d'avoir le premier formulé cette thèse en toute clarté, dans le texte traduit ci-après. Smart ne conteste pas que les sciences biologiques produisent des généralisations, mais seulement qu'il existe en biologie des lois « au sens strict ». Il convient donc de rappeler les principaux résultats des discussions des philosophes analytiques et néo-positivistes sur ce sujet[1].

Dans leur monographie canonique, Hempel & Oppenheim ont bien récapitulé ces acquis[2]. Ils posent d'abord que les énoncés nomologiques (*lawlike statements*) sont des énoncés de forme logique universelle *et* vrais. Il peut s'agir soit d'énoncés analytiques – logiques ou mathématiques – qui sont vrais *a priori*, soit d'énoncés universels empiriquement vrais – on parle alors de « lois de la nature ». Un énoncé universel est un énoncé de forme logique « Tous les A sont B » (ou, plus rigoureusement, « Pour tout *x*, si *x* est A, alors il est B »). Cependant, cette condition logique est insuffisante. En effet, d'innombrables énoncés universels ne valent en fait que pour une portion limitée de l'espace et du temps. Par exemple, si je dis « toutes les pommes maintenant présentes dans ce panier sont rouges », ou « tous les présidents de la République française sont (ont été) de sexe masculin », nul ne qualifiera de tels énoncés comme des lois de la nature. Ils sont

1. Pour une discussion des conceptions contemporaines, voir M. Kistler, *Causalité et lois de la nature*, Paris, Vrin, 1999 ; A. Barberoussse, M. Kistler, P. Ludwig, *La Philosophie des sciences au XXe siècle*, Paris, Flammarion, 2002, chapitre « Les lois de la nature ». Voir également S. Laugier, P. Wagner (éd.), *Textes Clés en Philosophie des sciences*, Paris, Vrin, 2004.

2. G. Hempel, P. Oppenheim, « Studies in the Logic of Scientific Explanation », *Philosophy of Science* 15(2), 1948, p. 135-175, § 6.

caractérisés par les philosophes des sciences comme des « généralisations accidentelles ». Il faut donc davantage spécifier la notion d'universalité associée aux lois de la nature. La solution traditionnelle consiste à dire que les lois sont des énoncés universels de portée illimitée, c'est-à-dire dont l'application ne connaît pas de limitation spatio-temporelle. Cette définition signifie qu'il ne peut en toute rigueur y avoir de lois pour une entité individuelle. C'est là une condition exigeante car en toute rigueur, on ne devrait pas parler des lois du mouvement des planètes de Kepler, car ces « lois » sont formulées en référence à une entité spatio-temporelle unique, le système solaire[1]. La difficulté s'évanouit cependant si ces lois s'appliquent à tout système solaire possible.

Un second acquis noté par Hempel et Oppenheim consiste à relativiser l'exigence de portée universelle illimitée en distinguant les lois fondamentales et les lois dérivées[2]. L'exigence de portée universelle illimitée ne vaut que pour les lois fondamentales. Les lois dérivées, comme par exemple la loi de chute des corps à la surface de la Terre ou à la surface de la lune, sont des lois en dépit de leur portée spatio-temporelle finie. Leur caractère nomologique est garanti par les lois fondamentales dont on peut les dériver dans la mécanique newtonienne. Il en irait de même des lois de Kepler. Dans un contexte newtonien, les lois de Kepler, qui concernent le système solaire, sont en effet déductibles de lois fondamentales qui, elles, ont une portée illimitée (principe d'inertie, loi fondamentale de la dynamique, etc.). On remarquera que

1. *Ibid.*; E. Nagel, *The Structure of Science. Problems in the logic of scientific explanation*, London, Routledge, 1961.

2. H. Reichenbach, *Elements of symbolic logic*, New York, Macmillan Co, 1947.

dans cette conception, le sort des lois est lié à celui des théories, les théories scientifiques étant conçues comme des systèmes déductifs dans lesquels l'immense majorité des lois consiste en théorèmes déduits à partir d'hypothèses fondamentales valant comme principes ou axiomes.

Un troisième critère, mentionné comme les précédents par Hempel et Oppenheim, est dû à Nelson Goodman [1]. Il consiste à dire que les lois doivent supporter (ou autoriser) des conditionnels contrefactuels. Un conditionnel contrefactuel est un énoncé « contraire-aux-faits ». Par exemple, un historien qui déclare que « si Hitler était mort en 1943, la Seconde Guerre mondiale se serait terminée plus tôt », combine deux énoncés contrefactuels : Hitler n'est pas mort en 1943, et la Seconde Guerre mondiale ne s'est pas achevée avant 1945. Mais la combinaison des deux contrefactuels a un sens : elle évoque une relation causale vraisemblable entre les deux contrefactuels : la disparition de Hitler en 1943 aurait probablement hâté la fin de la Seconde Guerre mondiale. Ce critère ne fournit pas à proprement parler une définition des lois, mais il offre un critère efficace de détection de celles-ci. Ce critère a de fait été mis en œuvre dans d'innombrables travaux philosophiques portant tantôt sur la causalité tantôt sur les lois. L'idée brillante de Goodman est que les conditionnels contrefactuels permettent de saisir l'idée, si difficile à cerner depuis Hume, de « nécessité naturelle », souvent rebaptisée « nécessité nomique » à l'époque contemporaine. Chez Hume, l'idée de connexion nécessaire entre deux faits est l'objet d'une sévère critique, et se trouve réduite à une association psychologique répétée. Chez Goodman,

1. N. Goodman, « The problem of counterfactual conditionals », *The Journal of philosophy* 44, 1947, p. 113-128.

la possibilité de construire un contrefactuel à partir d'un énoncé « projette » celui-ci sur d'autres mondes possibles que le monde réel *hic et nunc*. Ce critère est très efficace pour distinguer des énoncés du genre « Toutes les pièces de mon porte-monnaie sont des pièces d'or » d'énoncés du genre « Le sucre est soluble dans l'eau ». Dans le premier cas, le contrefactuel « cette pièce de laiton, que je tiens dans ma main, serait en or si je la mettais dans mon porte-monnaie » – est une absurdité. Dans le second cas, il paraît légitime d'inférer le contrefactuel « ce morceau de sucre, si je le plongeais dans l'eau, se dissoudrait ».

Le chapitre de Smart ici traduit utilise les trois critères classiques de nomicité qu'on vient de rappeler. Pour le philosophe australien, les généralisations des sciences biologiques ne sont pas des lois au sens strict car elles ne sont générales (si elles le sont vraiment) que relativement à des groupes d'organismes dont les propriétés sont le résultat d'une évolution qui s'est déroulée sur la planète Terre. En second lieu, ces généralisations ne justifient pas des contrefactuels qui les étendraient à d'autres mondes possibles que le nôtre (comprenons : la planète Terre). Enfin, elles ne sont pas déductibles de lois physiques ou chimiques de portée universelle illimitée. Smart ne nie pas que la biologie fasse usage de lois physico-chimiques, mais il conteste que les généralisations authentiquement biologiques soient déductibles des lois physico-chimiques. D'où sa formule célèbre : « l'ingénierie radio, c'est de la physique plus des schémas de câblage ; la biologie, c'est de la physique et de la chimie plus de l'histoire naturelle ». Dans sa conclusion, Smart nuance son propos. Il explique que la différence entre les sciences physico-chimiques et les sciences biologiques (et psychologiques – traitées dans le chapitre suivant de son livre) n'est pas une coupure de nature métaphysique ; cette différence est de nature méthodologique. Il souligne en particulier que la différence entre biologie et chimie tend à se brouiller dans le cas des macromolécules ou assemblages de macromolécules qui intéressent les biochimistes. Mais il ne cache pas son scepticisme : même s'il s'avérait que les propriétés d'un virus soient *théoriquement* déductibles de principes physico-chimiques, la complexité d'un tel objet est telle que nous ne saurons probablement jamais effectuer en détail une telle déduction.

Smart envisage aussi le cas spécial de la théorie de l'évolution, anticipant ainsi une objection qui a par la suite été formulée à l'encontre de la thèse de l'absence de lois et de théories authentiques en biologie (et dont la meilleure formulation est sans doute due à Carrier[1]). Cette objection consiste à dire qu'on se trompe de cible lorsqu'on se demande s'il existe des lois au niveau d'organismes particuliers – ou plus exactement de groupes d'organismes, comme les espèces, les véritables lois biologiques se trouvant au niveau des principes les plus généraux qui règlent l'évolution (en particulier sélection naturelle et processus stochastiques[2]). Smart répond que de deux choses l'une : ou bien l'on prend ces principes pour ce qu'ils sont dans la pratique biologique réelle, où ils s'appliquent aux seuls organismes terrestres, puisqu'ils sont formulés dans le langage de la génétique des populations, qui elle-même s'appuie sur des processus héréditaires dont les « lois » (par exemple les « lois de Mendel ») ne sont pas des « lois » au sens strict, mais des

1. M. Carrier, « Evolutionary change and lawlikeness. Beatty and biological generalizations », *in* G. Wolters, J.G. Lennox (eds.), *Concepts and theories and rationality in the biological sciences*, Konstanz-Pittsburgh, Universitätverlag-University of Pittsburgh Press, 1995, p. 83-97.

2. Par exemple la dérive génétique aléatoire.

produits d'une évolution locale; ou bien ces principes sont formulés de manière tellement générale que ce sont des « tautologies ». Mais comme on peut le deviner, pour Smart qui raisonne dans le cadre du positivisme logique, des énoncés vrais *a priori* ne sont pas des énoncés nomologiques.

Le lecteur remarquera enfin la place exceptionnelle donnée par Smart à l'unique exemple qu'il développe vraiment, le cas des lois de Mendel. Ce passage compliqué n'est pas d'une clarté exceptionnelle, mais l'esprit peut en être aisément saisi. Le philosophe suppose acquis que dans une espèce donnée, la première loi de Mendel (loi dite de ségrégation des caractères, qui s'applique par définition à un seul caractère existant en plusieurs états) s'applique aux souris, et en particulier à la transmission du trait « albinos ». L'albinisme étant un trait récessif, il est transmis obligatoirement à la progéniture en vertu de la première loi de Mendel (chaque parent est *aa*, donc le croisement ne peut donner qu'un génotype *aa*). La question soulevée par Smart est alors la suivante : les souris étant caractérisées par un certain nombre de caractères spécifiques (A_1, A_2, A_n, ...), qu'est-ce qui nous garantit que dans tout autre monde possible un mâle et une femelle engendreront des enfants albinos? Ceci suppose que la première loi de Mendel s'applique dans tout autre monde possible où existeraient des êtres ayant les mêmes caractères généraux que nos souris. Ce raisonnement vise à faire comprendre que l'un des meilleurs exemples de « loi » qu'on puisse donner en biologie – les lois de Mendel – n'en est pas un. Le cas des lois de Mendel a été indéfiniment repris dans les discussions philosophiques ultérieures sur la question de savoir s'il y a des lois en biologie. L'exemple des souris albinos a souvent été critiqué pour son caractère artificiel et pour son manque de crédibilité biologique.

Ce texte de Smart préfigure avec une remarquable précision bon nombre de sujets qui porteront plus tard le label « philosophie de la biologie » : statut des généralisations biologiques, concept d'espèce[1], contingence évolutionnaire, et statut – tautologique ou non – du principe de sélection naturelle. Ceci est d'autant plus remarquable si l'on songe au fait que la version originale du texte fut d'abord publiée en 1959[2].

La question de savoir s'il y a des lois en biologie a fait l'objet d'une assez abondante littérature depuis le texte fondateur du philosophe australien, mais surtout depuis les années 1990. Nous mentionnerons ici quelques étapes importantes, qui sont à même de faciliter la compréhension de la contribution d'Elliott Sober dont la traduction suit ici celle de Smart.

Deux acteurs de premier plan dans l'émergence de la « philosophie de la biologie » nouvelle manière – et sans doute ceux qui ont le plus durablement façonné ce champ, ont réagi à l'argumentation de Smart, à savoir Michael Ruse et David Hull. Ruse est sans doute l'auteur qui a répondu avec le plus de précision à Smart, dans un texte

1. Le lien entre la question des lois et le concept d'espèce est le suivant : il ne saurait y avoir de lois pour les espèces, si l'on admet qu'elles sont autant d'individus, c'est-à-dire de singularités historiques. David Hull s'en souviendra lorsqu'il adoptera la thèse de l'individualité de l'espèce (voir D. Hull, « A Matter of Individuality », *op. cit.*, traduit dans le second volume de ces Textes Clés). Hull a reconnu sa dette envers Smart lorsqu'il a adopté la thèse des « espèces-comme-individus », après l'avoir d'abord refusée.

2. J. J. C. Smart, « Can Biology be an exact science ? », *Synthese* 11(4), 1959, p. 359-368. Les deux textes diffèrent par le titre, mais les différences sont minimes. L'exemple des souris albinos est développé avec plus de précision et de clarté dans la version originale.

de jeunesse[1]. Cet article est l'attaque la plus claire et la plus élaborée contre Smart. Ruse reproche à Smart, d'une part son concept de nécessité nomique trop abstrait au regard de la pratique scientifique, d'autre part l'amateurisme de ses exemples biologiques. Sur le premier point, Ruse propose d'appeler « loi » un énoncé universel non-analytique soutenu par un large spectre de preuves empiriques, ou qui est dérivable de lois fondamentales au sein d'une théorie scientifique. Il admet en outre avec Smart qu'une loi ne doit faire référence à aucune chose ou aucun lieu particulier. Il prend alors pour exemple la « loi de Hardy-Weinberg » (HW), pierre angulaire de la génétique des populations. Cette loi d'équilibre s'appuie sur la première loi de Mendel. Un raisonnement probabiliste simple, base de tout enseignement de l'évolution, conduit à montrer qu'au terme d'une seule génération de reproduction, les fréquences alléliques (*A*, *a*) et génotypiques (*AA*, *Aa*, *aa*) sont constantes dans la population, sous réserve qu'aucun facteur – notamment mutation, migration, sélection, homogamie, dérive aléatoire – ne vienne biaiser les rapports. La loi HW est une loi binomiale toute simple, qui dit que dans une telle situation les fréquences génotypiques sont fixées dans les proportions *p2*, *2pq*, *q2*. Pourvu d'un tel équilibre de référence (une « *zero force law of evolution* », selon l'expression suggestive d'Elliott Sober[2]), le généticien des populations peut construire des modèles décrivant l'évolution de la composition génétique d'une population mendélienne en modélisant l'effet de tel ou tel facteur évolutif, par exemple la mutation ou sélection. Selon Ruse,

1. M. Ruse, « Are there laws in biology ? », *Australasian Journal of Philosophy* 48(2), 1970, p. 234-246.

2. E. Sober, *The Nature of Selection : Evolutionary Theory in Philosophical Focus*, Chicago, The University of Chicago Press, 1984.

la loi HW est un excellent exemple de loi scientifique : elle est dérivée d'une solide généralisation empirique, la première loi de Mendel, elle ne se réfère à aucun être ou aucun lieu singulier, elle a une forme mathématique, et elle fonctionne comme un axiome au sein d'une théorie biologique majeure, la théorie de la génétique des populations. Ruse ne manque pas de remarquer que c'est une idéalisation, comme le sont les principes fondamentaux de la physique classique : de même que le principe d'inertie de Newton fait abstraction de toute force (une situation qui n'existe probablement pas dans la nature pour quelque point matériel que ce soit), de même le principe HW postule une population infinie (une fiction mathématique, cependant approximativement réalisée lorsque l'effectif de la population considérée est très grand). Pour Ruse, il existe donc bien d'authentiques lois en biologie. L'intérêt du texte de Ruse est de discuter et contrer pied à pied l'argumentation de Smart.

David Hull reprit la question quatre ans plus tard [1]. Le chapitre 3, qui porte le titre explicite « Biological theories and biological laws », est construit comme une réflexion sur la proposition de Smart. Après avoir cité l'aphorisme de Smart selon lequel il n'y a ni lois ni théories en biologie, Hull commence ainsi : « S'il en est ainsi, que dire de la génétique mendélienne, de la génétique moléculaire, de la théorie générale de l'évolution, de la théorie synthétique de l'évolution, et des théories de biologie des populations de Levins, Lewontin, Wilson et d'autres ? Ne sont-elles pas des théories scientifiques ? Ne contiennent-elles pas des lois biologiques ? Les philosophes du genre de Smart

1. D. Hull, *Philosophy of Biological Science*, Englewoods Cliffs (N. J.), Prentice-Hall, 1974.

ont trouvé des raisons de récuser la prétention de chacune de ces théories à être une théorie scientifique. Si ces théories ont la cohérence requise pour être classées comme d'authentiques théories scientifiques, ce ne sont pas des théories vraiment biologiques. Si ce sont vraiment des théories scientifiques, elles ne sont pas authentiquement biologiques ». Après un tel départ en fanfare, on s'attend à ce que Hull réfute Smart en montrant comment les domaines cités infirment sa thèse. Mais le chapitre se développe dans une autre direction. Hull fait d'abord remarquer que les « lois » invoquées par les biologistes, à la différence des lois des sciences physico-chimiques, sont des « lois processuelles », c'est-à-dire « des lois qui permettent d'inférer tous les états passés ou futurs du système, des valeurs pertinentes des variables décrivant ce système étant connues à un instant donné ». Contre toute attente, Hull ne se demande pas alors si les domaines scientifiques qu'il a cités plus haut offrent des lois processuelles, mais consacre le reste du chapitre à examiner dans quelle mesure la majorité des « lois » alléguées de biologistes tombent sous le couperet de Smart. Il examine successivement les « lois causales » (par exemple « le tabac est une cause de cancer »), les lois de développement (notamment les « lois embryologiques », ou les généralisations des biochimistes sur les chaînes métaboliques de transformation de molécules), et les « lois historiques » souvent invoquées par les paléontologues. Il conclut que ces « créatures imparfaites » de la biologie tombent sous la critique de Smart : tous ces types de « lois » sont en fait des généralisations accidentelles. Concernant les « lois historiques », Hull a un paragraphe quelque peu embarrassé sur la question de savoir si la théorie de l'évolution telle qu'elle existe aujourd'hui, c'est-à-dire fondée sur la biologie des populations et la biologie moléculaire, est une théorie historique. Il répond que non. Dans ce domaine, les biologistes peuvent en principe inférer le passé et le futur au moyen de leurs modèles pour autant qu'ils disposent de données empiriques adéquates. Hull semble penser que ce cas se présente plus souvent qu'on ne veut bien l'admettre. Par exemple, la génétique des populations peut faire des prédictions raisonnablement fiables dans des conditions expérimentales contrôlées. De même la reconstruction phylogénétique – une connaissance éminemment historique – s'appuie sur la théorie de l'évolution, qui elle n'est pas « historique ». On chercherait en vain dans ce chapitre de Hull, néanmoins, une déclaration indiquant clairement que Smart est en défaut. Hull hésite : la majorité des généralisations biologiques sont des généralisations accidentelles, *i.e.* historiquement contingentes, y compris celles de la biologie moléculaire. Mais Hull semble admettre, sans le dire explicitement, qu'il y a place pour d'authentiques lois biologiques, notamment dans la théorie de l'évolution. Les conclusions relativement à Smart sont prudentes. Le chapitre de Hull demeure aujourd'hui une mine pour tout philosophe de la biologie. L'ouvrage de 1974 est d'ailleurs trop peu connu des philosophes de la biologie.

On doit à John Beatty[1] un renouvellement important de la question des lois et théories en biologie. Il soutient que toutes les généralisations des sciences biologiques sans exception, c'est-à-dire en y incluant les modèles de la génétique des populations, sont historiquement contingentes, au sens où elles ont résulté d'un cours

1. J. Beatty, « The evolutionary contingency thesis », *in* G. Wolters, J.G. Lennox (eds.), *Concepts and theories and rationality in the biological sciences*, *op. cit.*, p. 45-81.

événementiel qui aurait pu être autre : « La thèse de la contingence évolutive [dit que] toutes les généralisations relatives au monde biologique : a) ne sont que des généralisations mathématiques, physiques ou chimiques (ou des conséquences déduites de généralisations mathématiques, physiques ou chimiques, des conditions initiales étant données) ; b) sont distinctivement biologiques, cas dans lequel elles dérivent des résultats contingents de l'évolution » (p. 46-47). Sans entrer dans le détail d'une argumentation subtile, on peut illustrer sa portée par deux exemples. Le premier exemple porte sur une généralisation majeure en biochimie, le cycle de Krebs [1]. Supposons que le cycle de Krebs ait valeur de loi universelle de portée illimitée. De fait, Krebs pensait qu'il était universellement présent chez tous les organismes capables de respiration. C'est donc *a priori* une généralisation biologique exemplaire. On devrait donc, dit Beatty, pouvoir formuler à partir de lui le contrefactuel suivant : « si telle entité biologique était une cellule capable de respirer, elle devrait le faire en utilisant le cycle de Krebs ». Or ce n'est pas le cas : on a découvert des organismes qui accomplissent la même fonction sans utiliser le cycle de Krebs. En fait, contrairement à ce qu'espérait Krebs, on ne dispose pas de théorie qui permettrait de conclure que le cycle de Krebs doit accompagner tout processus respiratoire. Si le cycle de Krebs est donc si répandu, c'est en raison de circonstances évolutives particulières qui ont conduit à sa sélection et fixation.

1. Découvert dans les années 1930, il s'agit d'une voie métabolique qui permet aux organismes aérobies de dégrader un sous-produit de la dégradation des glucides, graisses et protéines (le groupe dit « acétyle ») pour en récupérer de l'énergie.

Le second exemple de Beatty a trait à la biologie de l'évolution. La génétique des populations, on l'a mentionné, repose en grande partie sur l'équilibre de Hardy Weinberg (HW), qui lui-même présuppose la validité de la première loi de Mendel. Beatty revient sur cette « loi », discutée successivement et contradictoirement par Smart et Ruse. Il fait remarquer qu'il existe des mutations affectant le mécanisme de la méiose, et aboutissant à modifier dramatiquement les rapports mendéliens (« dérive méiotique »). Ces mutations ne sont pas rares, mais elles sont en général catastrophiques pour les populations qui les présentent. Beatty en tire que les lois de Mendel, non seulement ont résulté d'un processus évolutif singulier – qui a abouti à la méiose caractéristique des organismes à reproduction sexuée –, mais sont pour ainsi dire maintenues en permanence dans les espèces à reproduction sexuée par la sélection naturelle. Les lois de Mendel ne sont donc pas des « lois strictes » au sens du positivisme logique, mais un produit contingent de l'évolution. Il en résulte que l'échafaudage entier de la génétique des populations (en particulier les modèles de sélection naturelle) est lui-même évolutivement contingent. Cet argument est fatal à la démonstration de Ruse, qui y voyait un édifice théorique comparable à celui des théories physiques. Au mieux, Beatty admet, en réponse à une controverse avec Elliott Sober[1] et Marc Ereshefsky[2], que les lois de Mendel, et donc l'équilibre HW, « est une loi au sens où, dans certaines conditions, les organismes sexués produisent des gamètes

1. E. Sober, « Is the theory of evolution unprincipled? », *Biology and philosophy* 4, 1989, p. 275-279.

2. M. Ereshefsky, « The historical nature of evolutionary theory », *in* M. H. Nitecki, D. V. Nitecki (eds.), *History and evolution*, Albany, State of New York Press, 1991, p. 81-99.

comme Mendel l'a décrit », les « circonstances » en question se résumant dans le fait que le plus souvent les organismes qui ne produisent pas leurs gamètes de cette manière sont contre-sélectionnés. Ce qui nous ramène à la thèse selon laquelle les généralisations biologiques sont évolutivement contingentes.

On remarquera à quel point Beatty est sur le fond proche de Smart, en dépit d'options épistémologiques très différentes. Smart était imprégné du positivisme logique, adhérait à la conception syntactique des théories scientifiques, se déclarait foncièrement « réaliste » et réductionniste. Beatty se réclame de la conception sémantique des théories scientifiques, est antiréductionniste et ouvertement « pluraliste ». Il n'en reste pas moins qu'on peut voir dans le texte de Beatty une réflexion sur les raisons pour lesquelles « il n'y a pas de lois en biologie ».

Cet historique des débats, que nous avons volontairement simplifié, nous amène au texte d'Elliott Sober[1]. Celui-ci semble avoir apporté une coda à un débat interminable. Sober propose de renoncer à un dogme fondamental du positivisme logique, à savoir que les lois sont des énoncés universels *et* empiriquement vrais. La seconde condition, plaide Sober, n'est pas nécessaire. Cela ne veut pas dire que tout énoncé *a priori* est une loi. Par exemple, la tautologie « aucun célibataire n'est marié » n'est pas une loi. La proposition mathématique 5 + 2 = 7 ne l'est pas non plus. Sober propose en fait de limiter l'application du concept de loi aux énoncés processuels, donc à des énoncés,

1. E. Sober, « Two outbreaks of lawlessness in recent philosophy of biology », *Philosophy of science* 64, 1997, Supplement : Proceedings of the 1996 Biennial Meetings of the Philosophy of Science Association. Part II : Symposia Papers (Dec., 1997), S458-S467.

ou plus exactement des modèles dont l'allure évoque les lois des sciences physico-chimiques.

Comme Carrier, Sober se borne à examiner la nomicité des modèles de génétique des populations. Selon lui, ces modèles, comme d'innombrables modèles mathématiques, sont vrais *a priori* : en admettant par exemple qu'une population se reproduise de manière sexuée et que les lois de Mendel y soient satisfaites, on peut inférer l'évolution d'une population en probabilité, moyennant des conditions initiales (taille de la population, existence d'une pression de mutation et/ou d'une pression de sélection de telle intensité, etc.). La vérité des modèles ne préjuge pas de leur application en pratique. Ils sont *a priori* vrais, si certaines conditions sont réalisées. Robert Brandon a défendu une conception comparable dans le symposium sur les lois en biologie que la *Philosophy of Science Association* a accueilli en 1996, symposium dont l'article ici traduit de Sober est aussi issu [1]. Comme Sober, Brandon estime que ce n'est pas parce que des généralisations biologiques (par exemple les lois processuelles de la génétique des populations) décrivent un résultat contingent de l'évolution qu'elles ne sont pas pour autant des « lois ». Dans une formule suggestive, Brandon résume sa pensée sur ce point : « les régularités contingentes de la biologie évolutive ont une portée nomique limitée et une portée explicative limitée, au sens où elles manquent de la projectabilité illimitée qui a été vue par certains comme la marque des lois scientifiques » (S444). C'est là une précision utile, qui tempère le point de vue abstrait adopté

1. R. Brandon, « Does biology have laws ? The experimental evidence », *Philosophy of Science* 64, Supplement, Part II, *ibid.*, S444-S457.

par Sober. La formule de Brandon évoque celle, célèbre, de Kenneth Schaffner, qui a proposé d'interpréter les généralisations biologiques robustes comme autant d'« accidents congelés »[1]. On pourrait aussi parler de « contraintes formelles qui définissent des relations d'invariance limitée dans un contexte d'historicité biologique »[2].

Pour clore la boucle partie de Smart, il resterait à examiner dans quelle mesure le principe de sélection naturelle a un caractère tautologique. Véritable serpent de mer, souvent dédaigné par biologistes et philosophes de la biologie darwiniens[3], cette question connaît un regain d'intérêt à la faveur des formulations de plus en plus abstraites et « multiniveaux » du principe de sélection naturelle[4].

La question de savoir si les sciences de la vie offrent des lois a pu laisser insatisfaits bon nombre de philosophes de la biologie[5], tantôt agacés par la répétitivité des débats,

1. K. Schaffner, *Discovery and explanation in biology and medicine*, Chicago, The University of Chicago Press, 1993.

2. G. Longo, M. Montévil, *Perspectives on organisms : Biological time, symmetries and singularities*, Heidelberg-New York-Dordrecht, Springer, 2014; J. Gayon, M. Montévil, « Repetition and Reversibility in Evolution : Theoretical Population Genetics », *in* C. Bouton, P. Huneman (eds.), *Time of Nature and the Nature of Time*, Boston, Springer, 2017, p. 275-314.

3. Voir par exemple Ruse, *op. cit.*

4. Sur cette question de la tautologie, voir E. Sober, *The Nature of Selection : Evolutionary Theory in Philosophical Focus, op. cit.* ; J. Gayon, « De la portée des théories biologiques », dans T. Martin (éd.), *Problèmes théoriques et pratiques en biologie évolutionnaire. Conférences Duhem*, Besançon, Presses Universitaires de Franche Comté, 2014, p. 13-52.

5. M. Elgin, « Biology and a priori laws », *Proceedings of the 2002 Biennial Meeting of the Philosophy of Science Association*, Part I : Contributed Papers, 2003, p. 1380-1389; S. Mitchell, « Pragmatic laws ». *Philosophy of Science* 64, Supplement, Part II, *op. cit.*, S468-S479;

tantôt sceptiques devant la thèse radicale de Smart, reprise et biologiquement justifiée par Beatty. C'est une question délicate, qui met en question tant la biologie que la théorie de la science en général[1]. Tout dépend en effet du concept de loi qu'on se donne. En dépit de sa forte abstraction, ce débat a des implications non négligeables du point de vue des relations entre science et société. S'il n'y a pas de lois, et si toutes, y compris celles imputées à la théorie de l'évolution, sont accidentelles, comment se fier à une telle science ? Envisagée dans le contexte des discours « antiscience », cette question ne peut être prise à la légère.

Jean GAYON

M. Strevens, « Physically contingent laws and counterfactual support », *Philosophers imprint* 8(8), 2008, p. 1-20 ; voir également J. Gayon, « De la biologie comme science historique », *Les Temps Modernes*, 2005, p. 630-631 et p. 55-67.

1. Le concept de loi a fait l'objet d'interrogations et de critiques en philosophie générale des sciences : N. Cartwright, *How the laws of physics lie*, Oxford, Oxford University Press, 1983 ; J. Dupré, *The Disorder of things : Metaphysical Foundations of the Disunity of Science*, Cambridge (Mass.), Harvard University Press, 1993 ; R. N. Giere, *Science without laws*, Chicago, University of Chicago Press, 1999 ; S. Mitchell, « Pragmatic laws », *op. cit.*

J. J. C. SMART

LA NATURE DES SCIENCES BIOLOGIQUES[1]

Les biologistes, tout comme les philosophes, se sont souvent demandé pourquoi la biologie ne présentait pas la précision et la cohésion théorique que nous trouvons en physique et en chimie. Parfois, ils espèrent que la biologie du futur connaîtra une telle forme de précision et d'unité. C'est en partie pour cette raison que J.H. Woodger a essayé d'axiomatiser la génétique (Woodger 1977). Mais cet effort de traiter les disciplines biologiques selon le modèle d'une théorie physique bien structurée a donné des résultats très étranges. J'aimerais montrer ici qu'il n'y a pas, en ce sens, de théories biologiques, et qu'il n'y a pas davantage de lois biologiques (même s'il y a bien des *généralisations* biologiques). *A fortiori*, il n'y a pas de lois biologiques *émergentes*, comme certains philosophes l'ont supposé. Par le terme de « loi émergente », j'entends une loi relative à une entité complexe quelconque mais qui, par principe, est inexplicable en termes d'entités plus simples. Il importe pour moi de rejeter l'existence de telles lois émergentes, car la thèse selon laquelle les animaux et les hommes sont des mécanismes très compliqués est au centre de cet ouvrage.

1. J. J. C. Smart, « The Nature of the Biological Sciences », in *Philosophy and Scientific Realism*, New York, Humanities Press, 1963. Traduit de l'anglais par Olivier Surel et Charles T. Wolfe.

On a parfois pensé que même au niveau de la chimie il existe des lois émergentes. On a soutenu par exemple que, aussi grande que soit notre connaissance des propriétés du sodium et du chlore, on ne pourrait jamais prédire les propriétés du sel (ou chlorure de sodium). Cette analogie a souvent été mobilisée pour rendre plausible l'existence de lois et de propriétés émergentes dans les domaines de la vie et de l'esprit. Cette analogie est toutefois fondée sur une erreur. Il est en effet possible en principe de déduire les propriétés chimiques du sel à partir des propriétés purement physiques du sodium et du chlore. À partir des propriétés purement spectroscopiques de ces substances et à l'aide de la théorie quantique de la liaison chimique, nous pouvons déduire comment le sodium se combine au chlore, et, du moins en principe, comment il réagit avec un autre composé, dont les propriétés chimiques sont déduites des propriétés spectroscopiques des éléments qui le composent. (Je dis « en principe » simplement parce que la théorie de la valence est très complexe, et qu'en pratique il n'est peut-être pas possible d'effectuer les calculs que j'ai à l'esprit sauf dans des cas simples. Mais il est tout aussi impossible de prédire la position de Jupiter aussi loin que l'on veut dans le futur, la complexité des perturbations des autres planètes pouvant nous mettre en échec. Mais cela ne veut pas dire pour autant que les planètes ne sont pas soumises aux lois de Newton ou d'Einstein.) Il est donc tout bonnement faux de dire que les lois de la chimie sont émergentes et inexplicables en principe en termes de lois de la physique. Notons, de plus, que les propriétés physiques pertinentes que j'ai mentionnées sont des propriétés spectroscopiques. J'ai ainsi évité la circularité dans laquelle je me serais engagé si j'avais pris comme exemple de propriété physique celle de se combiner avec du chlore pour former un composé possédant telle ou telle propriété chimique. En théorie, et même s'il est douteux que ce soit le cas en pratique, les physiciens auraient pu découvrir les liaisons chimiques du sodium et du chlore à partir de faits purement physiques, et cela sans avoir jamais eu affaire à des composés chimiques contenant du sodium ou du chlore [1].

Nous pouvons évidemment imaginer que la physique ne puisse jamais expliquer la liaison chimique. Néanmoins, l'exemple de la combinaison chimique ne peut en tant que tel cautionner l'idée d'émergence. Il y a bien sûr un sens *trivial* dans lequel de nouvelles qualités émergent quand des éléments simples sont assemblés pour former un complexe. Nous avons vu [2] qu'alors que les points matériels de Boscovich ne possèdent pas de forme, un nuage formé de tels points en possède une. Bien que quatre points matériels aient (en général) la propriété de former un tétraèdre, il serait absurde de dire que chacun de ces points a déterminé une telle forme. Ainsi, même dans le cadre d'une théorie purement mécaniste, il y a des propriétés de complexes qui ne sont pas celles de leurs éléments. Si la théorie de l'émergence doit formuler quelque chose d'intéressant, elle devra évidemment définir celle-ci autrement que dans ce sens trivial.

Prenons un appareil tel qu'un récepteur radio. Il contient de nombreux composants, tels que des condensateurs, des bobines, des résistances, des lampes et des transformateurs. Si tous ces composants sont connectés de manière adéquate,

1. Sur cette question, voir Berenda (1953 : 269-74). Un commentaire conséquent de la notion d'émergence est celui de E. Nagel (1961, chapitre 6, Section 4).

2. (NdT) Smart fait référence au chapitre précédent de son livre, intitulé « Physical objects and physical theories ».

nous avons bien un récepteur radio ; s'ils sont en revanche connectés aléatoirement, ou même déconnectés, nous n'avons plus de récepteur radio mais un tas de ferraille. Si l'on veut maintenant affirmer que la capacité de recevoir des signaux radio d'une certaine fréquence est une propriété émergente, cela est possible. Néanmoins, il s'agit certainement d'une propriété telle qu'une physicienne [1] suffisamment informée du schéma de câblage aurait pu la prédire, tout en n'ayant jamais vu ni entendu parler des composants ainsi agencés en un récepteur radio. L'aptitude à recevoir des signaux radio n'est sûrement pas une propriété émergente au sens non-trivial du terme, c'est-à-dire une propriété telle qu'on ne pourrait la découvrir qu'en observant l'appareillage complexe dans sa totalité.

Je nie l'existence non seulement de lois et de propriétés émergentes, mais aussi de lois au sens strict du terme en biologie et en psychologie. Il y a, bien sûr, des généralisations empiriques. Mais il n'y a pas de lois biologiques pour la même raison qu'il n'y a pas de lois de l'ingénierie. Ceux qui se sont évertués à axiomatiser les théories biologiques et psychologiques me semblent s'engager dans la même impasse que ceux qui chercheraient à produire la première, la seconde, et la troisième lois de l'électronique ou de la construction de ponts. Nous n'éprouvons aucune perplexité devant le fait qu'il n'y a pas de lois de l'électronique ou de la construction de ponts, bien que nous reconnaissions que l'ingénieure électronicienne ou l'ingénieure des ponts doivent toutes deux mobiliser des lois, et en l'occurrence, les lois de la physique. Les chercheurs qui ont essayé d'axiomatiser la biologie ou la psychologie se sont égarés en concevant la biologie et la psychologie comme des

1. Nous avons décidé d'utiliser le féminin en accord avec une pratique désormais largement répandue.

sciences d'un caractère logique similaire à celui de la physique, comme peut l'être la chimie. Je vais essayer de montrer que l'analogie la plus importante n'est pas entre la biologie et les sciences physiques, mais entre la biologie et les technologies (par exemple l'électronique). Du même coup, je dois tout de même prévenir un possible malentendu : en dressant une analogie entre la biologie et l'électronique, je n'entends pas suggérer que la biologie est une science appliquée. C'est au niveau de la structure logique des explications respectives de la biologie et de l'électronique que je voudrais dresser l'analogie, et si elle est tenable, elle vaudra même pour les parties de la biologie qui ont le moins d'utilité pratique. Je ne nie évidemment pas qu'une part considérable de la recherche en biologie est avant tout motivée par la satisfaction intellectuelle, et non par ses applications. C'est sous un angle tout à fait différent que je produirai l'analogie entre la biologie et l'électronique.

La physique et la chimie ont leurs *lois*. Il y a, par exemple, les lois du mouvement de la mécanique classique, les lois de l'électrodynamique, et les équations de la mécanique quantique. En chimie, nous trouvons les innombrables lois exprimées par les équations chimiques. Une caractéristique d'importance majeure leur est propre : elles sont universelles en ce qu'on suppose qu'elles s'appliquent partout dans l'espace et dans le temps, et qu'elles sont exprimables en termes parfaitement généraux sans faire usage de noms propres ou de référence tacite à des noms propres. J'appellerai de telles lois des « lois au sens strict ».

La biologie, ce me semble, ne contient aucune loi au sens strict. Même les lois de Mendel, comme nous le verrons, sont des généralisations plutôt que des lois au sens strict. Examinons tout d'abord une proposition relevant sans conteste de l'histoire naturelle. Considérons la proposition selon laquelle les souris albinos se reproduisent toujours à l'identique (par exemple Kalmus 1948 : 58). Que sont les souris ? C'est une sorte particulière d'animaux terrestres unis par certaines relations de parenté. Elles sont définies comme souris par leur place dans l'arbre de l'évolution. (En ce sens du mot « souris », la prétendue « souris marsupiale » n'est à l'évidence pas une souris.) Le mot « souris » comprend ainsi une référence implicite à notre planète particulière, la Terre. Nous pourrions tout aussi bien désigner un membre de l'espèce, ou y faire référence au moyen d'une description linguistique adéquate, et affirmer que les animaux ayant les relations de parenté adéquates vis-à-vis de cet individu doivent être considérés comme des souris. Dès lors que, dans notre définition du terme « souris », nous utilisons ou bien le nom propre « Terre », ou bien une expression ou un geste dont la référence est unique, notre loi selon laquelle les souris albinos forment toujours des lignées pures est parfaitement générale. Elle ne peut être falsifiée par aucun fait biologique concernant les habitants de planètes appartenant à des systèmes solaires lointains, parce qu'aucune créature autochtone, aussi semblable aux souris qu'elle puisse être, n'y serait une souris au sens requis. Mais bien que la proposition selon laquelle « les souris albinos se reproduisent toujours à l'identique » soit générale au sens du logicien, et bien qu'elle soit très probablement vraie, elle n'est pas pour autant une loi au sens strict. Elle comprend une référence implicite à une entité particulière, la planète Terre.

Ne pourrions-nous pas, cependant, définir le terme « souris » d'une autre manière ? Supposons un certain ensemble de propriétés $A_1, A_2 \ldots A_n$ que possèdent toutes les souris et seulement les souris sur cette planète. Ainsi,

A_1 pourrait être la propriété d'avoir quatre pattes ou d'être très étroitement apparenté à un animal quadrupède. (Cette dernière clause étant introduite pour couvrir la possibilité de souris-monstres à trois ou cinq pattes.) Nous pourrions sans aucun doute trouver un ensemble de propriétés tel que, dans la mesure où seuls les animaux terrestres sont concernés, toutes les souris et seulement les souris les possèdent. Le problème dans ce cas serait que nous n'aurions aucune raison de supposer que notre loi est vraie. La proposition selon laquelle toutes les choses possédant les propriétés A_1, A_2... A_n plus celles de l'albinisme se reproduisent toujours à l'identique est très probablement fausse. Il se peut que l'univers soit infiniment grand, auquel cas, pour faire usage d'une expression de Fred Hoyle (1950 : 95), il doit bien se trouver en quelque lieu, dans les profondeurs de l'univers, une équipe de cricket capable de battre les Australiens. En effet, si nous acceptons la prémisse selon laquelle il y a une probabilité non-nulle pour qu'une région de l'espace suffisamment vaste (une sphère de 100 années-lumière de diamètre, par exemple) abrite une équipe de cricket capable de battre les Australiens, il doit par conséquent y avoir un nombre infini de telles équipes au sein d'un univers infini. Mais laissons de côté ces aimables rêveries ; l'univers, même fini, est en tout cas très grand et, sur quelque planète d'un système solaire lointain, il pourrait bien exister une espèce d'animaux possédant les propriétés A_1, A_2... A_n plus celles de l'albinisme mais *pas* celle de se reproduire à l'identique. De la même manière, considérons des propositions générales de la biologie, comme celles qui décrivent le processus de la division cellulaire. Si le terme « cellule » est défini relativement aux organismes *terrestres*, ces propositions sur la division cellulaire ne sont pas des lois au sens strict.

Si le terme « cellule » est en revanche défini sans référence explicite ou implicite à la planète Terre, nous n'avons aucune raison de supposer que ces propositions sont vraies. Ne semble-t-il pas fort probable qu'il se trouve, sur des planètes lointaines, des cellules dont la division s'accomplit selon des procédés différents ?

Je conclus à ce point que si l'on donne aux propositions de la biologie une portée universelle, alors de telles lois ne sont très probablement pas universellement vraies. Si elles ne sont pas falsifiées par quelque espèce ou phénomène étrange sur Terre, elles le sont très probablement ailleurs dans l'univers. Les lois de la physique, en revanche, semblent véritablement universelles. D'où vient cette différence ? Une partie de la réponse semble tenir à ce qu'en physique, et, à un degré moindre, en chimie, on parle de choses relativement *simples*, ou en tout cas, *homogènes*. Ainsi, la mécanique classique des particules s'occupe de points matériels. La mécanique des corps rigides peut être développée par intégration à partir de la mécanique des particules. On peut par exemple montrer qu'une sphère homogène se comporte, d'un point de vue gravitationnel, comme un point matériel situé à son centre. En mécanique des corps rigides, nul besoin de tenir compte de la structure de détail, certes très complexe, d'un corps rigide réel. Les propriétés physiques de l'atome sont explicables en vertu de la réductibilité de la théorie de l'atome à la théorie des particules plus simples, comme les électrons, les protons ou les neutrons. Importe ici le fait que nous croyions en l'omniprésence de ces petits constituants simples dans l'univers. À cet égard, les électrons et les protons ne sont pas comme les souris albinos, ou même les cellules diploïdes, ou encore les chromosomes.

Qu'en est-il des lois macroscopiques, telles que les lois des gaz et les lois thermodynamiques ? Celles-ci sont issues de techniques de pondération statistique, et dépendent là encore de l'homogénéité et de l'importance moindre de la structure fine. La physicienne peut traiter un gaz comme une chose homogène, alors que la biologiste ou l'ingénieure ne peuvent faire de même à l'égard d'une cellule ou d'un radar. J'avancerais qu'il n'y a pas de lois au sens strict s'agissant des organismes, car les organismes sont des structures immensément complexes et idiosyncrasiques. Personne ne s'attend à ce que toutes les voitures d'une certaine marque et d'une certaine année de production se comportent exactement de la même façon. Il demeure qu'une voiture est une structure très simple en comparaison avec ne serait-ce qu'une seule cellule vivante. Encore moins devons-nous donc nous attendre à trouver des lois, plutôt que des généralisations, au sujet des organismes. Même si de telles généralisations n'ont en dernière instance que peu d'exceptions au sein de notre expérience terrestre, il serait extrêmement téméraire de supposer qu'elles ont une validité universelle à travers le cosmos. Ainsi, une généralisation biologique diffère-t-elle même des lois de la physique qui n'ont qu'une validité approximative, telles que la loi de Boyle ou la loi de la gravitation de Newton. La loi de Boyle est presque vraie sauf dans le cas des gaz à haute pression, tout comme la loi de Newton est presque correcte sauf au voisinage d'un corps de très grande masse. C'est-à-dire que nous pouvons spécifier les circonstances dans lesquelles une telle loi est rendue caduque, ainsi que les limites de précision dans lesquelles nous pouvons espérer qu'elle reste vraie. Sous ces réserves et dans ces limites, une telle loi est applicable à la nébuleuse la plus lointaine comme à notre environnement le plus intime.

Considérons, au contraire, une loi aussi apparemment fondamentale que la loi de la ségrégation mendélienne. Même chez les populations terrestres la ségrégation ne se fait pas en accord strict avec le principe mendélien, pour une multitude de raisons dont la principale est le phénomène du *crossing-over*. Même si nous tentions de sauver notre loi en ajoutant des clauses telles que « s'il n'y a pas de *crossing-over* », nous serions quasiment assurés de nous retrouver piégés par quelque étrange méthode de reproduction valide dans d'autres sphères. Nous pourrions évidemment avoir de bonnes raisons de nous attendre à ce que la vie dans d'autres mondes ait une constitution chimique assez semblable à celle de la vie dans notre monde. Nous pourrions peut-être dans chaque cas nous attendre à ce qu'elle ait commencé à chaque fois par la création d'acides aminés qui se seraient alors combinés en de plus grandes molécules. Néanmoins, il serait par trop spéculatif d'affirmer que les choses se sont toujours déroulées sur d'autres planètes de la même façon qu'ici, et que, par exemple, les codes génétiques s'y trouvent nécessairement matérialisés dans des molécules d'acide nucléique comme c'est le cas ici. Peut-être que oui, peut-être que non. Nous parlons en tout cas ici du niveau biochimique. Des philosophes, impressionnés qu'ils pourraient être par l'ordonnance et la simplicité des lois mendéliennes, pourraient bien envisager la génétique comme candidate possible au statut de « science universelle », analogue à la physique. J'ai toutefois déjà indiqué que s'agissant de la génétique la situation n'était pas si simple, cette science ne pouvant effectivement être comprise dans son entière complexité que du point de vue cytologique. Nous voilà donc ramenés au domaine de l'« ingénierie ».

Une analogie peut aider à faire ressortir le caractère improbable de la supposition selon laquelle il pourrait y avoir des lois au sens strict en biologie. Prenons un poste de radio d'une certaine marque. Pouvons-nous nous attendre à trouver des vérités universelles sur son comportement ? Assurément que non. En général, il peut arriver que si on tourne le bouton de gauche on obtienne un grincement du haut-parleur, et si on tourne le bouton de droite, on obtienne un ululement. Mais évidemment, dans certains postes ce ne sera pas le cas : un condensateur de blocage sera cassé, ou il y aura un mauvais contact. Il se pourra même que les fils conduisant à nos deux boutons aient été intervertis par erreur à l'usine, de telle sorte que dans certains postes, c'est le bouton de gauche qui produit un ululement et le bouton de droite qui produit un grincement. S'il n'y a pas de vérités universelles concernant tous les postes de radio d'un même type et d'une même marque, il y a encore moins de lois concernant, par exemple, *tous les superhétérodynes*. Certes, il peut y avoir des propriétés universelles qui sont vraies par définition, comme : « tous les superhétérodynes contiennent un changeur de fréquence ». Mais cela ne nous dit rien, et ne garantit certainement pas que la pièce de machinerie devant nous, avec « superhétérodyne » écrit dessus, contient en fait un changeur de fréquence. Suite à une erreur de fabrication, par un hasard extraordinaire il se pourrait que l'appareil fonctionne selon un autre principe.

D'un point de vue logique, la biologie se rattache à la physique et à la chimie comme l'ingénierie radio se rattache à la théorie de l'électromagnétisme, etc. Le lien de la biologie aux sciences physiques n'est pas de même nature, par exemple, que celui de la théorie de la gravitation à la théorie cinétique des gaz. Pour le dire autrement, la biologie n'est pas une théorie qui serait de la même espèce logique que la physique, quoiqu'avec un autre contenu. Comme l'ingénieur radio utilise la physique pour expliquer pourquoi un circuit monté selon un certain schéma de câblage se comporte d'une certaine façon, de même, le biologiste utilise la physique et la chimie pour expliquer pourquoi certains organismes ou certaines parties des organismes (tels que les noyaux cellulaires), qui sont décrits d'une certaine façon dans la perspective de l'histoire naturelle, se comportent comme ils le font. Une grande partie de la biologie (sinon sa majeure partie) consiste en ces descriptions d'histoire naturelle. Nous ne devons pas nous représenter l'histoire naturelle comme étant cantonnée aux lions, aux tigres, aux eucalyptus et aux bambous. Elle concerne aussi les nucléoles, les mitochondries, et d'autres petites entités de ce type. La description de telles petites entités est sur le même plan logique que les généralisations concernant les lions et les tigres, et n'est pas comme une loi de la nature. La biologie descriptive consiste en des généralisations de l'histoire naturelle, pas en des lois au sens strict. Ainsi, si – pour aller vite – l'ingénierie radio c'est la physique avec des schémas de câblage, la biologie c'est de la physique et de la chimie, plus de l'histoire naturelle.

Dans cette perspective, la biologie c'est en définitive de la biochimie et de la biophysique. Évidemment, certaines explications biologiques sont loin de cet idéal. Nous pouvons expliquer par une certaine hormone, même si nous ne savons presque rien de la structure chimique de cette hormone. De même, on a beaucoup fait avec la notion de gène, avant même de découvrir qu'un gène est probablement une molécule d'acide nucléique. Aujourd'hui encore, nous ne savons que peu de choses sur la chimie de telles molécules. Pour poursuivre l'analogie avec l'ingénierie radio, dans de nombreux domaines biologiques, nous avons atteint le « schéma d'ensemble » sans encore avoir connaissance du schéma de câblage détaillé. Nos explications demeurent ainsi partielles et provisoires.

À la question de savoir si l'on peut faire de la biologie une science exacte, la réponse sera : « ni plus ni moins que la technique ». Si par « science exacte » nous entendons une science dotée de lois strictes et de ses propres théories unifiées, alors la recherche d'une science biologique exacte est futile. Les lois et théories de l'électronique ou de l'ingénierie chimique n'existent pas, or les ingénieurs ne s'en portent pas plus mal. Leurs objets, constatent-ils, acquièrent une exactitude scientifique grâce à l'application de la physique et de la chimie. Personne ne souhaite axiomatiser l'électronique. Pourquoi Woodger souhaitait-il axiomatiser la génétique ? Il n'y a pas de vraies lois de la biologie pour la même raison qu'il n'y a pas de « lois » spéciales de l'ingénierie.

Cette conclusion est, je pense, confirmée par les différentes façons possibles d'incorporer la statistique mathématique dans les théories. Le fait que les biologistes emploient des méthodes statistiques, et donc des mathématiques assez sophistiquées, peut nous amener à penser que la biologie possède ses théories unifiées et ses théories spéciales, comme la physique. En biologie nous devons fréquemment décider si un résultat expérimental est significatif. Prenons un exemple un peu rude. Supposons que nous introduisons une substance minérale dans le sol et que nous obtenons des choux plus gros. Est-ce dû à ce qui a été mis dans le sol ? Après tout, les choux sont de toute façon de taille variable, dans certaines proportions ; c'est donc peut-être un hasard si les choux étaient cette fois-ci plus gros que d'habitude. La statistique peut nous permettre de calculer la probabilité que nos gros choux soient simplement l'effet du hasard, et si cette probabilité est réduite, nous pouvons être assez sûrs que cette nouvelle substance minérale nous aide à obtenir des choux plus gros. En génétique, de tels raisonnements sur la probabilité que ce soient des facteurs accidentels qui produisent les résultats expérimentaux peuvent être fort subtils et complexes. La statistique mathématique permet au biologiste d'accéder à une réalité masquée par des variations aléatoires. On peut nommer cela l'usage « extra-théorique » de la statistique.

La statistique mathématique telle qu'on la trouve en physique peut, elle aussi, être fort subtile et complexe, par exemple en théorie dynamique des gaz. Ici, cependant, les raisonnements statistiques ont une autre fonction. Ils ne sont pas employés afin d'estimer la portée des résultats expérimentaux, pour lever le voile des variations aléatoires. Ils sont plutôt employés pour expliquer comment une multitude d'événements microscopiques qui varient de façon aléatoire peuvent se compenser pour donner des lois macroscopiques bien déterminées. Ainsi l'usage de la statistique dans la théorie des gaz (et dans diverses autres branches de la physique) est différent de son usage typique en biologie, et cela se rattache à ma caractérisation de la biologie comme une science qui ne possède pas de lois propres au sens strict. Appelons ce second usage de la statistique mathématique dans la théorie des gaz, l'usage « intra-théorique » de la statistique.

Il nous faut maintenant relativiser certaines affirmations contenues dans le paragraphe précédent. Je ne nie pas qu'en physique, la statistique est fréquemment employée dans le sens d'une théorie des erreurs, c'est-à-dire dans un sens extra-théorique. Inversement, dans la théorie de l'évolution on trouve des études sur la diffusion des gènes au sein de populations, qui constituent un usage intra-théorique de la statistique. De même, l'écologie fait un usage intra-théorique de la statistique. Cependant, il est significatif que la théorie de l'évolution et l'écologie ne sont pas typiquement « scientifiques » au sens où l'entendrait un logicien. Leur contenu est évidemment « historique », car elles traitent d'une portion particulière – et très importante – de l'histoire terrestre. Sans doute, des histoires analogues existent-elles sur d'autres planètes, mais la théorie de l'évolution ne se soucie que des rapports héréditaires entre les créatures terrestres, et ne s'occupe donc pas de lois au sens strict. Si nous tentons de produire des lois au sens strict, décrivant des processus évolutionnaires ayant lieu n'importe où et n'importe quand, il semble que nous ne puissions y parvenir qu'en transformant nos propositions en de simples tautologies. Nous pouvons affirmer que même dans la grande nébuleuse d'Andromède les plus « aptes » (*fittest*) survivront, mais c'est une affirmation vide car « plus apte » doit être défini en termes de « survie ». Non seulement la théorie de l'évolution traite de l'histoire terrestre, mais l'écologie aussi, de manière encore plus nette.

Revenons à l'usage extra-théorique de la statistique dans les sciences physiques. Si nous pensons à la théorie des erreurs telle qu'elle s'applique aux sciences physiques, la première chose qui nous vient à l'esprit – significativement, peut-être – est probablement l'astronomie. Or l'astronomie est bien plus une science « historique » qu'une science analogue à la physique. Elle se soucie principalement d'expliquer des faits particuliers aux planètes, aux étoiles et aux nébuleuses. Cependant, il ne faut pas trop insister sur ce point car nous pouvons également considérer les étoiles, non pas comme des objets particuliers dotés d'un intérêt historique, mais comme de gigantesques laboratoires où sont mises à l'épreuve les lois physiques. De même, les planètes ont servi de corps-tests pour la validation de la dynamique newtonienne. Dans de tels cas, l'astronomie devient une partie de la physique plutôt qu'une de ses applications, et nous nous intéressons alors aux faits particuliers parce qu'ils mettent à l'épreuve nos théories. (Dans le cas précédent, nous ne nous intéressions aux théories physiques que parce qu'elles expliquent les faits historiques particuliers relatifs aux corps célestes.) La distinction entre l'astronomie en tant que discipline historique et la physique deviendra encore plus floue s'il s'avérait que la physique a des fondements cosmologiques (comme c'est partiellement le cas avec la théorie de la relativité générale), car la physique elle-même serait dans ce cas une science historique. Mais même dans ce cas, il y aurait quand même une grande différence entre la physique et ce que nous avons l'habitude de voir comme l'histoire naturelle.

J'ai voulu soutenir, donc, que les parties de la biologie qui emploient la statistique intra-théorique sont les plus explicitement historiques ; ainsi, la comparaison avec les théories physiques telles que la théorie dynamique des gaz ne peut qu'être superficielle. J'ai également voulu montrer que la statistique extra-théorique intervient de manière caractéristique dans les sciences physiques les plus historiques. Ma conclusion est que la présence de mathématiques sophistiquées au sein de la biologie ne réfute pas mon diagnostic général, à savoir, que le rapport que la biologie entretient avec la physique et la chimie n'est pas analogue à celui qu'elles ont l'une avec l'autre. Nous ne devrions pas nous attendre à trouver des « théories biologiques » mais plutôt l'application de la physique et de la chimie à l'explication des généralisations de l'histoire naturelle.

Le lecteur pourra ressentir une certaine perplexité à ce stade. On pourrait croire que j'ai divisé la nature en deux, et pourtant, la différence entre un atome, une molécule, un gène, une cellule et un animal ne repose, semble-t-il, que sur la complexité croissante de leurs structures physiques. La réponse est que ma division est de nature méthodologique plutôt qu'ontologique – c'est celle entre utiliser des propositions concernant des faits observables afin de tester des lois, plutôt que d'utiliser des lois afin de tester des propositions concernant des faits observables. Ainsi, en physique nous pouvons chercher à voir s'il y a une charge électrique dans un conducteur fermé ; et c'est ce test qui dira si la loi en carré inverse de l'attraction électrostatique est vraie ou non. (Si, et seulement si, la loi en carré inverse est vraie, il n'y aura aucune charge à l'intérieur d'un conducteur fermé, quelle que soit la charge présente à l'extérieur du conducteur.) À l'époque où les expériences se faisaient de *vivo*, le physicien était plus sûr de ses observations que de la loi en carré inverse. En biologie, inversement, nous sommes plus sûrs des lois que nous utilisons (les lois de la physique et de la chimie) que nous le sommes des faits d'observation, du « schéma de câblage ». Il existe à coup sûr des champs de recherche dans lesquels nous sommes aussi peu sûrs des lois concernées que des faits d'observation, c'est-à-dire des « conditions initiales » ou du « schéma de câblage ». C'est ici que notre distinction devient floue. De plus, il me faut maintenant nuancer mon rapprochement précédent entre la chimie et la physique. Prenons un chimiste qui étudie la structure d'une protéine au moyen de rayons X. Ici, le chimiste sera plus convaincu des lois chimiques fondamentales qui déterminent la structure, que de la structure elle-même. C'est donc la structure qu'il cherche à saisir par ses expériences, et son étude des protéines prend en grande partie la forme logique que j'ai attribuée à la biologie. Inversement, si les virus d'une certaine sorte s'avèrent être une certaine sorte de macromolécule dont la formule pourrait être vérifiée, alors la théorie de tels virus pourrait devenir une branche de la chimie. (Les difficultés pratiques faisant obstacle à une telle éventualité sont, bien sûr, énormes. Si un virus est une macromolécule, ou un petit ensemble de macromolécules, il sera alors presque certainement trop complexe pour que la théorie puisse en tirer quoi que ce soit. Les calculs nécessaires seraient énormes. De plus, ces macromolécules seraient susceptibles d'être écrasées, tordues ou pliées ; dans ces cas-là les lois de leur fonctionnement ne dépendraient pas de leur seule formule chimique.) Il n'y a pas de coupure nette dans la nature entre les objets de la science de type physique et ceux appartenant à la science de type biologique ; la différence est d'ordre méthodologique. Dans le premier type de science, nous sommes à la recherche de lois, alors que dans le second type, nous cherchons à établir l'histoire naturelle de la structure et à expliquer pourquoi des choses possédant cette structure agissent de cette façon. Voyez l'application de la physique aux schémas de câblage dans le cas du génie électronique.

Cependant, bien qu'il n'y ait pas une coupure nette dans la nature entre les objets des sciences physiques et les objets appartenant aux sciences biologiques, il y a, bien sûr, une coupure plus floue, qui tient à la complexité structurelle. La coupure méthodologique reflète bien cette coupure floue dans la réalité [1].

Remerciements

Les traducteurs tiennent à remercier Anouk Barberousse pour son aide.

Références

BERENDA C.W. (1953), « On Emergence and Prediction », *Journal of Philosophy* 50, p. 269-274.
HOYLE F. (1950), *The Nature of the Universe*, Blackwell, Oxford.
KALMUS H. (1948) *Genetics*, Pelican, Londres.
MATSON W.I. (1958), « Analysis "Problem" N°. 12, "All swans are white or black". Does this Refer to Possible Swans on Canals on Mars ? », *Analysis* 18, 98-99.
NAGEL E. (1961), *The Structure of Science*, New York and Burlingame, Harcourt Brace and World, Inc.
NEEDHAM J. (1936), *Order and Life*, Cambridge, Cambridge University Press.
WOODGER J. H. (1937), *The Axiomatic Method in Genetics*, Cambridge, Cambridge University Press.

1. Mes vues semblent ainsi être consonantes avec celles de Joseph Needham (1936). Sur la différence entre les généralisations biologiques et les lois de la nature voir la solution au problème n° 12 proposée par Matson (1958).

ELLIOTT SOBER

DEUX ACCÈS D'ANOMIE DANS LA PHILOSOPHIE DE LA BIOLOGIE RÉCENTE [1]

Résumé

John Beatty (1995) et Alexander Rosenberg (1994) ont remis en cause l'existence de lois en biologie. La raison principale avancée par Beatty est que l'évolution est un processus plein de contingence ; mais il considère qu'il y a d'autres indices de l'anomie – la non-existence de lois – en biologie : l'existence de controverses sur la signification relative en biologie et la popularité des approches pluralistes de différentes questions évolutionnistes. L'argument principal de Rosenberg repose sur l'idée que les propriétés biologiques surviennent sur un grand nombre de propriétés physiques ; mais il développe aussi des études de cas de controverses biologiques pour défendre sa thèse selon laquelle la meilleure manière de comprendre la biologie est de la considérer comme une discipline instrumentale. L'objet du présent article est d'évaluer leurs arguments.

1. E. Sober, « Two outbreaks of lawlessness in recent philosophy of biology », *Philosophy of Science* 64 (Proceedings), 1997, S458-S467. Traduit de l'anglais par Max Kistler.

INTRODUCTION

Y a-t-il des lois en biologie ? Selon John Beatty (1995), il n'y en a pas ; selon Alexander Rosenberg (1994), il n'y en a qu'une. Ont-ils commis une erreur de calcul ? C'est une question que je veux poser. Cependant, ce sont leurs arguments qui m'occuperont en premier lieu. Les considérations qu'ils avancent justifient-elles la thèse de l'anomie – selon laquelle il n'existe pas de lois en biologie ?

Beatty et Rosenberg utilisent une conception courante des lois due à l'empirisme logique. Les lois sont des généralisations vraies qui sont « purement qualitatives », ce qui signifie qu'elles ne font référence à aucun lieu, temps ou individu. Elles ont une force contrefactuelle. Finalement, Beatty et Rosenberg exigent que les lois soient empiriques. Mon désaccord principal avec cette représentation traditionnelle est que je voudrais laisser ouverte la question de savoir si une loi est empirique ou *a priori*. J'ai défendu ailleurs l'idée selon laquelle le processus de l'évolution obéit à des modèles dont on peut connaître la vérité de manière *a priori* (Sober 1984 ; 1993).

Par exemple, le théorème fondamental de la sélection naturelle de Fisher (1930) dit que le degré d'augmentation de la *fitness* dans une population à un instant est égal à la variance génétique additive de la *fitness* à cet instant. Si on l'exprime de manière adéquate, cela s'avère être une vérité mathématique – dans des populations d'un certain type, la *fitness* augmente au rythme identifié par Fisher. Les trajectoires des populations obéissent au théorème de Fisher exactement comme les trajectoires des particules obéissent aux lois de Newton. Le théorème de Fisher, et d'autres énoncés de ce genre, sont purement qualitatifs, supportent des contrefactuels, et décrivent des relations causales et explicatives. Ma raison de soutenir que l'évolution est nomique (*lawful*) est que les processus évolutionnaires sont conformes à de telles propositions. C'est une autre question de savoir comment nous pouvons *connaître* les lois de l'évolution. La question de savoir si un processus naturel est nomique n'est pas une question épistémique (Dretske 1977).

Cette notion révisée de loi n'implique pas que tout énoncé *a priori* soit une loi. Ce résultat peut être évité grâce à la notion de *loi processurale* (*process law*). Une loi processurale est une généralisation qualitative supportant les contrefactuels qui décrit comment les processus d'un certain genre évoluent au cours du temps. De telles lois sont typiquement invariantes par translation temporelle (Sober 1994). Étant donné un système qui occupe un état particulier à un moment donné, une loi processurale décrit la distribution des probabilités des différents états que le système peut occuper après un certain intervalle de temps déterminé. Le choix du moment initial n'a pas d'importance. « Les célibataires ne sont pas mariés » n'est pas une loi processurale, mais pas parce que cette proposition est *a priori*.

Lorsque je soutiens qu'il y a des lois de l'évolution contrairement à Beatty et Rosenberg, nous ne sommes pas en désaccord. J'utilise le terme « loi » d'une manière qui laisse ouverte la question de savoir s'il s'agit d'une loi empirique. La manière dont Beatty et Rosenberg l'utilisent ne la laisse pas ouverte. Avec Beatty, nous sommes d'accord sur le fond : il n'y a pas de lois *empiriques* de l'évolution ; avec Rosenberg, nous sommes d'accord aussi, sauf en ce qui concerne ce qu'il pense être l'unique exception. Sur quoi porte alors notre débat ? Il porte sur leurs *raisons* de nier l'existence des lois empiriques. C'est de cela qu'il s'agira dans ce qui suit.

LA THÈSE DE LA CONTINGENCE DE L'ÉVOLUTION

Beatty (p. 46-47) formule sa thèse de l'anomie en décrivant ce qu'il appelle la *thèse de la contingence de l'évolution* (TCE) : « Toutes les généralisations au sujet du monde vivant ou bien ne sont rien d'autre que des généralisations mathématiques, physiques, ou chimiques (ou des conséquences déductives de généralisations mathématiques, physiques, ou chimiques jointes à des conditions initiales), ou bien sont spécifiquement biologiques, auquel cas elles décrivent des résultats contingents de l'évolution ». Beatty accepte l'idée que les organismes obéissent aux lois de la physique. Cependant, il n'existe pas de strate supplémentaire autonome de lois biologiques auxquelles seraient soumis les êtres vivants.

Beatty illustre son propos sur les origines évolutionnaires des régularités biologiques à l'aide de plusieurs exemples. Parmi eux, la première « loi » de Mendel selon laquelle les organismes sexuels diploïdes forment des gamètes haploïdes par une division méiotique « équitable » de 50/50. Beatty avance deux raisons de penser que cela ne constitue pas une loi. Premièrement, c'est parfois faux : les gènes responsables d'une distorsion de ségrégation[1] sont des contre-exemples. Mais ce qui est plus important, c'est le fait que la méiose équitable est, si elle existe, un résultat contingent de processus évolutionnaires ; un ensemble différent de conditions initiales aurait produit un rapport de ségrégation différent.

Voici une version schématique de la TCE :

1. (NdE) Connus depuis 1933, les gènes de ségrégation de distorsion méiotique entraînent un biais systématique dans les proportions mendéliennes. Par exemple, dans le cas du locus T de la souris, les souris mâles hétérozygotes produisent jusqu'à 99% de gamètes de type mutant au lieu de 50%.

$$\frac{I \rightarrow [\text{si P alors Q}]}{t_0 \quad\quad t_1 \quad\quad t_2}$$

Un ensemble (I) de conditions initiales est satisfait à un instant t_0 ; c'est ce qui fait qu'une généralisation est vraie pendant un intervalle de temps ultérieur (de t_1 à t_2). Étant donné que la généralisation n'est vraie que parce que les conditions I sont satisfaites, nous pouvons conclure que la généralisation est contingente. Cependant, il existe une *autre* généralisation suggérée par ce scénario ; et il est loin d'être clair que *cette* généralisation est contingente. Elle a la forme logique suivante :

> (L) Si les conditions I sont satisfaites à un instant donné, alors la généralisation « si P alors Q » sera vraie par la suite.

Le fait que la généralisation « si P alors Q » est contingente par rapport à I ne montre pas que la proposition (L) soit contingente par rapport à quoi que ce soit. Cela reste vrai si l'on donne une forme probabiliste à (L).

La proposition (L) est-elle contingente ? Souvenons-nous que la TCE est une thèse concernant la *causalité* ; lorsqu'on l'applique à la première loi de Mendel, elle dit que le processus de l'évolution est *la cause* du fait que les rapports de ségrégation ont pris les valeurs qu'ils ont prises. Si la causalité requiert l'existence de lois, alors *il faut* qu'il y ait des lois dans l'arrière-plan – la contingence évolutionnaire de la généralisation « si P alors Q » *requiert* l'existence de lois. Anscombe (1975) soutient que des affirmations causales portant sur des événements singuliers n'impliquent pas l'existence de lois générales. Sa thèse porte sur la signification du mot « cause », et il se peut qu'elle ait raison. Néanmoins, il fait partie de la pratique scientifique de s'attendre à des généralisations non-contingentes lorsqu'un événement en cause un autre, et les remarques d'Anscombe n'enlèvent rien à la légitimité de cette attente.

Si (L) n'est pas contingente, est-elle « spécifiquement biologique » ? En un sens, elle l'est. La généralisation qui contribue à expliquer un rapport de ségrégation donné décrit la variation que l'on trouve dans des populations ancestrales, les valeurs de fitness (*fitnesses*) qui correspondent à ces variantes, la biologie d'arrière-plan présente dans la population, etc. La généralisation est biologique en raison de son vocabulaire spécifique. Cependant, il y a une autre manière d'interpréter l'expression « spécifiquement biologique » qui conduit au résultat opposé. Si une proposition spécifiquement biologique ne peut pas être *a priori*, alors (L) n'est pas spécifiquement biologique si c'est une vérité mathématique. Selon cette interprétation, le fait que (L) n'est pas contingente ne remet pas en cause la TCE. Cependant, cette suggestion conduit au résultat étrange que les biologistes ne font pas de la biologie quand ils construisent des modèles mathématiques de processus biologiques ; ils font plutôt des mathématiques. Cela n'a probablement aucun intérêt de débattre de la manière dont il faut interpréter l'expression « spécifiquement biologique ». L'idée sur laquelle je voudrais insister est celle-ci : le fait que les « lois » de Mendel sont contingentes par rapport à un ensemble d'événements évolutionnaires antérieurs devrait nous conduire à nous attendre à ce qu'il y ait d'*autres* propositions générales qui *ne* sont *pas* contingentes par rapport à cet ensemble.

Les controverses sur la signification relative et le pluralisme théorique

Beatty avance deux autres arguments en soutien à la TCE. Le fait que les biologistes se lancent dans des « controverses sur la signification relative » et trouvent attractifs « les idéaux explicatifs qui s'expriment dans le “pluralisme théorique” » est censé « plaider en faveur » de la TCE (p. 76). On peut se poser la question de savoir ce que le comportement de *scientifiques* montre au sujet de l'existence de *lois*. Beatty semble penser que le pluralisme et l'intérêt pour les controverses sur la signification relative sont des réponses à l'anomie ; les biologistes se comportent comme ils le font parce qu'ils constatent qu'il n'y a pas de lois. Pour défendre cet argument, Beatty doit montrer non seulement que les biologistes agissent de la sorte mais aussi que cela n'est pas le cas dans les sciences où l'on considère qu'il existe des lois.

Carrier (1995, 88) met le doigt sur ce qui est erroné dans cette affirmation lorsqu'il considère la loi (dérivée) de la chute libre en physique ; selon cette loi, un corps qui se trouve près de la surface de la Terre tombe avec une accélération constante, à condition qu'aucune force autre que la gravité n'agisse sur lui. Carrier fait remarquer que « tout parachutiste constitue une exception » à cette loi, non pas parce que les parachutistes montrent que la proposition est fausse, mais parce qu'ils enfreignent la condition indiquée dans l'antécédent de la loi. Une balle de bowling et une plume suivent des trajectoires différentes lorsqu'on les relâche au-dessus de la surface de la Terre parce que la résistance de l'air exerce une influence importante sur l'une mais non sur l'autre. Les physiciens comme les biologistes explorent quelles forces exercent une influence significative sur ce qui se passe (Sober 1996). Et pour ce qui est des plumes, la physique nous enseigne d'être pluralistes : il faut voir à la fois la gravité et la résistance de l'air comme des influences importantes sur la trajectoire qui en résulte. Lorsque les scientifiques se posent des questions sur la signification relative, et lorsqu'ils affirment qu'un phénomène a une pluralité de causes, cela ne veut pas dire que leur domaine ne comporte pas de lois.

Ce point peut être clarifié quand on analyse l'objet des controverses sur la signification relative en biologie. L'un des exemples mentionnés par Beatty est représentatif : l'alternative neutralité/sélection dans la théorie de l'évolution moléculaire. La question est de savoir si $Ns << 1$ (Kimura 1983). Si le produit de la taille effective de la population et du coefficient de sélection associé à un gène donné est beaucoup plus petit que 1, on dit que le gène est « effectivement neutre ». Cette question concerne les valeurs que les paramètres ont de manière contingente. Le problème n'est pas de savoir quel modèle général est vrai. Dans la mesure où on le considère comme un ensemble d'énoncés « si … alors … », le modèle de l'évolution neutre de Kimura n'est pas controversé. L'adéquation du modèle ne dépend d'aucune contingence évolutionnaire.

Beatty pense que le pluralisme en biologie est fortement en désaccord avec ce qu'il appelle « la tradition newtonienne » (p. 68) dont les principes conducteurs sont résumés dans les règles newtoniennes du raisonnement philosophique. Les Newtoniens souscrivent à la maxime « aux mêmes effets naturels il faut, dans la mesure du possible, attribuer les mêmes causes ». En revanche, les pluralistes soutiennent que les effets ont souvent de nombreuses causes. Ma réaction à cela est que les pluralistes peuvent être de bons Newtoniens et que cette opposition ne crée pas de fossé méthodologique entre la biologie et la physique. Dans les deux sciences, une préférence par défaut pour le monisme est parfaitement compatible avec une attitude qui accepte le pluralisme *de facto*. Newton disait que nous devrions préférer les théories plus monistes aux théories plus pluralistes *dans la mesure du possible*. Le pluralisme en biologie n'implique aucun rejet de ce conseil. Nous préférons les théories monistes sauf si les données nous obligent à embrasser le pluralisme. Mais si les données *sont* de cette sorte, *il faut* que nous soyons pluralistes (Forster, Sober 1994 ; Sober 1996).

On peut trouver un exemple de newtonianisme en biologie dans l'usage de la parcimonie en tant que critère d'inférence phylogénétique (Sober 1988). Pourquoi les mammifères des espèces que nous observons aujourd'hui ont-ils des poils ? Il est concevable que les poils aient évolué de manière indépendante dans toutes les espèces existantes, mais cela manquerait terriblement de parcimonie. Il est de loin plus plausible de considérer ce trait comme une homologie – un héritage d'un ancêtre commun (Nelson, Platnick 1981 : 39). Cela ne signifie pas qu'il faille expliquer toutes les ressemblances de cette manière. Il faut plutôt que nous essayions d'interpréter les ressemblances comme des homologies *dans la mesure du possible*. Lorsque cela n'est pas possible, nous acceptons l'hypothèse selon laquelle certains traits sont apparus plus d'une fois. C'est une erreur de penser que la parcimonie est pertinente pour la recherche des lois, tandis que le pluralisme serait approprié dans les recherches sur les caractères d'entités historiques particulières. Dans les deux sortes de sciences, la parcimonie est souhaitable mais ne s'impose pas systématiquement.

SURVENANCE

Le plaidoyer de Rosenberg pour l'anomie s'appuie sur un ensemble d'arguments entièrement différents de ceux de Beatty. Rosenberg (1994) fait appel à l'idée de survenance pour soutenir que, à une exception près, il n'y a pas de lois en biologie. L'unique loi authentique est ce que Rosenberg appelle « la théorie de la sélection naturelle », visant par là l'axiomatisation de Mary Williams (1970). Rosenberg présente cette axiomatisation ainsi : i) il y a une limite supérieure au nombre d'organismes dans une génération, ii) chaque organisme a une certaine *fitness*, iii) la fréquence des traits mieux adaptés (*fitter*) augmente alors que celle des traits moins bien adaptés diminue et iv) les populations exhibent des variations de fitness sauf quand elles sont au bord de l'extinction (p. 106).

Je voudrais soulever deux questions à propos de cette axiomatisation. La proposition (iv) est probablement vraie, mais je ne vois pas pourquoi l'existence de différences de fitness devrait être considérée comme une loi. La proposition (iii) est fausse si on entend par « *fitness* » le nombre attendu de la progéniture ; et si on entend par « *fitness* » le nombre réel de la progéniture, elle est fausse aussi, car la fréquence des traits ayant une valeur reproductive plus grande peut ne pas augmenter si les traits ne sont pas héritables ou s'il y a une pression opposée de mutation ou de migration. Williams et Rosenberg n'explicitent pas ce qu'ils entendent par « *fitness* » parce qu'ils pensent que les problèmes philosophiques (par exemple : que répondre à la thèse selon laquelle la théorie de l'évolution est tautologique) peuvent être résolus en considérant la « *fitness* » comme un terme primitif indéfini. Mais il faut admettre que les problèmes de l'interprétation du concept de *fitness* ne sont pas résolus par le refus de dire ce que le terme signifie. Si le terme est primitif dans une axiomatisation, alors ce n'est pas un terme défini *dans ce système*; cela n'enlève pas la nécessité de clarifier ce que le terme signifie dans la bouche des biologistes (Mills, Beatty 1979).

De toute manière, je voudrais principalement discuter l'argument de Rosenberg à l'égard du reste de la biologie. Rosenberg soutient que la survenance de la biologie sur la physique montre qu'il n'y a pas de lois biologiques (à part la loi dont il considère qu'elle s'exprime dans l'axiomatisation de Williams), ou du moins que, si jamais il existe de telles lois, nous ne serons jamais capables de les découvrir. Considérons la Figure 1, adaptée de Fodor (1975).

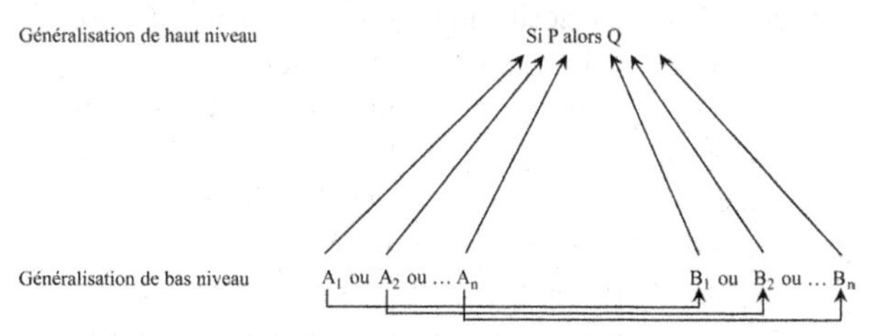

Supposons que P et Q soient des prédicats d'une science de plus haut niveau, telles que la biologie ou la psychologie. P survient sur les propriétés A_1, A_2, ..., A_n, alors que Q survient sur les propriétés B_1, B_2, ..., B_n. Les propriétés A et B font l'objet d'une science de plus bas niveau qui est peut-être la physique. Pour le dire grossièrement, survenance signifie détermination; si l'un des A_i est présent, alors P est présent aussi, et si l'un des B_i est présent, alors Q est présent aussi. On dit que P et Q sont « multi-réalisables »; deux objets peuvent avoir tous les deux P et néanmoins être différents du point de vue de la théorie de plus bas niveau, au sens où l'un possède A_i alors que l'autre possède A_j ($i \neq j$). Le prédicat de plus haut niveau décrit ce que ces objets ont en commun, quelque chose dont la théorie de plus bas niveau est incapable.

Ce diagramme (figure 1) suggère un argument en faveur du caractère nomologique de l'énoncé « si P alors Q ». Si chaque A_i rend nécessaire sa contrepartie B_i, et si P implique que l'un des A_i doit être présent, alors P rend Q nécessaire. Les généralisations de plus haut niveau sont des lois en vertu du caractère nomologique des généralisations de plus bas niveau sur lesquels elles surviennent. Cela ne montre pas que nous serons capables de découvrir que l'énoncé « si P alors Q » est vrai et nomologique. L'argument suggère plutôt que la loi existe. Je ne décris pas cet argument avec l'intention d'y souscrire mais pour poser la question de savoir comment Rosenberg peut utiliser la survenance pour défendre l'anomie de la biologie. Rosenberg pense que la chimie survient sur la physique, mais que les lois chimiques existent et peuvent être découvertes. Pourquoi pense-t-il que la biologie est différente ?

Rosenberg répond que le processus de la sélection naturelle a rendu le monde particulièrement compliqué. Il y a un très grand nombre de structures physiques qui remplissent la même fonction. Étant donné que la sélection naturelle sélectionne des traits en vertu de la fonction qu'ils remplissent, tout en étant indifférente à la structure qui évolue pour faire le travail, nous devrions nous attendre à une énorme prolifération de bases de survenance en biologie. La sélection a fait que les proies sont capables d'échapper à leurs prédateurs ; cependant, les propriétés physiques qui permettent aux proies de le faire sont d'une extraordinaire variété. Le processus évolutionnaire a rendu la vie si compliquée que la biologie ne sera jamais en mesure de parvenir à des lois. En conséquence, la biologie est et restera une discipline « instrumentale ».

Une lacune dans l'argument de Rosenberg est qu'il ne nous dit pas *dans quelle mesure* le monde vivant est compliqué, ou *dans quelle mesure* il faut qu'il le soit pour échapper à notre recherche de lois. Je ne suis pas en train de demander une mesure exacte de complexité, mais plutôt une raison de penser que la complexité de la nature met les lois biologiques hors de notre portée. Prenons par exemple ce que nous savons de la *fitness*. La *fitness* est la propriété biologique survenante par excellence. Qu'ont en commun un zèbre bien adapté (*fit*), un pissenlit bien adapté et une bactérie bien adaptée ? Probablement pas grand-chose sur le plan de leurs propriétés physiques. Pourtant, cela n'a pas empêché les biologistes d'élaborer des théories de la *fitness*. J'ai déjà mentionné le théorème de Fisher et il y a de nombreuses autres généralisations nomologiques qui décrivent les sources et les conséquences des différences de *fitness* (Sober 1984). On pourrait objecter que ces généralisations sont *a priori*, et ne sont donc pas à proprement parler des lois. Cela soulève la question de savoir si les lois doivent être empiriques ; mais laissons cette question de côté. Si la réalisabilité multiple d'une propriété la rend « compliquée », alors la *fitness* est compliquée. Et si la complexité d'une propriété fait qu'il est impossible que nous découvrions des généralisations portant sur cette propriété qui soient qualitatives, explicatives et supportant des contrefactuels, alors aucune généralisation portant sur la *fitness* ne devrait exister. Mais il en existe, comme Rosenberg l'admet. L'esprit humain ne défaillit pas quand il se trouve en face de la réalisabilité multiple. La compréhension des sources et des conséquences des différences de *fitness* n'est pas rendue impossible par le fait que la *fitness* est multiréalisable. On est par conséquent perplexe devant l'idée que la multiréalisabilité d'autres propriétés biologiques signifie que nous ne connaîtrons jamais de lois portant sur elles.

Le diagramme qui figure plus haut suggère un diagnostic de la raison pour laquelle Rosenberg pense que la multiréalisabilité rend les lois survenantes inconnaissables. Rosenberg suppose peut-être qu'on ne peut connaître une loi survenante qu'en connaissant les lois sur lesquelles elle survient. S'il y a 10 000 généralisations de niveau inférieur de la forme « si A_i alors B_i », alors il y a beaucoup de choses à connaître, peut-être plus que nos faibles esprits peuvent assimiler. Cependant, cet argument repose sur une mauvaise interprétation du diagramme. Le diagramme ne représente pas ce qu'il faut faire pour découvrir que l'énoncé « si P alors Q » est vrai et nomologique. Il représente plutôt des relations métaphysiques possibles entre les généralisations des niveaux supérieurs et inférieurs. Il me semble qu'on peut connaître des faits de plus haut niveau sans examiner leurs bases de plus bas niveau de manière exhaustive. Si cela est ainsi, « l'argument par la survenance » de Rosenberg échoue.

TROIS EXEMPLES BIOLOGIQUES

Rosenberg a un autre argument en faveur de l'anomie de la biologie. Il analyse trois domaines biologiques et défend à chaque fois une interprétation instrumentaliste. Ces domaines sont la génétique classique, la théorie de l'évolution neutre et le problème des unités de sélection. Il s'avère que Rosenberg utilise le terme « instrumentalisme » de manière ambiguë. Quand il analyse la génétique classique, il soutient que les « lois » de Mendel sont *fausses*, et ne sont donc pas des lois du tout. Cependant, Rosenberg ne soutient pas de manière analogue que la théorie neutraliste de l'évolution de Kimura est fausse. Il soutient plutôt que le recours de la théorie à des concepts probabilistes reflète sa *relativité par rapport à l'observateur*. La raison pour laquelle la probabilité est utilisée pour décrire la dérive génétique n'est pas que ce processus est objectivement dû au hasard ; nous ne parlons de hasard que parce que nous ignorons les détails physiques.

La thèse instrumentaliste de Rosenberg fondée sur la relativité par rapport à l'observateur confond la sémantique et la pragmatique. Il ne faut pas confondre ce qu'un énoncé signifie avec la manière et la raison de son utilisation. Si nous utilisons un énoncé de probabilité pour faire une prédiction, c'est peut-être seulement parce que nous sommes ignorants des détails plus fins. Cependant, cela ne signifie pas que le contenu de l'énoncé est relatif à l'observateur. Prenons par exemple l'interprétation de la probabilité qui l'identifie avec la fréquence réelle. La fréquence réelle d'un événement dans une population n'est pas dépendante de l'observateur, quelles que soient nos raisons d'utiliser les probabilités pour faire des prédictions. Ceci sape l'argument de Rosenberg en faveur d'une interprétation instrumentale de la théorie neutraliste de l'évolution.

Le dernier exemple de Rosenberg porte sur la controverse au sujet des unités de sélection. Il utilise une version renforcée d'une thèse concernant la causalité qui a été défendue par Sober et Lewontin (1982). Selon celle-ci, C est un facteur causal positif pour la production de E si et seulement si C augmente la probabilité de E dans au moins un contexte d'arrière-plan alors qu'il n'existe aucun contexte dans lequel il la diminue. Le fait de fumer est par exemple considéré comme un facteur causal positif pour le cancer des poumons, si et seulement si le fait de fumer augmente la probabilité d'avoir le cancer pour certains individus mais ne diminue cette probabilité pour personne d'autre. Ce que Lewontin et moi-même avions à l'esprit, c'est que l'éventail des contextes d'arrière-plan correspond à ceux qui existent réellement dans la population. Rosenberg, lui, étend cet ensemble de manière à inclure des contextes d'arrière-plan qui sont simplement concevables. Il n'est pas surprenant que des affirmations causales qui semblent vraies apparaissent comme fausses selon ce critère renforcé. Imaginons simplement un scénario de science-fiction dans lequel le fait de fumer réduit la probabilité du cancer des poumons, par exemple parce que les médecins fournissent un médicament préventif.

Cela conduit Rosenberg à conclure que les organismes et les groupes ne sont jamais des unités de sélection, mais que les « propriétés du matériel génétique requis pour l'expression et la réplication des gènes ont une chance de satisfaire [le critère pour être une unité de sélection] » (p. 99). Rosenberg admet ensuite que les biologistes n'imposent pas en réalité le critère restrictif qu'il décrit. En réalité, les biologistes décident que quelque chose est une unité de sélection en « identifiant les facteurs particuliers de l'environnement local qui rendent le trait favorable à la survie et à la reproduction de l'organisme » (p. 101). Rosenberg conclut que les scientifiques utilisent un critère affaibli parce qu'il correspond à leurs objectifs instrumentaux et à leurs capacités cognitives limitées. Néanmoins, il est possible de porter un diagnostic différent. Si un critère restrictif ne conduit jamais à juger que des groupes ou des organismes sont des unités de sélection, c'est peut-être parce qu'il s'agit d'un critère erroné. Il existe des conceptions alternatives du problème des unités de sélection (Sober, Wilson 1994) ; elles ont rarement pour conséquence de présenter la biologie comme conforme au modèle de la biologie instrumentale de Rosenberg.

CONCLUSION

La survenance des propriétés biologiques – même au niveau radical de multiréalisabilité produite par la sélection naturelle – ne prouve ni l'anomie de la biologie ni l'impossibilité de connaître des lois biologiques. En outre, le fait que les biologistes se lancent dans des controverses sur la signification relative et le fait qu'ils adoptent parfois le pluralisme théorique ne sont pas des indices de l'anomie de la biologie. Et le fait que les généralisations biologiques qui valent à un moment donné sont le résultat de contingences évolutionnaires antérieures, ne montre pas qu'il n'existe pas de lois de l'évolution. Ces remarques négatives sont valables que l'on adopte la notion de loi proposée par l'empirisme logique ou bien l'idée de loi processurale telle que je l'ai suggérée.

Néanmoins, il reste étrange que si l'on essaie d'énoncer une loi évolutionnaire de manière précise, il semble qu'on aboutisse toujours à un modèle *a priori* en biologie mathématique. Pourquoi la biologie s'est-elle développée de cette manière alors que les processus physiques semblent obéir à des lois empiriques ? Beatty et Rosenberg essaient d'expliquer cet état de choses particulier en décrivant des propriétés du processus évolutionnaire. Il est peut-être temps d'examiner la possibilité que la raison pour laquelle la biologie ne contient pas de lois empiriques de l'évolution réside dans les stratégies de construction de modèles que les biologistes ont adoptées.

References

ANSCOMBE G. (1975), « Causality and Determination », *in* E. Sosa (ed.), *Causation and Conditionals*, Oxford, Oxford University Press, p. 63-81.

BEATTY J. (1995), « The Evolutionary Contingency Thesis », *in* G. Wolters, J. Lennox (eds.), *Concepts, Theories and Rationality in the Biological Sciences*, Pittsburgh, University of Pittsburgh Press, p. 45-81.

CARRIER M. (1995), « Evolutionary Change and Lawlikeness », *in* G. Wolters, J. Lennox (eds.), *Concepts, Theories and Rationality in the Biological Sciences*, Pittsburgh, University of Pittsburgh Press, p. 83-97.

DRETSKE F. (1977), « Laws of Nature », *Philosophy of Science* 44, 248-268.

FISHER R. (1930), *The Genetical Theory of Natural Selection.* Oxford, Oxford University Press.

FODOR J. (1975), *The Language of Thought*, New York, Thomas Crowell.

FORSTER M., Sober E. (1994), « How to Tell When Simpler, More Unified, or Less Ad Hoc Theories will Provide More Accurate Predictions », *British Journal for the Philosophy of Science* 45, 1-35.

KIMURA M. (1983), *The Neutral Theory of Molecular Evolution*, Cambridge, Cambridge University Press.

MILLS S., Beatty J. (1979), The Propensity Interpretation of Fitness, *Philosophy of Science* 46, 263-286.

NELSON G., Platnick N. (1981), *Systematics and Biogeography*, New York, Columbia University Press.

ROSENBERG A. (1994), *Instrumental Biology or the Disunity of Science*, Chicago, University of Chicago Press.

SOBER E. (1984), *The Nature of Selection*, Cambridge (MA), MIT Press.

Sober E. (1988), *Reconstructing the Past*, Cambridge (MA), MIT Press.

SOBER E. (1993), *Philosophy of Biology*, Boulder, Westview Press.

SOBER E. (1994), « Temporally Oriented Laws », *in* E. Sober, *From a Biological Point of View*, Cambridge, Cambridge University Press, p. 233-252.

SOBER E. (1996), « Evolution and Optimality-Feathers, Bowling Balls, and the Thesis of Adaptationism », *Philosophic Exchange* 26, 41-57.

SOBER E., LEWONTIN R. (1982), « Artifact, Cause and Genic Selection », *Philosophy of Science* 47, 157-180.

SOBER E., WILSON D. (1994), « A Critical Review of Philosophical Work on the Units of Selection Problem », *Philosophy of Science* 61, 534-555.

WILLIAMS M. (1970), « Deducing the Consequences of Evolution », *Journal of Theoretical Biology* 29, 343-385.

PRÉSENTATION

LA CAUSALITÉ EN BIOLOGIE

Le philosophe qui s'interroge sur l'usage du concept de cause dans les sciences biologiques se trouve à la rencontre de deux champs. D'une part, la détermination des relations causales est cruciale dans la recherche biologique sous ses multiples formes. Produire des explications en biologie implique d'identifier des causes et invite à réfléchir sur leur nature et sur leur composition. D'autre part, la philosophie générale des sciences est aujourd'hui riche d'un ensemble de théories rivales qui se proposent de définir ce qu'est la causalité. Ces théories entendent relever ce qu'on pourrait appeler le défi de Hume. Selon la théorie qu'on prête souvent à ce philosophe, la causalité ne serait rien d'autre que la consécution régulière de la cause et de l'effet [1]. Le philosophe de la biologie peut alors essayer de déterminer ce qu'est la causalité dans le champ qui l'occupe, en utilisant les théories disponibles : théorie des processus causaux (*X* est la cause de *Y* au sens où *X* communique à *Y* certaines de ses propriétés au terme d'un processus physique) [2], théorie probabiliste (*X* est la

1. Pour la présentation du débat contemporain sur l'interprétation de la théorie humienne de la causalité, voir R. Read, K. A. Richman (eds.), *The New Hume debate*, Abingdon, Routledge, 2007.

2. W. Salmon, *Scientific explanation and the causal structure of the world*, Princeton, Princeton University Press, 1984.

cause de *Y* au sens où *X* augmente la probabilité de *Y*)[1], théorie contrefactuelle (*X* est la cause de *Y* au sens où, en l'absence de *X*, *Y* ne se produirait pas)[2], ou théorie interventionniste (*X* est la cause de *Y* au sens où une intervention sur *X* modifie *Y*)[3]. Mais comme les exemples traités dans les deux articles signés par Ernst Mayr, d'une part, et par Peter Machamer, Lindley Darden et Carl Craver, d'autre part, permettent de le mesurer, le champ biologique est lui-même très hétérogène. Il est alors raisonnable de supposer que le philosophe de la biologie ne va pas nécessairement trouver dans le domaine d'étude qui est le sien l'occasion de choisir une fois pour toutes entre ces diverses théories, mais que divers secteurs de la biologie seront l'occasion d'une application locale de l'une d'elles permettant d'en éprouver les vertus et les limites.

ERNST MAYR : CAUSES PROCHAINES ET CAUSES ULTIMES

Publié dans la revue scientifique *Science* en 1961, « Cause et effet en biologie » est paradoxalement l'un des premiers grands textes philosophiques d'Ernst Mayr : il y défend l'idée d'une spécificité de la causalité en biologie, et rappelle, à une époque qui est celle de l'explosion de la biologie moléculaire, que la biologie est aussi évolutionnaire. Né en 1904 en Allemagne, Ernst Mayr est un ornithologue et biologiste de l'évolution parmi les plus influents du XXe siècle. Avec son ouvrage *Systematics and the Origin*

1. P. Suppes, *A Probabilistic theory of causality*, Amsterdam, North-Holland Publishing Company, 1970.

2. D. Lewis, *Philosophical papers*, Oxford, Oxford University Press, 1986.

3. J. Woodward, *Making things happen : A theory of causal explanation*, New York, Oxford University Press, 2003.

of Species publié en 1942, il est l'un des architectes de la « synthèse moderne » de la théorie de l'évolution. Il joue aussi un rôle central dans la naissance de la philosophie de la biologie dans les années 1970-1980 et prend part aux grands débats sur la notion d'espèce et sur les niveaux de sélection [1]. Dans « Cause et effet en biologie », Mayr défend la thèse selon laquelle coexistent deux types bien distincts de causes en biologie : les causes dites « prochaines » auxquelles s'intéressent tout particulièrement la biologie fonctionnelle et la biologie moléculaire, et les causes « ultimes » que cherche à mettre en évidence la biologie de l'évolution. On notera néanmoins que Mayr ne propose pas de théorie de la causalité au sens philosophique, c'est-à-dire qu'il n'explicite pas les critères qui permettraient d'affirmer que « *X* cause *Y* ». Son objectif premier est plutôt d'introduire une distinction entre deux types de causes. Autrement dit, si l'on sait que « *X* cause *Y* », Mayr propose de classer *X* ou bien comme une « cause prochaine » de *Y*, ou bien comme une « cause ultime » de *Y*. Les « causes prochaines » agissent du vivant de l'organisme : elles gouvernent son comportement, ses réponses à des stimuli, sa production et consommation de matière et d'énergie. En somme, il s'agit des causes recherchées typiquement par ce domaine de la biologie que Mayr appelle « biologie fonctionnelle » et qui regroupe aussi bien l'anatomie fonctionnelle que la biologie moléculaire. Ainsi, un changement dans la durée moyenne du jour provoque, par le biais d'un mécanisme neurophysiologique, le départ de l'oiseau migrateur. Les « causes prochaines » rattachent la biologie aux sciences physiques et chimiques, et surtout

1. E. Mayr, *The Growth of biological thought : diversity, evolution & inheritance*, Cambridge (Mass.), Harvard University Press, 1982.

au caractère nomologique de ces sciences dont l'objectif est la découverte de lois de la nature. Les « causes ultimes » quant à elles, sont propres à la biologie et proviennent du caractère historique de l'évolution naturelle. Elles concernent ainsi l'ensemble des facteurs causaux qui ont agi avant la naissance de l'organisme sur tous ses ancêtres et dont l'influence se trouve plus ou moins fidèlement récapitulée dans son génome. L'oiseau migrateur qui possède le mécanisme neurophysiologique de réponse à la photopériodicité est le fruit d'une histoire évolutive responsable, par le biais de modifications successives du bagage héréditaire de ses ancêtres, de la présence même de ce mécanisme. On a donc, pour Mayr, deux grands types d'explications causales possibles d'un même phénomène biologique : on peut, d'un côté, se demander « Comment ça marche ? » et chercher une réponse à cette question en termes de « causes prochaines » et à l'aide des outils de la biologie fonctionnelle. Mais on peut aussi se demander « Pourquoi ? » au sens de « Comment se fait-il que ? », auquel cas on cherchera une réponse en termes de « causes ultimes » auprès de la biologie de l'évolution.

Mayr relie sa discussion de la causalité au problème classique de la téléologie, omniprésente en biologie : les organismes arborent des traits qui semblent orientés vers des buts bien précis. Ainsi, l'oiseau migrateur possède un mécanisme neurophysiologique précisément agencé *pour* lui permettre de migrer au bon moment. Pour Aristote, cette finalité s'explique par des causes finales. Mais, pour le biologiste du XXe siècle, de telles causes finales ne sont pas recevables : la finalité que manifestent si fréquemment les phénomènes biologiques n'est, en réalité, qu'apparente et n'a pas de pouvoir explicatif. Aussi, pour Mayr, si on souhaite conserver en biologie ce type de discours finaliste, il faut abandonner le concept de téléologie et opter pour un autre concept qui n'implique pas la notion de cause finale. Ce nouveau concept, forgé par Colin Pittendrigh et mobilisé également par Jacques Monod [1], est celui de « téléonomie ». Il permet alors de reconnaître l'existence de traits orientés vers une fin sans pour autant souscrire à une notion de cause finale, l'explication du fonctionnement ou de la présence de ces traits devant alors être formulée en termes de causes prochaines ou ultimes.

Mayr relie aussi sa discussion de la causalité à la question de la fiabilité des prédictions qu'autorisent les explications causales en biologie. Il est souvent admis que la valeur prédictive d'une explication permet de valider son bien-fondé. Le problème, comme le mentionne Mayr, est qu'en biologie il est, en général, plus facile de décrire que de faire des prédictions, et que ces prédictions sont souvent bien moins fiables que celles des sciences physico-chimiques. Mayr estime néanmoins qu'il ne s'agit là que d'une question de degré. Ainsi, certaines prédictions comme les prédictions taxinomiques (inférence d'une propriété d'un organisme en fonction de sa classification) ou les prédictions physico-chimiques (par exemple liées à la physiologie d'un organisme) sont souvent d'une grande fiabilité, contrairement à d'autres types de prédictions, comme des prédictions d'interactions écologiques ou d'événements évolutionnaires. Pour Mayr, ces différences de fiabilité proviennent du caractère plus ou moins statistique des prédictions en biologie, du fait notamment d'effets disproportionnés de certains événements (comme les mutations), ou encore du caractère unique de chaque individu.

1. C. S. Pittendrigh, « Adaptation, natural selection, and behavior in Behavior and Evolution », *in* A. Roe, G. G. Simpson (dir.), *Behavior and evolution*, New Haven, Yale University Press, 1958, p. 390-416. J. Monod, *Le Hasard et la nécessité*, Paris, Seuil, 1970.

« Cause et effet en biologie » est aussi souvent cité en philosophie de la biologie comme pierre angulaire dans les débats sur l'autonomie de la biologie par rapport aux sciences physico-chimiques, et contre le réductionnisme moléculaire en biologie. Parce que les « causes ultimes » sont, selon Mayr, une caractéristique propre des explications biologiques, elles constituent un argument en faveur de la thèse de l'autonomie de la biologie. De surcroît, ces « causes ultimes » étant tout particulièrement caractéristiques de la biologie de l'évolution, elles militent aussi contre la réduction de l'ensemble de la biologie à la seule biologie moléculaire[1]. L'affirmation de l'existence de causes ultimes révèle ainsi toute l'importance que revêt, aux yeux de Mayr, la biologie de l'évolution.

Plusieurs questions se posent néanmoins quant à la distinction entre « causes prochaines » et « causes ultimes » proposée par Mayr. La possibilité même d'établir cette distinction d'une façon qui serait pertinente pour formuler des explications en biologie a été régulièrement critiquée, notamment dans un texte publié par la même revue *Science* exactement cinquante ans après la parution du texte de Mayr[2]. On peut également se demander à quel point ces « causes ultimes » sont le propre de la biologie. Si, en effet, leur caractéristique première est d'être des causes reliées à leurs effets par un long chemin historique et selon des lois de probabilité relativement peu fiables, de telles « causes ultimes » ne peuvent-elles pas être évoquées pour décrire, par exemple, le comportement de systèmes

1. E. Mayr, *Toward a new philosophy of biology*, Cambridge (Mass.), Harvard University Press, 1988, E. Mayr, *What makes biology unique*, Cambridge, Cambridge University Press, 2004.

2. K. N. Laland, K. Sterelny, J. Odling-Smee, W. Hoppitt, T. Uller, « Cause and effect in biology revisited : is Mayr's proximate-ultimate dichotomy still useful ? », *Science* 334, 2011, p. 1512-1516.

physiques complexes et chaotiques ? On peut également se demander si la distinction que propose Mayr requiert l'adoption d'une conception particulière de la causalité ou non. D'une manière plus générale, la question de savoir ce qu'est une cause reste entière. À la manière dont il cite Scriven, on comprend que Mayr n'approuve pas le choix d'une théorie contrefactuelle de la causalité, bien qu'il admette son bien-fondé pour les sciences physico-chimiques. Il semble privilégier plutôt une conception probabiliste de la causalité, comme l'indique sa discussion du caractère statistique des prédictions en biologie. Défendrait-il pour autant une thèse de pluralisme causal selon laquelle coexisteraient, en science, plusieurs conceptions de la causalité ? Que penser aussi de la compatibilité de la typologie causale de Mayr avec d'autres théories de la causalité comme, par exemple, les théories des processus causaux ou l'interventionnisme ? Quoi qu'il en soit, la grande qualité de ce texte est d'avoir proposé une typologie causale. On ne pouvait s'attendre à moins de la part d'un aussi grand systématicien qu'Ernst Mayr.

MACHAMER, DARDEN CRAVER : CAUSALITÉ ET MÉCANISMES

L'article de Machamer, Darden et Craver se rattache à ce qu'on appelle le courant « mécaniste » en philosophie des sciences. Le mécanisme – parfois aussi appelé « mécanicisme » – est caractérisé, d'une part, par son intérêt pour les sciences expérimentales, biologiques et médicales en particulier, un de ses buts étant de préciser quelles sont leur démarche et stratégies de recherche[1]. Le

1. C. F. Craver, L. Darden, *In Search of Mechanisms : Discoveries Across the Life Sciences*, Chicago, University of Chicago Press, 2013.

mécanisme est caractérisé, d'autre part, par une contribution à la philosophie générale des sciences qui touche à des questions topiques comme celles de la nature de la causalité et de l'explication scientifique[1]. « Penser les mécanismes » est un article qui se propose, tout d'abord, de montrer en quoi consistent les mécanismes si souvent invoqués en biologie, et de le faire en défendant une thèse « dualiste » : les mécanismes en biologie sont composés d'une part d'*entités*, entrant en des relations spatio-temporelles définies, d'autre part, d'*activités* réalisées par ces entités. Le texte précise alors quels sont les bénéfices intrinsèques d'une philosophie qui prend les mécanismes comme objets privilégiés d'analyse : d'abord en termes d'adéquation du métadiscours de la philosophie des sciences à la pratique scientifique (dans deux domaines importants, la génétique moléculaire, et les neurosciences) ; ensuite, en termes d'apport au traitement de certaines questions topiques de la philosophie des sciences, comme la nature de l'explication ou la place de la réduction dans la démarche scientifique. Concernant cette dernière, c'est une thèse de l'article que les grands changements qui affectent l'explication ne sont pas ordinairement, dans les disciplines considérées, le fruit d'un intérêt exclusif pour des entités et des activités situées à des niveaux plus fondamentaux, mais qu'ils consistent, généralement, en une articulation plus explicite et plus pertinente entre des niveaux de mécanisme interconnectés. L'explication ne dépendrait pas de l'identification d'entités et d'activités de bas niveau, mais de la description de relations causales situées sur des niveaux différents à l'intérieur d'une hiérarchie qui constitue le mécanisme[2].

1. S. Glennan, « Mechanisms and the nature of causation », *Erkenntnis* 44, 1996, p. 49-71 ; C. Craver, *Explaining the brain*, New York, Oxford University Press, 2007.

2. Section 8 du texte ; C. Craver, *Explaining the brain*, *op. cit.*

« Penser les mécanismes » doit être situé à la confluence des intérêts théoriques de ses trois auteurs. Le premier, Peter Machamer, est un philosophe et historien des sciences qui s'est en particulier intéressé à l'âge classique et à la conception mécaniste de l'univers [1]. La seconde, Lindley Darden, a travaillé sur l'histoire de la génétique et sur le problème de la compréhension des changements affectant les théories [2]. Le troisième, Carl Craver, est connu pour ses travaux sur les neurosciences [3]. Le concept de mécanisme tel qu'il est utilisé dans l'article est donc à la rencontre d'une part, d'une conception du monde qui a un long passé historique (les machines comme modèle d'intelligibilité des réalités naturelles) et d'autre part d'une analyse conceptuelle de régions particulièrement dynamiques de la science contemporaine. Ainsi s'expliquerait qu'on puisse relever une ambiguïté dans l'usage du terme « mécanisme » dans ce texte et d'autres connexes puisqu'il s'agit à la fois d'un type de réalité doté de propriétés distinctives (*les* mécanismes) et d'une certaine approche philosophique de l'explication en science (*le* mécanisme). « Penser les mécanismes » a incontestablement stimulé la réflexion sur la nature de l'explication scientifique en biologie, qu'il s'agisse d'arguments proposant d'étendre cette conception au-delà de ses exemples canoniques ou d'analyses cherchant à en identifier les limites [4]. Mais on n'y trouvera pas de

1. P. Machamer, « Galileo's machines, his mathematics and his experiments », *in* P. Machamer (ed.), *Cambridge companion to Galileo*, Cambridge-New York, Cambridge University Press, 1998, p. 27-52.

2. L. Darden, *Theory change in science. Strategies from Mendelian genetics*, New York, Oxford University Press, 1991.

3. C. Craver, *Explaining the brain*, *op. cit.*

4. W. Bechtel, « Mechanism and Biological Explanation », *Philosophy of Science* 78(4), 2011, p. 533–557. M. Weber, « On the incompatibility of dynamical biological mechanisms and causal graphs », *Philosophy of Science* 83(5), 2016, p. 959-971.

développements explicites sur le concept de causalité, et il y a sans doute à cela une raison de fond. Il existe au moins deux buts possibles pour la philosophie des sciences relativement à la causalité. Le premier consiste à proposer une analyse réductive du concept de causalité, inaugurée par celle qu'on prête à Hume : les conceptions en présence auraient pour but commun de définir la causalité (ou notre conception de la causalité) à partir de concepts plus primitifs. Un autre but, apparemment plus modeste, est de dire quand une relation est causale et sous quelle condition ; donc de normer l'usage du terme. Une conception philosophique de la causalité en biologie vaudra alors dans la mesure, non où elle parvient à une analyse réductive, mais où elle fournit un instrument qui permet de distinguer les usages pertinents ou non-pertinents du concept dans des contextes particuliers, où elle permet de distinguer les explications au sein desquelles les causes sont précisées des pseudo-explications au sein desquelles elles ne le sont pas.

L'un des auteurs de ce texte, Carl Craver, a ultérieurement explicité le lien entre philosophie mécaniste de l'explication en biologie et la théorie interventionniste de la causalité [1]. Selon l'interventionnisme, *X* est la cause de *Y* si et seulement si intervenir sur *X* (le modifier) modifie aussi *Y*. L'interventionnisme n'est pas présenté par James Woodward comme une théorie réductive : intervenir ou manipuler sont, en effet, des notions causales. Cette théorie de la causalité permet cependant deux choses. D'une part, elle rend compte de la manière dont certaines branches des sciences de la vie obéissent à une norme de l'explication

1. C. Craver, *Explaining the brain*, *op. cit.* ; J. Woodward, *Making things happen : A theory of causal explanation*, *op. cit.*

qu'il s'agit, philosophiquement, d'expliciter pour comprendre la pratique expérimentale et le rôle qu'y jouent les « interventions » (pensons à la tradition de la physiologie expérimentale, comme au rôle du *knock out* en génétique moléculaire). La théorie interventionniste est sans doute précieuse dans ce contexte, même si la biologie contemporaine redécouvre des propriétés des structures vivantes (redondance fonctionnelle, compensation, plasticité) qui compliquent beaucoup, en pratique, l'interprétation de résultats expérimentaux et l'établissement des responsabilités causales : le remplacement d'un gène par une copie anormale, par exemple, n'a pas toujours les effets escomptés [1]. D'autre part, la théorie interventionniste rend compte de la pratique de ces sciences dans sa relation à des buts qui la déterminent : par exemple, le but thérapeutique d'une intervention. La réflexion sur la causalité ne tend pas alors à déterminer seulement ce qu'est une cause dans un système biologique mais ce que nous considérons comme une cause, nous qui nous intéressons au fonctionnement des systèmes biologiques pour de multiples raisons (contrôler leur bonne marche, leur prolifération, résoudre des problèmes de santé publique, ou de malnutrition). Parmi les sens du mot « cause », Collingwood en opposait un qui convient à la médecine (est cause ce qui permet de produire ou d'empêcher), et un autre qui est celui des sciences de la nature [2]. Une bonne analyse philosophique de la causalité en biologie fonctionnelle serait cependant ce qui réunit, non ce qui

1. M. Morange, *La Part des gènes*, Paris, Odile Jacob, 1998.
2. R. Collingwood, *An essay on metaphysics*, Oxford, Clarendon, 1940.

oppose, théorie et pratique, l'analyse des relations dans les systèmes biologiques et la prise en compte de nos relations multiples avec de tels systèmes, nous qui sommes intéressés au monde biologique à plus d'un titre et intervenons sur lui.

Denis FOREST et Christophe MALATERRE

ERNST MAYR

CAUSE ET EFFET EN BIOLOGIE : TYPES DE CAUSES, PRÉDICTIBILITÉ ET TÉLÉOLOGIE VUS PAR UN BIOLOGISTE PRATICIEN [1]

Biologiste praticien, je sens que je ne peux tenter le type d'analyse de la cause et de l'effet au sein des phénomènes biologiques qu'entreprendrait un logicien. Je préfèrerais plutôt me concentrer sur les difficultés spécifiques que présente, en biologie, le concept classique de causalité. Depuis qu'on a tenté de construire un concept unifié de cause, on s'est désespérément heurté à ces difficultés. L'interprétation grossièrement mécaniste de la vie par Descartes et la manière dont d'Holbach et de La Mettrie ont logiquement poussé à l'extrême ses idées ont inévitablement donné lieu, par réaction, à des théories vitalistes qui ont périodiquement fleuri jusqu'à aujourd'hui. Il me suffit de mentionner les noms de Driesch (entéléchie), Bergson (élan vital) et Lecomte du Noüy, parmi les auteurs les plus éminents de ces derniers temps. Et, bien que ces auteurs puissent différer dans le détail, ils sont tous d'accord pour affirmer que les êtres vivants et les processus du vivant ne peuvent pas être causalement expliqués en termes

1. E. Mayr, « Cause and effect in biology », *Science* 134, 1961, p. 1501-1506. Traduit de l'anglais par Christophe Malaterre.

de phénomènes physiques et chimiques. Il nous revient de nous demander si une telle affirmation est justifiée ou non, et, si nous répondons à cette question par la négative, de déterminer la source du malentendu.

On considère couramment que la causalité, quelle que soit la manière selon laquelle on la définit en termes logiques, présente trois aspects : i) une explication des événements passés (« causalité *a posteriori* ») ; ii) la prédiction d'événements futurs ; et iii) une interprétation des phénomènes téléologiques – c'est-à-dire « orientés vers une fin ».

Ces trois aspects de la causalité (explication, prédiction et téléologie) doivent servir de points cardinaux dans toute discussion de la causalité et avaient été très justement identifiés comme tels par Nagel[1]. La biologie peut contribuer de manière significative aux trois. Mais, avant d'être en mesure de discuter cette contribution en détail, il me faut d'abord dire quelques mots sur la biologie en tant que science.

LA BIOLOGIE

Le mot *biologie* suggère une science uniforme et unifiée. Néanmoins, des développements récents montrent de plus en plus clairement que la biologie est un domaine des plus complexes, et que, effectivement, le mot *biologie* est une étiquette qui recouvre deux champs, pour l'essentiel séparés, et qui diffèrent considérablement en termes de méthode, *Fragestellung*[2] et concepts de base. Dès qu'on s'aventure au-delà du niveau de la biologie structurale purement

1. E. Nagel, conférence au Massachusetts Institute of Technology dans le cadre du cycle des Conférences Hayden de 1960-1961.

2. (NdT) En allemand dans le texte ; « questionnement » ou « problématique ».

descriptive, on trouve deux champs de recherche très différents, et que l'on peut désigner comme la biologie fonctionnelle et la biologie évolutionnaire. Ces deux champs ont assurément de nombreux points de contact et de recouvrement. Tout biologiste travaillant dans l'un des deux doit avoir une connaissance et une appréciation de l'autre s'il veut éviter de recevoir l'étiquette d'un spécialiste étroit d'esprit. Cependant, dans sa propre recherche, il ne s'intéressera qu'à des problèmes d'un seul de ces deux champs. Aussi, nous ne pouvons discuter de cause et d'effet en biologie sans avoir caractérisé, au préalable, chacun de ces deux champs de recherche.

La biologie fonctionnelle. Le biologiste fonctionnel s'intéresse, au plus haut degré, au fonctionnement et à l'interaction d'éléments structuraux, des molécules jusqu'aux organes et aux individus entiers. La question qu'il répète sans cesse est « comment ? ». Comment telle chose marche-t-elle, comment fonctionne-t-elle ? L'anatomiste fonctionnel qui étudie une articulation partage cette méthode et cette approche avec le biologiste moléculaire qui étudie la fonction d'une molécule d'ADN dans le transfert de l'information génétique. Le biologiste fonctionnel tente d'isoler le composant particulier qu'il étudie, et dans toute étude, il ne s'intéresse, habituellement, qu'à un seul individu, un seul organe, une seule cellule ou une seule partie de cellule. Il tente d'éliminer, ou de contrôler, toutes les variables, et il répète ses expériences dans des conditions identiques ou variées jusqu'à ce qu'il estime avoir clarifié la fonction de l'élément qu'il étudie. La technique principale du biologiste fonctionnel est l'expérimentation, et son approche est essentiellement la même que celle du physicien ou du chimiste. En effet, en isolant suffisamment le phénomène étudié des complexités de l'organisme, il peut atteindre l'idéal de l'expérience purement physique ou chimique. En dépit de certaines limitations propres à cette méthode, il faut reconnaître, avec le biologiste fonctionnel, que cette approche simplifiée est d'une nécessité absolue pour atteindre les objectifs particuliers qu'il se fixe. Le succès spectaculaire de la recherche biochimique et biophysique justifie cette approche directe, bien que simpliste par ailleurs.

La biologie évolutionnaire. Le biologiste évolutionnaire diffère à la fois dans sa méthode et dans les problèmes auxquels il s'intéresse. Sa question fondamentale est « pourquoi ? ». Mais quand nous disons « pourquoi », nous devons toujours être conscients de l'ambiguïté du terme. Ce dernier peut vouloir dire « comment se fait-il ? » (*how come ?*), mais il peut aussi signifier le « en vue de quoi ? » (*what for ?*) finaliste. Lorsqu'il demande « pourquoi ? », il est évident que l'évolutionniste comprend cette question au sens historique de « comment se fait-il ? » (*how come ?*). Chaque organisme, qu'il s'agisse d'un individu ou d'une espèce, est le produit d'une longue histoire, une histoire qui remonte, en effet, à plus de 2 000 millions d'années. Comme l'a dit Max Delbrück (1949 : 173), « un physicien chevronné, qui rencontre pour la première fois des problèmes de biologie, est étonné par le fait qu'il n'y a pas de "phénomène absolu" en biologie. Tout est situé dans le temps et dans l'espace. L'animal, la plante ou le microorganisme sur lequel il travaille n'est rien d'autre qu'un maillon dans une chaîne évolutionnaire de formes changeantes, et dont aucune n'a de validité permanente ». Il n'y a pratiquement aucune structure ou fonction dans un organisme qui puisse être entièrement comprise sans être étudiée dans ce contexte historique. Identifier les causes des caractéristiques existantes des organismes, et tout particulièrement celles de leurs adaptations, est la principale préoccupation du biologiste évolutionnaire. Ce dernier est impressionné par l'énorme diversité du monde organique. Il veut connaître les raisons de cette diversité ainsi que le chemin au terme duquel elle a été atteinte. Il étudie les forces qui provoquent les changements de la faune et de la flore (tels que partiellement documentés par la paléontologie), et il étudie les étapes par lesquelles ont évolué ces adaptations miraculeuses si caractéristiques de toute facette du monde organique.

Nous pouvons aussi utiliser le langage de la théorie de l'information pour tenter encore une autre caractérisation de ces deux champs de la biologie. Le biologiste fonctionnel s'occupe de tous les aspects du décodage de l'information programmée contenue dans le code ADN du zygote fécondé. Le biologiste évolutionnaire, de son côté, s'intéresse à l'histoire de ces codes d'information et aux lois qui contrôlent les changements de ces codes de génération en génération. En d'autres termes, il s'intéresse aux causes de ces changements.

Nombre de débats antérieurs en philosophie biologique peuvent être reformulés de manière bien plus précise à l'aide de ces codes génétiques. Par exemple, comme Schmalhausen en Russie et moi-même l'avons montré indépendamment, l'hérédité des caractères acquis devient pratiquement inconcevable quand on essaye de la reformuler en termes de transfert d'information génétique du phénotype vers l'ADN des cellules germinales.

Mais n'ayons pas une conception erronée de ces codes. C'est une des caractéristiques de ces codes génétiques que d'avoir une programmation qui ne soit seulement qu'en partie rigide. Des phénomènes comme l'apprentissage, la mémoire, la modification structurale non-génétique, et la régénération montrent à quel point ces programmes sont « ouverts ». Et cependant, même ici, il y a une grande spécificité, par exemple en ce qui concerne ce qui peut être « appris », le moment du cycle de vie auquel « l'apprentissage » a lieu, ou encore la durée de rétention d'un engramme mémoriel. Le programme peut alors être, en grande partie, non-spécifique et pourtant la gamme des variations possibles est elle-même incluse dans les spécifications de ce code. Ainsi les codes sont, sous certains aspects, très spécifiques ; et sous d'autres, ils spécifient à peine des « normes de réaction », ou des capacités générales et des potentialités.

Permettez-moi d'illustrer cette dualité des codes par une différence entre deux types d'oiseaux au sujet de la « reconnaissance intra-spécifique [1] ». Le jeune vacher est élevé par des parents adoptifs – disons dans le nid d'un bruant chanteur ou d'une fauvette [2]. Dès qu'il devient indépendant de ses parents adoptifs, il recherche la compagnie d'autres jeunes vachers, même s'il n'a jamais vu de vacher auparavant ! À l'opposé, la jeune oie adopte comme parent le tout premier objet en mouvement (et de préférence sonore) qu'elle peut suivre dès sa sortie de l'œuf, et en porte « l'empreinte ». Ce qui est programmé est, dans un cas, une *Gestalt* bien spécifique, et, dans l'autre, seulement la capacité à porter l'empreinte d'une *Gestalt*. Des différences semblables dans la spécificité du programme hérité sont universelles dans le monde organique.

1. NdT : reconnaissance entre individus de la même espèce.

2. NdT : il s'agit ici d'oiseaux d'Amérique du Nord. Le vacher ou *cowbird*, le bruant chanteur ou *song sparrow*, et la fauvette (traduction du nom vernaculaire *warbler*) sont des oiseaux appartenant à des familles différentes de passereaux.

Revenons maintenant à notre sujet principal et demandons-nous : le mot *cause* signifie-t-il la même chose en biologie fonctionnelle et en biologie évolutionnaire ?

Max Delbrück, à nouveau, nous rappelle que, jusque dans les années 1870, Helmholtz postulait « que l'on devrait pouvoir rendre compte du comportement des cellules vivantes en termes de mouvements de molécules agissant dans le cadre de certaines lois de force fixes » (Delbrück 1949 : 173). Ceci étant, Delbrück nous rappelle avec raison que nous ne pouvons même pas rendre compte du mouvement d'un unique atome d'hydrogène. Comme il le dit également, « toute cellule vivante véhicule les résultats d'un milliard d'années d'expérimentation par ses ancêtres ».

Permettez-moi d'illustrer les difficultés du concept de causalité en biologie à l'aide d'un exemple. Demandons-nous : quelle est la cause de la migration des oiseaux ? Ou plus précisément : pourquoi la fauvette de ma maison d'été dans le New Hampshire a-t-elle commencé sa migration vers le sud en cette nuit du 25 août ?

Je peux énumérer quatre causes, toutes aussi légitimes les unes que les autres, de cette migration.

1) *Une cause écologique.* La fauvette, étant insectivore, doit émigrer, parce qu'elle mourrait de faim si jamais elle tentait de passer l'hiver dans le New Hampshire.

2) *Une cause génétique.* Au cours de l'histoire évolutionnaire de son espèce, la fauvette a acquis une constitution génétique qui la conduit à répondre d'une manière appropriée à certains stimuli de l'environnement. Par contre, le hibou petit-duc, nichant pourtant tout près, n'a pas cette constitution et ne répond pas à ces stimuli. En conséquence, il est sédentaire.

3) *Une cause physiologique intrinsèque.* La fauvette s'est envolée pour le sud parce que sa migration est liée à

la photopériodicité. Elle répond à la diminution de la durée du jour et est prête à commencer sa migration dès que le nombre d'heures de jour passe sous un certain seuil.

4) *Une cause physiologique extrinsèque.* Enfin, la fauvette a commencé sa migration le 25 août parce qu'une masse d'air froid, apportée par un vent du nord, s'est abattue sur la région ce jour-là. La baisse soudaine de température, et les conditions météorologiques associées, ont particulièrement affecté le volatile, ce dernier étant déjà dans une condition physiologique générale le disposant à la migration, de telle sorte qu'il partit effectivement ce jour bien particulier.

Ceci étant dit, si nous examinons une fois encore les quatre causes de la migration de cet oiseau, nous pouvons aussitôt voir qu'il y a des causes immédiates de la migration, à savoir la condition physiologique de l'oiseau en interaction avec la photopériodicité et la baisse de température. Nous pouvons appeler ces causes les causes *prochaines* (*proximate causes*) de la migration. Les deux autres causes, à savoir la pénurie de nourriture l'hiver et la disposition génétique de l'oiseau, sont les causes *ultimes* (*ultimate causes*). Ces dernières sont des causes qui ont une histoire et qui ont été incorporées au système au cours de plusieurs milliers de générations de sélection naturelle. Il est évident que le biologiste fonctionnel s'intéresserait à l'analyse des causes prochaines, alors que le biologiste évolutionnaire s'intéresserait à l'analyse des causes ultimes. Et c'est le cas avec pratiquement n'importe quel phénomène biologique que nous voudrions étudier. Il y a toujours un ensemble de causes prochaines et un ensemble de causes ultimes ; les deux doivent être expliqués et interprétés pour obtenir une connaissance complète du phénomène en question.

Une autre manière d'exprimer ces différences serait de dire que les causes prochaines gouvernent les réponses de l'individu (et de ses organes) à des facteurs immédiats de l'environnement alors que les causes ultimes sont responsables de l'évolution du code ADN d'information particulier dont est doté tout individu de toute espèce. Ces distinctions n'intéresseront vraisemblablement que peu le logicien. Le biologiste, cependant, sait qu'on aurait pu éviter de nombreuses querelles au sujet de la « cause » d'un certain phénomène biologique si les parties en présence s'étaient rendu compte que l'une s'intéressait aux causes prochaines, et l'autre aux causes ultimes. J'illustrerai ceci à l'aide d'une citation de Loeb : « Autrefois, les auteurs expliquaient la croissance des pattes des têtards de grenouille ou de crapaud comme un cas d'adaptation à la vie sur la terre ferme. Nous savons, grâce à Gudernatsch, que la croissance des pattes peut être provoquée n'importe quand, même chez le têtard le plus jeune, incapable de vivre hors de l'eau, en nourrissant l'animal de glande thyroïde » (Loeb 1916 : 342).

Revenons maintenant à la définition du mot « cause » en philosophie formelle et voyons comment elle s'accorde avec la notion traditionnelle de « cause » dans les explications de la biologie fonctionnelle et de la biologie évolutionnaire. Nous pourrions, par exemple, définir la cause comme « une condition non-suffisante sans laquelle un événement n'aurait pu avoir lieu », ou comme « un élément d'un ensemble suffisant de raisons sans lesquelles l'événement n'aurait pu avoir lieu » [d'après Scriven [1]]. Des définitions telles que celles-ci décrivent assez correctement les relations causales dans certaines branches

1. M. Scriven, manuscrit non-publié. NdT : Michael Scriven a développé cette conception dans (Scriven 1962).

de la biologie, en particulier dans celles qui s'intéressent à des phénomènes chimiques ou physiques élémentaires. En un sens formel strict, elles sont aussi applicables à des phénomènes plus complexes, et cependant elles semblent avoir bien peu de valeur opérationnelle dans les branches de la biologie qui s'intéressent à des systèmes complexes. Je doute qu'il existe un seul scientifique qui remette en question la causalité ultime de tous les phénomènes biologiques – autrement dit, qui remette en question le fait qu'il existe une explication causale des événements biologiques passés. Cependant, une telle explication sera souvent si peu spécifique et si purement formelle que sa valeur explicative pourra, très certainement, être remise en question. Une explication qui dirait, au sujet d'un phénomène complexe « Le phénomène *A* est causé par un ensemble complexe de facteurs en interaction, parmi lesquels le facteur *b* », peut difficilement être considérée comme très éclairante. Cependant, on ne peut souvent dire plus. Nous aurons à revenir à cette difficulté lorsque nous aborderons le problème de la prédiction. Néanmoins, considérons tout d'abord le problème de la téléologie.

La téléologie

Aucune discussion de la causalité ne saurait être complète sans aborder le problème de la téléologie. Ce problème prend sa source dans la classification des causes par Aristote, une des catégories étant celle des causes « finales ». Cette catégorie est fondée sur l'observation du développement ordonné et finalisé (*purposive*) de l'individu, depuis l'œuf jusqu'au stade « final » de l'adulte, et du développement de l'univers depuis ses origines (le chaos ?) jusqu'à son ordre présent. La cause finale a été définie comme « la cause responsable de l'atteinte ordonnée d'un but (*goal*) ultime préconçu ». Tout comportement orienté vers un but (*goal-seeking*) a été catégorisé comme « téléologique », mais aussi de nombreux autres phénomènes qui ne sont pas nécessairement par nature orientés vers un but.

Les spécialistes d'Aristote ont très justement fait remarquer qu'Aristote était avant tout, de par sa formation et ses intérêts, un biologiste, et que ce sont ses préoccupations au sujet des phénomènes biologiques qui ont dominé ses idées sur les causes et qui l'ont conduit à postuler des causes finales en plus des causes matérielles, formelles et efficientes. Les grands penseurs, depuis Aristote jusqu'à aujourd'hui, se sont heurtés à l'apparente contradiction qu'il y a entre une interprétation mécaniste des processus naturels et le déroulement en apparence finalisé (*purposive*) de certaines séquences du développement organique, de la reproduction et du comportement animal. Un penseur aussi rationnel que Bernard (1885) a formulé le paradoxe en ces termes :

> Il y a comme un dessin préétabli de chaque être et de chaque organe, en sorte que si, considéré isolément, chaque phénomène [...] est tributaire des forces générales de la nature, pris dans ses rapports avec les autres, [...] il semble dirigé par quelque guide invisible dans la route qu'il suit et amené dans la place qu'il occupe [...]
> En admettant que les phénomènes vitaux se rattachent à des manifestations physico-chimiques, ce qui est vrai, la question dans son essence n'est pas éclaircie pour cela; car ce n'est pas une rencontre fortuite de phénomènes physico-chimiques qui construit chaque être sur un plan et suivant un dessin fixés et prévus d'avance, et suscite l'admirable subordination et l'harmonieux concert des actes de la vie [...].

> [Le] déterminisme ne saurait être autre chose qu'un déterminisme physico-chimique. La force vitale, la vie, appartiennent au monde métaphysique [1].

Quel est le *x*, cet agent qui en apparence vise une fin, cette « force vitale » qui se logerait dans les phénomènes organiques ? C'est seulement récemment qu'on a pu formuler des explications qui rendent compte, de manière adéquate, de ce paradoxe.

Les nombreuses philosophies dualistes, finalistes et vitalistes du passé remplaçaient tout simplement l'inconnue *x* par une autre inconnue, *y* ou *z*. Mais appeler un facteur inconnu *entelechia* ou *élan vital* ne constitue pas une explication. Je ne perdrai donc pas de temps à montrer jusqu'à quel point ces tentatives passées étaient erronées. Et, même si certaines des observations sous-jacentes de ces schèmes conceptuels sont tout à fait correctes, les conclusions surnaturelles tirées de ces observations sont totalement trompeuses.

Quand est-il donc légitime de parler de fin (*purpose*) et de finalité (*purposiveness*) dans la nature, et quand n'est-il pas légitime de le faire ? À cette question nous pouvons maintenant donner une réponse claire et non-ambiguë. Un individu qui – en utilisant le langage informatique – a été « programmé » peut agir en vue d'une fin. Les processus historiques, néanmoins, *ne* peuvent *pas* agir intentionnellement. Un oiseau qui commence sa

1. NdT : la citation attribuée par Ernst Mayr à Claude Bernard semble résulter de plusieurs passages juxtaposés et plus ou moins reformulés (notamment à partir des pages 51, 50, puis 53 correspondant à l'édition originale de 1878 des *Leçons sur les phénomènes de la vie*, vol. 1). Nous avons rétabli les coupures que Mayr avait dans la plupart des cas omises. Pour traduire le mot « dessin » utilisé par Claude Bernard, Mayr emploie « *design* ».

migration, un insecte qui choisit sa plante hôte, un animal qui évite un prédateur, un mâle qui fait la cour à une femelle, tous agissent en vue d'une fin parce qu'ils ont été programmés pour le faire. Quand je parle de « l'individu » programmé, je le fais en un sens large. Un ordinateur programmé est lui-même un « individu » en ce sens, tout comme l'est, pendant la phase de reproduction, un couple d'oiseaux dont les actions instinctives et apprises obéissent, pour ainsi dire, à un unique programme.

Le code ADN de chaque zygote (cellule œuf fécondée) – code qui est propre à l'individu et en même temps spécifique à l'espèce, et qui contrôle le développement des systèmes nerveux central et périphérique, des organes sensoriels, des hormones, de la physiologie et de la morphologie – est le *programme* de l'ordinateur comportemental de cet individu.

La sélection naturelle fait de son mieux pour favoriser la production de codes qui garantissent un comportement augmentant la *fitness*. Un programme comportemental qui garantit une réponse instantanée correcte à une source potentielle de nourriture, à un ennemi potentiel ou à un partenaire sexuel potentiel, procurera très certainement une meilleure *fitness* au sens darwinien du terme qu'un programme privé de ces propriétés. Encore une fois, un programme comportemental qui rend possible un apprentissage approprié et l'amélioration de réactions comportementales par divers types de boucles de rétroaction confère une plus grande probabilité de survie qu'un programme privé de ces propriétés.

L'action finalisée d'un individu, dans la mesure où elle émane des propriétés de son code génétique, n'est ainsi ni plus ni moins intentionnelle que les actions d'un ordinateur programmé pour répondre de manière appropriée à des données variées. Il s'agit, si je puis parler ainsi, d'une finalité purement mécaniste.

Nous, les biologistes, avons depuis longtemps senti qu'il était ambigu de désigner comme « téléologique » un tel comportement programmé et orienté vers un but, parce que le mot *téléologique* a aussi été utilisé en un sens très différent au sujet de l'étape finale des processus évolutionnaires adaptatifs. Quand Aristote parlait des causes finales, il s'intéressait tout particulièrement aux adaptations fascinantes qu'on retrouve partout chez les végétaux et les animaux. Il s'intéressait à ce que certains auteurs ultérieurs ont appelé *design* ou plan dans la nature. Il assimilait à des causes finales, non seulement le mimétisme et la symbiose, mais aussi toutes les autres adaptations des animaux et des végétaux les uns aux autres, et à leur environnement physique. Les aristotéliciens et leurs successeurs se sont demandés quel processus orienté vers un but avait pu produire un si bel ordonnancement (*such a well-ordered design*) dans la nature.

Il est désormais évident que les termes *téléologie* et *téléologique* ont été attribués à deux ensembles radicalement différents de phénomènes. D'une part, il y a la production et le perfectionnement, au cours de l'histoire des animaux et des végétaux, de programmes sans cesse nouveaux et de codes ADN d'information toujours plus performants. D'autre part, il y a la mise à l'épreuve de ces programmes et le décodage de ces codes au cours de la vie de chaque individu. Il y a une différence fondamentale entre, d'un côté, des activités comportementales dirigées vers une fin (*end-directed*) ou des processus développementaux d'un individu ou d'un système contrôlés par un programme, et, de l'autre, le perfectionnement continu de codes génétiques.

Ce perfectionnement génétique est une adaptation évolutionnaire contrôlée par la sélection naturelle.

Afin d'éviter toute confusion entre les deux types complètement différents d'orientation vers une fin (*end-direction*), Pittendrigh (1958 : 394) a introduit le terme *téléonomique* comme un terme descriptif cherchant à caractériser tous les systèmes dirigés vers une fin « sans obligation envers la téléologie aristotélicienne ». Cette définition négative, non seulement fait porter toute la difficulté sur le mot *système*, mais et surtout ne fait aucune distinction claire entre les deux téléologies d'Aristote. Il apparaît donc utile de restreindre plus strictement l'application du terme *téléonomique* à des systèmes agissant sur la base d'un programme ou d'un code informationnel. La téléonomie en biologie désigne ainsi « l'apparente finalité (*purposiveness*) des organismes et de leurs caractéristiques », comme le disait Julian Huxley (1960 : 9).

Une telle séparation nette avec, d'un côté, la téléonomie et sa base physico-chimique analysable, et de l'autre, la téléologie, qui s'intéresse plus largement à l'harmonie d'ensemble du monde organique, est des plus utiles, parce que ces deux phénomènes, pourtant très différents, ont si souvent été confondus.

Le développement ou le comportement d'un individu est finalisé ; la sélection naturelle ne l'est certainement pas. Quand MacLeod (1957 : 477) disait que « ce qui est cependant le plus difficile à comprendre au sujet de Darwin, c'est sa ré-introduction de la finalité dans le monde naturel », il utilisait un terme inapproprié. Le mot *fin* (*purpose*) est tout particulièrement inapplicable au changement évolutionnaire, qui est, après tout, ce à quoi s'intéressait Darwin. Si un organisme est bien adapté, s'il fait montre d'une *fitness* supérieure, cela n'est aucunement dû à quelque fin poursuivie par ses ancêtres ou par un agent extérieur comme la « Nature » ou « Dieu » qui aurait élaboré un *design* ou plan supérieur. Darwin « a donné un coup de balai à une telle téléologie finaliste », comme l'a très justement dit Simpson (1960 : 966).

Nous pouvons résumer cette discussion en affirmant qu'il n'y a aucun conflit entre causalité et téléonomie, mais aussi que la biologie scientifique n'a trouvé aucun élément de preuve qui viendrait étayer la téléologie telle que défendue par différentes théories vitalistes ou finalistes (Simpson 1950 : 262; Koch 1957 : 245). Tous les systèmes prétendument téléologiques analysés par Nagel (1961) sont, en réalité, des illustrations de la téléonomie.

Le problème de la prédiction

Le troisième grand problème de la causalité en biologie est celui de la prédiction. Dans la théorie classique de la causalité, la pierre de touche de la qualité d'une explication causale était sa valeur prédictive. Cette conception est toujours celle qu'on trouve dans la théorie classique moderne de Bunge (1959 : 307) : « Une théorie peut prédire dans la mesure où elle peut décrire et expliquer ». Il est évident que Bunge est un physicien; aucun biologiste n'aurait affirmé cela. La théorie de la sélection naturelle peut décrire et expliquer des phénomènes avec une précision considérable, mais elle ne peut pas faire de prédictions fiables, sauf sous la forme d'énoncés triviaux et dénués de sens comme, par exemple : « les individus les mieux adaptés laisseront en moyenne un plus grand nombre de descendants ». Scriven (1959 : 477) a très justement fait remarquer qu'une des contributions les plus significatives de la théorie de l'évolution à la philosophie est qu'elle a démontré que les notions d'explication et de prédiction étaient indépendantes l'une de l'autre.

Bien que la prédiction ne soit pas un concomitant inséparable de la causalité, tout scientifique est néanmoins heureux si ses explications causales ont aussi, en même temps, une valeur prédictive élevée. Nous pouvons distinguer de nombreuses catégories de prédiction dans l'explication biologique. En réalité, il est même douteux que l'on puisse définir le sens du mot « prédiction » en biologie. Un zoogéographe compétent peut prédire, avec une grande précision, quels sont les animaux que l'on va retrouver dans une chaîne de montagnes ou sur une île encore inexplorées. De même, un paléontologue peut prédire, avec une grande précision, les types de fossiles auxquels on peut s'attendre dans une couche géologique nouvellement accessible. De telles estimations correctes de résultats d'événements passés comptent-elles comme de véritables prédictions ? Un doute semblable enveloppe les prédictions taxinomiques, comme discuté au paragraphe suivant. Ceci étant, le terme de *prédiction* est très certainement utilisé de manière légitime au sujet d'événements futurs. Permettez-moi de vous donner quatre exemples pour illustrer l'étendue de la notion de prédictibilité.

1) *La prédiction en classification.* Si j'ai identifié une drosophile comme appartenant à *Drosophila melanogaster* sur la base du motif des poils et des proportions faciales et oculaires, je peux « prédire » de nombreuses caractéristiques structurales et comportementales, que je trouverais effectivement si j'étudiais d'autres aspects de cet individu. Si je trouve une nouvelle espèce arborant les traits typiques du genre *Drosophila*, je peux aussitôt « prédire » tout un ensemble de propriétés biologiques.

2) *Prédiction de la plupart des phénomènes physico-chimiques au niveau moléculaire.* On peut faire des prédictions d'une grande précision au sujet de la plupart des processus biochimiques élémentaires, comme les voies métaboliques, ainsi qu'au sujet de phénomènes biophysiques se déroulant dans des systèmes simples, comme l'action de la lumière, de la chaleur et de l'électricité en physiologie.

Dans les exemples 1 et 2, la valeur prédictive des énoncés causaux est normalement très élevée. Il existe, cependant, de nombreux autres énoncés et généralisations causaux en biologie qui ont une valeur prédictive faible. Les exemples qui suivent sont de ce type.

3) *Prédiction du résultat d'interactions écologiques complexes.* L'énoncé « À un pré abandonné du sud de la Nouvelle Angleterre va succéder un peuplement de bouleaux gris (*Betula populifolia*) et de pins blancs d'Amérique (*Pinus strobus*) » est souvent correct. Cependant, on trouvera, encore plus fréquemment, ou bien, un peuplement exclusif de *P. strobus*, ou bien une forêt dans laquelle *P. strobus* sera totalement absent et remplacé par des cerisiers (*Prunus*), des genévriers de Virginie (*Juniperus virginianus*), des érables, des sumacs, et plusieurs autres espèces.

Un autre exemple illustre aussi cette imprédictibilité. Quand on met en présence deux espèces de coléoptères *Tribolium* (*Tribolium confusum* et *Tribolium castaneum*) dans un environnement uniforme (de la farine de blé tamisée), une des deux espèces va toujours l'emporter sur l'autre. À des températures et taux d'hygrométrie élevés, *T. castaneum* l'emporte ; à des températures et taux d'hygrométrie bas, c'est *T. confusum* qui sort victorieux. Dans des conditions intermédiaires, l'issue est indéterminée et, ainsi, imprédictible (Table 1) (Park 1954 : 177).

TABLE 1. DEUX ESPÈCES DE *TRIBOLIUM* EN COMPÉTITION [ADAPTÉ DE (PARK 1954 : 177)]

Conditions		Répliques[1] (Nb)	Espèces victorieuses (Nb d'expériences)	
Temp. (°C)	Hygrométrie (%)		*T. confusum*	*T. castaneum*
34	70	30		30
29	70	66	11	55
24	70	30	21	9
34, 29	30	60	53	7
24	30	20	20	

4) *Prédiction d'événements évolutionnaires.* Il n'y a probablement, en biologie, rien de moins prédictible que le cours futur de l'évolution. Prenons le cas des reptiles du Permien : qui aurait prédit que la plupart des groupes prospères s'éteindraient (nombre d'entre eux très rapidement) et qu'une des branches les plus anonymes donnerait naissance aux mammifères ? Quel spécialiste de la faune du Cambrien aurait prédit les changements révolutionnaires qui ont affecté la vie marine au cours des ères géologiques suivantes ? L'imprédictibilité caractérise aussi l'évolution à petite échelle. Les éleveurs et les spécialistes de la sélection naturelle ont découvert, à plusieurs reprises, que des lignées parallèles indépendantes, exposées aux mêmes pressions sélectives, répondent avec des vitesses différentes et avec des effets induits différents, aucun n'étant prédictible.

Comme c'est le cas dans de nombreuses autres branches de la science, la validité des prédictions relatives à des phénomènes biologiques (mis à part quelques processus élémentaires chimiques ou physiques) est presque toujours

1. Nombre de répétitions de l'expérience à l'identique (NdT).

statistique. Nous pouvons prédire, avec une grande précision, qu'un peu plus de 500 des 1000 prochains nouveaux nés seront des garçons. Nous ne pouvons prédire le sexe d'un enfant à naître particulier.

Les raisons de l'indétermination en biologie

Sans prétendre épuiser toutes les raisons possibles de l'indétermination, je peux en énumérer quatre classes. Bien qu'elles se recouvrent partiellement les unes les autres, chacune mérite d'être traitée séparément.

1) *Le caractère aléatoire d'un événement au regard de l'importance de cet événement.* La mutation spontanée, causée par une « erreur » de réplication de l'ADN, illustre très bien cette cause d'indétermination. Le fait qu'une mutation donnée a lieu n'est aucunement lié aux besoins évolutionnaires de l'individu particulier ni à ceux de la population à laquelle il appartient. Les résultats spécifiques d'une pression de sélection donnée sont imprédictibles parce que les phénomènes de mutation, de recombinaison et d'homéostasie développementale contribuent, de manière indéterminée, à la réponse à cette pression. Chaque étape de la détermination du contenu génétique d'un zygote est, pour une grande part, aléatoire en ce sens. Ce que nous avons décrit dans le cas de la mutation est aussi vrai pour le *crossing-over*, la ségrégation chromosomique, la sélection des gamètes, la sélection des partenaires sexuels et la survie initiale des zygotes. Ni les phénomènes moléculaires sous-jacents, ni les mouvements mécaniques responsables de ce type de hasard ne sont liés à leurs effets biologiques.

2) *Caractère unique de toutes les entités aux niveaux élevés d'intégration biologique.* Une des différences majeures entre la biologie et les sciences physiques provient

du caractère unique des entités et des phénomènes biologiques. Les physiciens et les chimistes ont souvent une authentique difficulté à comprendre l'importance que le biologiste accorde au fait singulier, quoique cette compréhension soit facilitée par les développements de la physique moderne. Si un physicien dit « la glace flotte sur l'eau », son énoncé est vrai de n'importe quel morceau de glace et de n'importe quel volume d'eau. Les membres d'une classe ne possèdent habituellement pas la singularité qui est si caractéristique du monde organique, dans lequel tous les individus sont uniques, toutes les étapes du cycle de vie sont uniques, toutes les populations sont uniques, toutes les espèces et catégories supérieures sont uniques, toutes les interactions entre individus sont uniques, toutes les associations naturelles d'espèces sont uniques, et tous les événements évolutionnaires sont uniques. Quand ces énoncés s'appliquent à l'homme, leur validité est évidente. Cependant, ils sont tout aussi valides pour tous les animaux et les végétaux qui se reproduisent de manière sexuée. Ce caractère unique, bien entendu, n'exclut pas toute prédiction. Nous pouvons formuler de nombreux énoncés valides au sujet des attributs et du comportement de l'homme, ainsi qu'au sujet de nombreux autres organismes. Mais la plupart de ces énoncés (exceptés ceux relatifs à la taxinomie) n'ont qu'une validité purement statistique. Ce caractère unique est tout particulièrement caractéristique de la biologie évolutionnaire. Il est pratiquement impossible d'avoir pour des phénomènes uniques des lois générales comme celles qui existent en mécanique classique.

3) *Une complexité extrême.* Lors d'un récent symposium, le physicien Elsässer a affirmé « [qu'une des] caractéristiques majeures de tous les organismes est leur complexité structurale et dynamique presque illimitée ». Ceci est vrai.

Tout système organique est si riche de boucles de rétroaction, de dispositifs homéostatiques et de circuits potentiellement redondants, qu'une description complète est pratiquement impossible. Qui plus est, l'analyse d'un tel système requerrait sa destruction et serait donc futile.

4) *Émergence de nouvelles qualités aux niveaux élevés d'intégration*. Cela nous amènerait trop loin que de discuter, dans ce contexte, de l'épineux problème de « l'émergence ». Tout ce que je peux faire ici est d'en énoncer dogmatiquement le principe : « Quand deux entités sont combinées à un niveau plus élevé d'intégration, les propriétés de la nouvelle entité ne sont pas toutes nécessairement des conséquences logiques ou prédictibles des propriétés des composants ». Cette difficulté n'est, en aucun cas, limitée à la biologie, mais elle est très certainement, en biologie, une des sources majeures d'indétermination. Souvenons-nous qu'indétermination ne signifie pas absence de cause, mais seulement imprédictibilité.

Ces quatre causes de l'indétermination, chacune individuellement et en combinaison, réduisent la précision de la prédiction.

À ce stade, on peut se poser la question de savoir si la prédictibilité en mécanique classique et l'imprédictibilité en biologie sont dues à une différence de degré ou de nature. Beaucoup porte à croire qu'il s'agit, dans une large mesure, d'une différence de degré. La mécanique classique est, pour ainsi dire, à une extrémité d'un intervalle continu, et la biologie à l'autre. Prenons l'exemple classique des lois des gaz. Elles sont essentiellement vraies de manière statistique, mais la population des molécules d'un gaz qui obéit aux lois des gaz est si gigantesque que les actions des molécules individuelles se trouvent intégrées en un résultat prédictible et, pourrait-on même dire, « absolu ».

Des échantillons de cinq ou vingt molécules feraient montre d'une individualité certaine. La différence de taille des « populations » étudiées contribue, très certainement, à la différence entre les sciences physiques et la biologie.

Conclusions

Revenons maintenant à notre question initiale et essayons de résumer certaines de nos conclusions sur la nature des relations de cause à effet en biologie.

1) La causalité en biologie est très différente de la causalité en mécanique classique.

2) Les explications des phénomènes biologiques, mis à part les plus simples, consistent habituellement en des ensembles de causes. Cela est particulièrement vrai pour ces phénomènes biologiques qui ne peuvent être compris que lorsqu'on considère aussi leur histoire évolutionnaire. Chacun de ces ensembles est comme une paire de parenthèses, qui contient beaucoup de choses non-analysées et beaucoup d'autres, qui ne pourront, vraisemblablement, jamais être complètement analysées.

3) Au vu du nombre élevé de voies multiples possibles pour la plupart des processus biologiques (excepté ceux qui sont purement physico-chimiques), et au vu du caractère aléatoire de nombreux processus biologiques, en particulier au niveau moléculaire (et pour d'autres raisons encore), la causalité au sein des systèmes biologiques n'est pas prédictive, ou au mieux ne l'est que de manière statistique.

4) L'existence de codes complexes d'information au sein de l'ADN du plasma germinatif autorise la finalité téléonomique. Ceci étant, la recherche évolutionnaire n'a trouvé absolument aucune preuve de lignées évolutionnaires qui seraient « orientées vers un but », comme celles

postulées par cette sorte de téléologie qui voit « design et plan » partout dans la nature. L'harmonie de l'univers vivant, pour autant qu'elle existe, est un produit *a posteriori* de la sélection naturelle.

Enfin, la causalité en biologie n'entre pas véritablement en conflit avec la causalité de la mécanique classique. Comme la physique moderne l'a aussi montré, la causalité de la mécanique classique n'est qu'un cas particulier très simple de causalité. La prédictibilité, par exemple, n'est pas une composante nécessaire de la causalité. La complexité de la causalité biologique ne justifie pas l'adoption d'idéologies non-scientifiques comme le vitalisme ou le finalisme, mais devrait, au contraire, encourager tous ceux qui ont essayé de donner une base plus large au concept de causalité.

Références

BERNARD C. (1885), *Leçons sur les phénomènes de la vie*, vol. 1. Paris, Baillière.

BUNGE M. (1959), *Causality*, Cambridge (MA), Harvard University Press.

DELBRÜCK M. (1949), « A physicist looks at biology », *Transactions of the Connecticut Academy of Arts and Sciences* 38, 173-190.

HUXLEY J. (1960), « The openbill's open bill : a teleonomic enquiry », *Zool. Jahrb. Abt. Anat. u. Ontog. Tiere* 88, 9.

KOCH L. (1957), « Vitalistic-Mechanistic Controversy », *Scientific Monthly* 85, 245-255.

LOEB J. (1916), *The Organism as a Whole*, New York, Putnam.

MACLEOD R. B. (1957), « Teleology and Theory of Human Behavior », *Science* 125, 477.

NAGEL E. (1961), *The Structure of Science*, New York, Harcourt Brace and World.

PARK T. (1954), « Experimental Studies of Interspecies Competition II. Temperature, Humidity, and Competition in Two Species of Tribolium », *Physiological Zoology* 27(3), 177-238.

PITTENDRIGH C. S. (1958), « Adaptation, natural selection, and behavior », *in* A. Roe, G. G. Simpson (eds.) *Behavior and Evolution*, New Haven, Yale University Press, p. 390-416.

SCRIVEN M. (1959), « Explanation and Prediction in Evolutionary Theory », *Science* 130, 477-482.

SCRIVEN M. (1962), « Explanations, Predictions and Laws », *in* H. Feigl, G. Maxwell (eds.), *Minnesota Studies in the Philosophy of Science, Vol. 3 : Scientific Explanation, Space and Time*, Minneapolis, University of Minnesota Press, p. 170-230.

SIMPSON G. G. (1950), « Evolutionary Determinism and the Fossil Record », *Scientific Monthly* 71, 262-267.

SIMPSON G. G (1960), « The world into which Darwin led us », *Science* 131, 966-974.

PETER MACHAMER, LINDLEY DARDEN, CARL CRAVER

PENSER LES MÉCANISMES [1]

INTRODUCTION

Dans de nombreux domaines scientifiques, ce qui est considéré comme une explication satisfaisante requiert qu'on fournisse une description d'un mécanisme. De sorte qu'il n'est pas surprenant qu'une grande partie de la pratique scientifique puisse être comprise en termes de découverte et de description des mécanismes. Notre objectif est d'esquisser une approche mécaniste qui serve à l'analyse de la neurobiologie et de la biologie moléculaire, une approche ancrée dans les détails de la pratique scientifique, qui pourrait aussi convenir à d'autres champs scientifiques.

Les mécanismes ont été invoqués à de nombreuses reprises et dans de nombreux contextes en philosophie et dans les sciences. Une recherche pour le mot-clé « mécanisme » sur la période 1992-1997 dans des titres et résumés d'articles de *Nature* (incluant ses publications complémentaires comme *Nature Genetics*) a donné 597 occurrences. Une recherche dans *Philosophers'Index* pour la même période a donné 205 occurrences. Pourtant,

1. P. Machamer, L. Darden & C. Craver, « Thinking about mechanisms », *Philosophy of Science*, 67 (1), 2000, 1-25. Traduit de l'anglais par Marion Le Bidan et Denis Forest.

selon nous, il n'y a pas d'analyse adéquate de ce que sont les mécanismes et de la manière dont ils fonctionnent en science.

Nous commençons (section 2) par une analyse dualiste du concept de mécanisme qui fait appel à la fois aux entités et aux activités qui les composent. La section 3 défend l'adéquation ontique de cette analyse dualiste et indique certaines de ses implications pour l'analyse des fonctions, de la causalité et des lois. La section 4 utilise l'exemple du mécanisme de dépolarisation du neurone pour démontrer l'adéquation de cette définition du mécanisme. La section 5 caractérise les descriptions des mécanismes en entrant dans les détails en ce qui concerne les hiérarchies, les activités plancher [1], les schémas de mécanisme et esquisses de mécanisme. Cette section introduit également un point d'historiographie selon lequel une grande part de l'histoire des sciences pourrait être vue comme étant écrite en utilisant la notion de mécanisme. Un autre exemple dans la section 6, le mécanisme de synthèse des protéines, montre comment le fait de penser aux mécanismes éclaire des aspects de la découverte et du changement scientifique. Les dernières sections donnent des indications quant à de nouvelles manières d'approcher et résoudre ou dissoudre certains problèmes philosophiques majeurs (à savoir, l'explication et l'intelligibilité dans la section 7 et la réduction dans la section 8). Ces raisonnements ne sont pas développés en détail mais devraient suffire à montrer comment penser en termes de mécanismes offre une approche bien particulière

1. Plancher traduit *bottom out*. Plus loin nous rendons *to bottom out* par « atteindre le plancher » (*infra*, p. 118) et par « descendre jusqu'à » (*infra*, p. 135). Les termes connexes utilisés p. 134 *sq*. (*bottom out level*, *bottom out entities*, etc.) le sont en utilisant le même terme de plancher (NdT).

vis-à-vis de nombreux problèmes en philosophie des sciences.

Cependant, nous nous empressons d'ajouter quelques mises en garde. Tout d'abord, nous utilisons le terme « mécanisme » parce que le mot est communément utilisé en science. Mais comme nous l'expliquerons plus en détail, on ne devrait pas penser les mécanismes comme des systèmes purement mécaniques (par poussée-traction). Ce qui a rang de mécanisme en science s'est développé avec le temps et continuera à le faire selon toute vraisemblance. En second lieu, nous limiterons notre attention aux mécanismes en biologie moléculaire et en neurobiologie. Nous ne prétendons pas que tous les scientifiques recherchent des mécanismes ou que toutes les explications sont des descriptions de mécanismes. Nous soupçonnons que cette analyse est applicable à bien d'autres sciences, et même peut-être aux mécanismes cognitifs ou sociaux, mais ceci nous le laissons comme une question ouverte. Enfin, parmi les choses que nous avançons, nombreuses sont celles qui sont seulement énoncées de manière provocante ou elliptique. Nous croyons qu'il y a moyen en la matière de produire des démonstrations complètes, mais que fournir tous les détails ici empêcherait d'embrasser du regard le panorama complet.

LES MÉCANISMES

On recherche des mécanismes pour expliquer comment un phénomène en vient à se produire ou comment tel processus jugé important opère. En explicitant :

> Les mécanismes sont des entités et des activités organisées de telle façon qu'elles sont productrices de changements réguliers, d'un début à une fin, ou d'un état initial à un état terminal.

Par exemple, dans le mécanisme de la neurotransmission chimique, un neurone pré-synaptique transmet un signal à un neurone post-synaptique en libérant des neurotransmetteurs moléculaires qui en se diffusant traversent la fente synaptique, se lient à des récepteurs, et ainsi dépolarisent la cellule post-synaptique. Dans le mécanisme de réplication de l'ADN, la double hélice se déplie, exposant des bases faiblement chargées auxquelles se lient des bases complémentaires, produisant, après quelques étapes supplémentaires, deux hélices dupliquées. Les descriptions des mécanismes montrent comment les états finaux sont produits par les états initiaux et les stades intermédiaires. Donner la description d'un mécanisme pour un phénomène, c'est expliquer ce phénomène, c'est-à-dire expliquer comment il a été produit.

Les mécanismes sont composés à la fois *d'entités* (avec leurs propriétés) et *d'activités*. Les activités sont les producteurs du changement. Les entités sont les choses qui s'engagent dans des activités. Les activités requièrent communément que les entités possèdent des types spécifiques de propriétés. Le neurotransmetteur et le récepteur – deux entités – se lient – une activité – en vertu de leurs propriétés structurales et de la distribution des charges. Une base d'ADN et une base complémentaire se lient par une liaison hydrogène en vertu de leurs structures géométriques et de leurs faibles charges. L'organisation de ces entités et activités détermine les manières dont elles produisent le phénomène. Les entités doivent souvent être situées, structurées et orientées de manière appropriée, et les activités dans lesquelles elles s'engagent doivent avoir un ordre de succession, un rythme et une durée. Par exemple, deux neurones doivent être proches l'un de l'autre pour que le neurotransmetteur soit diffusé. Les mécanismes sont réguliers en ceci que, dans les mêmes conditions, ils fonctionnent toujours ou pour l'essentiel de la même manière. La régularité est manifestée par la manière typique dont la marche du mécanisme le fait passer d'un début à une fin ; ce qui le rend régulier est la *continuité productive* entre les phases. Les descriptions complètes des mécanismes manifestent une continuité productive ininterrompue de l'état initial à l'état final. Les continuités productives sont ce qui rend les connexions entre les phases intelligibles. Si un mécanisme est représenté schématiquement par A → B → C, alors la continuité est contenue dans les flèches et l'explication des continuités productives se fait par référence aux activités que les flèches représentent. Une flèche manquante, c'est-à-dire le fait d'être incapable de spécifier une activité, laisse subsister un gouffre explicatif dans la continuité productive du mécanisme.

Nous ne sommes pas les seuls à penser que le concept de « mécanisme » est central pour une compréhension philosophique adéquate des sciences biologiques. D'autres ont argumenté en faveur de l'importance des mécanismes en biologie (Bechtel, Richardson 1993 ; Brandon 1985 ; Kauffman 1971 ; Wimsatt 1972) et en biologie moléculaire en particulier (Burian 1996 ; Crick 1988). Wimsatt, par exemple, dit qu'« au moins en biologie, la plupart des scientifiques voient leur travail comme l'explication de types de phénomènes au moyen de la découverte de mécanismes [...] » (Wimsatt 1972 : 67). Schaffner fait souvent référence à l'importance des mécanismes en biologie et en médecine, mais soutient, à la suite de Mackie (1974), que l'analyse en termes de mécanismes causaux dépend de l'analyse première et plus fondamentale en termes de « lois de fonctionnement » (Schaffner 1993 : 287, 306-307). Ailleurs, Schaffner soutient que « mécanisme », tel qu'il est utilisé par Wimsatt et d'autres, est un « terme non analysé » qu'il veut éviter (Schaffner 1993 : 287).

Lorsque la notion de « mécanisme » a été analysée, elle l'a typiquement été en termes de décomposition de « systèmes » en leurs « parties » et « interactions » (Wimsatt 1976 ; Bechtel, Richardson 1993). Suivant cette tradition « interactionniste », Glennan (1992, 1996) définit un mécanisme comme suit :

> Un mécanisme qui sous-tend un comportement est un système complexe qui produit ce comportement par (...) l'interaction d'un certain nombre de parties selon des lois causales directes (Glennan 1996 : 52).

Il soutient que toutes les lois causales sont expliquées en offrant un mécanisme de plus bas niveau jusqu'à ce qu'on atteigne le plancher des lois fondamentales, non-causales, de la physique. Nous trouvons problématique la manière dont Glennan s'appuie sur le concept de loi parce que, dans nos exemples, il y a rarement des « lois causales directes » pour caractériser comment opèrent les activités. Plus important encore, comme nous le montrons dans la section 3, la manière dont l'interactionniste s'appuie sur des lois et des interactions nous semble laisser de côté la nature productive des activités.

Notre manière de penser met l'accent sur les *activités* dans les mécanismes. Le terme « activité » apporte avec lui ses connotations propres qui viennent de l'usage courant ; cependant, il est dans notre esprit un terme technique. Une activité est généralement désignée par un verbe, ou une forme verbale (participes, gérondifs, etc.). Les activités sont les producteurs du changement. Elles sont constitutives des transformations qui engendrent un nouvel état de choses ou de nouveaux produits. La référence à des activités est motivée par des préoccupations ontiques, descriptives et épistémologiques. Nous justifions cette entorse à la parcimonie, ce dualisme des entités et des activités, en faisant référence à ces besoins philosophiques.

LE STATUT ONTIQUE DES MÉCANISMES (ADÉQUATION ONTIQUE)

Les activités et les entités doivent toutes les deux être incluses dans une conception des mécanismes qui soit adéquate d'un point de vue ontique. Notre analyse du concept de mécanisme est explicitement dualiste. Nous essayons de saisir les intuitions philosophiques robustes qui sous-tendent aussi bien les ontologies de la substance que celles du processus. Les substantialistes limitent leur attention aux entités et aux propriétés, croyant qu'il est possible de réduire ce qu'on dit des activités à ce qu'on dit des propriétés et de leurs modifications. Les substantialistes parlent donc d'entités dotées de capacités (Cartwight 1989) ou de dispositions à agir. Cependant, pour identifier une capacité d'une entité, on doit d'abord identifier les activités dans lesquelles cette entité est engagée. On ne sait pas que l'aspirine a la capacité de soulager les maux de tête à moins de savoir que le soulagement des maux de tête est produit par l'aspirine. Les substantialistes parlent aussi d'interactions entre entités (Glennan 1996) ou de transitions d'un état à un autre. Nous pensons que les transitions d'un état à un autre doivent être décrites de manière plus complète en termes d'activités des entités et de la manière dont ces activités produisent les changements constitutifs de la phase suivante. La même chose est vraie au sujet de ce qu'on dit des interactions quand on met l'accent sur les configurations spatiotemporelles et les changements de propriétés sans caractériser l'activité productive dont résultent ces changements dans ces configurations.

Les substantialistes concentrent leur attention de façon appropriée sur les entités et les propriétés dans les mécanismes, par exemple le neurotransmetteur, le récepteur et leurs configurations de charge ou les bases d'ADN et leurs faibles polarités. Ce sont les entités qui s'engagent dans des activités, et elles le font en vertu de certaines de leurs propriétés. C'est pourquoi des relations statistiques significatives (*cf.* Salmon 1984) entre les propriétés de certaines entités à un instant t et leurs propriétés à un autre instant (ou des généralisations spécifiant des relations « *input-output* » et des changements d'état) sont utiles pour décrire des mécanismes. Cependant, décrire les mécanismes seulement en termes d'entités, de propriétés, d'interactions, d'*inputs-outputs* et de changements d'états dans le temps est artificiel et appauvrissant. Les mécanismes font des choses. Ils sont actifs et de cette façon ils devraient être décrits en termes d'activités de leurs entités et pas simplement en termes de changements de leurs propriétés.

À la différence des substantialistes, les partisans d'une ontologie des processus réifient les activités et tentent de réduire les entités à des processus (*cf.* Rescher 1996)[1]. Tandis que l'ontologie des processus reconnaît bien l'importance des processus actifs en les considérant comme des entités ontologiques fondamentales, son programme de réduction des entités est au mieux problématique. Pour ce qu'on en sait, il n'y a pas d'activités en neurobiologie et en biologie moléculaire qui ne soient des activités

1. Le livre de Nicholas Rescher cité en bibliographie offre une analyse critique de la métaphysique d'Alfred North Whitehead (*Process and reality*, 1929) qui se propose de la situer et de la prolonger (NdT.).

d'entités. Cependant, les partisans de l'ontologie des processus ont raison de souligner l'importance des types actifs de changement. Il y a des types de changements exactement comme il y a des types d'entités. Ces différents types sont reconnus par la science ; c'est d'eux que dépendent les manières dont les choses fonctionnent.

Les activités sont identifiées et individuées à peu près de la même manière que le sont les entités. Traditionnellement, on identifie et on individue les entités en fonction de leurs propriétés et de leur localisation spatiotemporelle. Les activités, de même, peuvent être identifiées et individuées par leur localisation spatiotemporelle. Elles peuvent aussi être individuées par leur taux, leur durée, par les types d'entités et de propriétés qui sont engagées en elles. Des conditions plus spécifiques d'individuation peuvent inclure leur mode d'opération (par exemple, action par contact ou attraction à distance), leur direction (par exemple, en ligne droite ou à angle droit), leur polarité (attraction ou attraction et répulsion), leurs besoins en énergie (par exemple, quelle quantité d'énergie est requise pour former ou briser une liaison chimique), et leur rayon d'action (par exemple, les forces électromagnétiques ont un rayon d'action plus vaste que les interactions fortes et les interactions faibles dans le noyau). Souvent, les généralisations ou lois sont des énoncés dans lesquels les prédicats font référence aux entités et propriétés qui sont importantes pour l'individuation des activités. Les mécanismes sont identifiés et individués par les activités et les entités qui les constituent, par leurs états initiaux et finaux, et par leur rôle fonctionnel.

Les fonctions sont les rôles joués par les entités et les activités dans un mécanisme. Voir une activité comme une fonction, c'est la voir comme un composant dans un mécanisme, c'est-à-dire la voir dans un contexte que l'on considère important, vital ou encore significatif. Il est courant de parler des fonctions comme de propriétés qu'« ont » les entités, comme quand on dit que le cœur « a » pour fonction de pomper le sang ou que le canal « a » pour fonction de conduire le flux de sodium. Cette façon de parler renforce la tendance substantialiste contre laquelle nous avons argumenté jusqu'ici. Les fonctions devraient plutôt être comprises en termes d'activités en vertu desquelles des entités contribuent au fonctionnement d'un mécanisme. Il est plus approprié de dire que la fonction du cœur est de pomper le sang et de ce fait de fournir (à l'aide du reste du système circulatoire) de l'oxygène et des nutriments au reste du corps. De la même façon, une fonction des canaux sodium est de conduire le flux de sodium lors de la production des potentiels d'action. Dans la mesure où l'activité d'un mécanisme pris comme un tout contribue à quelque chose qui, dans un certain contexte, est considéré comme important, vital ou encore significatif, cette activité peut elle aussi être considérée comme la (ou une) fonction du mécanisme pris comme un tout (Craver 1998 ; Craver 2001).

Les entités, ainsi qu'un sous-ensemble spécifique de leurs propriétés, déterminent les activités dans lesquelles elles sont capables de s'engager. Inversement, les activités déterminent les types d'entités (et quelles sont les propriétés de ces entités) qui sont capables d'être au fondement de telles activités. En d'autres termes, des entités possédant certains types de propriétés sont nécessaires pour que certains types spécifiques d'activités soient possibles, et certains types d'activités ne sont possibles que grâce à des entités possédant certains types de propriétés. Les entités et les activités sont étroitement corrélées. Elles sont interdépendantes. Pour être adéquate d'un point de vue ontique, une description d'un mécanisme inclut les deux.

Activités et action causale

Les activités sont des types de causes. Des termes comme « causer » et « interagir » sont des termes abstraits qui demandent à être spécifiés par un type d'activité, et qui sont souvent spécifiés de cette façon dans le discours scientifique standard. Anscombe (1971 : 137) a remarqué que le mot « cause » lui-même est très général et il prend sens seulement au moyen d'autres verbes causaux, plus spécifiques, comme par exemple frotter, pousser, sécher, porter, manger, brûler, renverser. Une entité agit comme une cause quand elle s'engage dans une activité productive. Cela signifie que les objets à eux seuls ou même les espèces naturelles peuvent être qualifiés de cause seulement en un sens dérivé. Ce n'est pas la pénicilline qui cause la disparition d'une pneumonie mais bien ce que fait la pénicilline.

La manière dont Mackie (1974) tente d'analyser la nécessité de la causalité en termes de lois de fonctionnement est similaire sur de nombreux points à notre propre analyse. Il souligne que les lois de fonctionnement doivent être découvertes empiriquement et qu'on ne les trouve pas *a priori* (213, 221). Il affirme aussi que les contrefactuels sont fondés sur des preuves inductivement établies selon lesquelles de tels processus élémentaires sont bien à l'œuvre (229). Cependant, il veut analyser la causalité en termes de continuité qualitative ou structurale des processus (224), et plus vaguement encore en termes de « découlement de » ou d'« extrusion » (226). Nous ne voyons pas bien comment appliquer de tels concepts dans nos exemples biologiques. Mais peut-être Mackie essaye-t-il de les utiliser pour faire référence à ce que nous appelons les « activités » et pour saisir ce que nous entendons par « productivité ».

L'accent que nous mettons sur les mécanismes est compatible, à certains égards, avec la philosophie mécaniste de Salmon puisque les mécanismes se trouvent être au cœur de la philosophie mécaniste. Les mécanismes, pour Salmon, sont composés de processus (ou choses qui manifestent des caractéristiques qui persistent dans le temps) et d'interactions (ou configurations spatiotemporelles qui entraînent des changements persistants dans ces processus). Il est pertinent de comparer ce que nous disons des activités à ce que dit Salmon des interactions. Salmon identifie les interactions en termes de marques transmises, de relations statistiques pertinentes (Salmon 1984) et plus récemment en termes d'échanges dans lesquels les quantités sont conservées (Salmon 1997, 1998). Bien qu'il soit possible, nous le reconnaissons, que l'analyse de Salmon puisse être suffisante pour certains types fondamentaux d'interactions en physique, son analyse ne nous dit rien du caractère productif des activités étudiées dans de nombreuses autres sciences. Parler simplement de transmission d'une marque ou d'échange dans lequel les quantités sont conservées n'épuise pas ce que ces scientifiques savent des activités productives et de la façon dont des activités opèrent des changements réguliers dans des mécanismes. Comme nos exemples le montreront, une grande part de ce que les neurobiologistes et les biologistes moléculaires font devrait être vu comme un effort pour comprendre ces différents types de production et les manières dont ils opèrent.

Les activités et les lois

La notion traditionnelle de loi universelle de la nature a peu d'applications en neurobiologie ou en biologie moléculaire, si elle en a. Tantôt les régularités des activités peuvent être décrites par des lois, tantôt elles ne le peuvent pas. Par exemple, la loi d'Ohm est utilisée pour décrire certains aspects des activités dans les mécanismes de neurotransmission. Il n'y a pas de loi qui décrit les régularités de la fixation de certaines protéines à des régions d'ADN. Cependant la notion d'activité contient en elle-même certaines des caractéristiques associées aux lois. Les lois sont considérées comme des régularités déterminées. Elles décrivent quelque chose qui, dans les mêmes conditions, agit de la même manière, c'est-à-dire, pour une même cause, le même effet. (Schaffner 1993 : 122, appelle cela des « généralisations universelles ».) C'est de la même manière que nous parlons des mécanismes et de leurs activités. Un mécanisme est la série des activités des entités qui mènent de manière régulière aux états finaux ou terminaux. Ces régularités sont non-accidentelles et elles supportent des contrefactuels dans la mesure où elles décrivent des activités. Par exemple, si telle base d'ADN était changée et que le mécanisme de synthèse de la protéine s'opérait comme d'habitude, alors la protéine produite aurait un site actif qui se lierait plus étroitement. Ce contrefactuel justifie qu'on introduise une dimension de nécessité quand on parle des mécanismes et de leurs activités. On ne gagne rien, philosophiquement parlant, à ajouter quelque chose, une loi, qui sous-tend la productivité des activités.

En somme, nous sommes dualistes : ce sont à la fois les entités et les activités qui constituent les mécanismes. Il n'y a pas d'activités sans entités, et les entités ne font rien sans les activités. Nous avons argumenté en faveur de l'adéquation ontique de ce dualisme en montrant qu'il peut tirer parti de ce qu'il y a de bon et chez les substantialistes et chez les partisans de l'ontologie du processus, en montrant comment les activités sont nécessaires pour spécifier le terme de « cause » et par une analyse des activités qui montre leurs dimensions de régularité et de nécessité, dimensions parfois caractérisées en termes de lois.

EXEMPLE D'UN MÉCANISME (ADÉQUATION DESCRIPTIVE)

Considérons le traitement classique des mécanismes de la transmission chimique au niveau des synapses tel qu'il est présenté dans un manuel (Shepherd 1988). La transmission chimique peut être comprise de manière abstraite comme l'activité de convertir un signal électrique dans un neurone, qui est l'entité pertinente, en un signal chimique dans la synapse. Ce signal chimique est ensuite converti en un signal électrique dans un second neurone. Considérons le diagramme de Shepherd dans la Figure 1.

Le diagramme est une représentation spatiale en deux dimensions des entités, propriétés et activités qui constituent ces mécanismes. Les mécanismes sont souvent représentés de cette manière. De tels diagrammes montrent quelles sont les relations spatiales et les caractéristiques structurelles des entités dans le mécanisme. Les flèches avec légende représentent souvent les activités qui produisent les changements. Ainsi, les diagrammes représentent des caractéristiques des mécanismes qui pourraient être décrites verbalement mais qui sont plus aisément appréhendées en les visualisant.

Dans le diagramme de Shepherd, les entités sont presque exclusivement représentées de manière picturale. Celles-ci incluent la membrane cellulaire, les vésicules, les microtubules, les molécules, et les ions. Les activités sont représentées par les flèches avec légende. Celles-ci incluent la biosynthèse, le transport, la dépolarisation, l'insertion, le stockage, le recyclage, l'amorçage, la diffusion et la modulation. Le diagramme est compliqué dans sa tentative pour représenter les différents mécanismes, qui sont nombreux, pouvant se trouver au niveau des synapses chimiques. Nous utilisons la première étape de ce mécanisme,

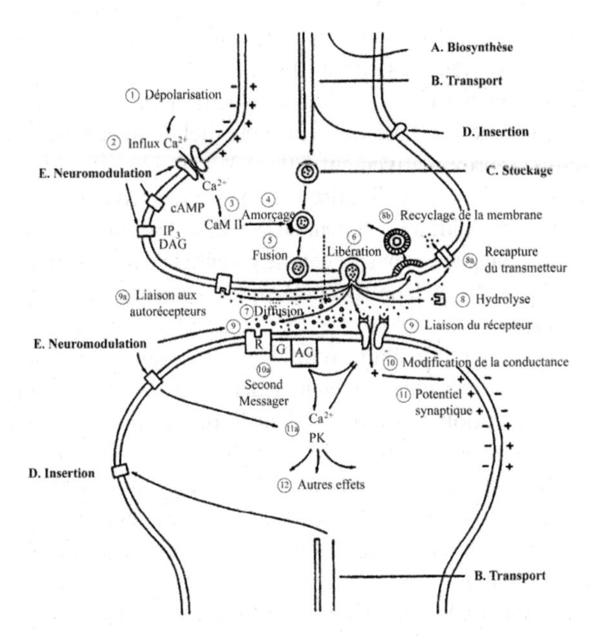

Un résumé de certains des mécanismes biochimiques principaux identifiés au niveau des synapses chimiques. A-E grandes étapes dans la synthèse, le transport et le stockage des neurotransmetteurs et des neuromodulateurs ; insertion des protéines faisant office de canaux dans la membrane et effets neuromodulateurs. 1-12 résument les étapes se succédant plus rapidement impliquées dans la signalisation immédiate au niveau de la synapse. Ces étapes sont décrites dans le texte, et discutées plus longuement pour différents types de synapses dans le chapitre 8 [du volume de Shepherd dont est issue la figure, NdT].

Abréviations : IP_3, triphosphate d'inositol ; CAMII, protéine kinase Ca^{2+} calmoduline-dépendante II ; DAG, diacylglycérol ; PK, protéine kinase ; R, récepteur ; G, protéine G ; AC, adénylate cyclase.

Figure 1. Mécanismes biochimiques au niveau des synapses chimiques
Tiré de Gordon M. Shepherd, *Neurobiologie*, 3 e éd.,

la *dépolarisation*, pour montrer en détail quelles sont les caractéristiques des mécanismes.

Les neurones sont polarisés électriquement dans leur état de repos (c'est-à-dire leur potentiel de membrane au repos, approximativement -70 mV) ; le fluide à l'intérieur de la membrane cellulaire est chargé négativement par rapport au fluide à l'extérieur de la cellule. La dépolarisation est un changement positif dans le potentiel de la membrane. Les neurones se dépolarisent lorsque les canaux spécifiques au sodium (Na^+) s'ouvrent dans la membrane, permettant au Na^+ de s'introduire dans la cellule par diffusion et attraction électrique. Les changements qui en résultent dans la distribution des ions rendent le fluide intracellulaire progressivement moins négatif et, finalement, plus positif que le fluide extracellulaire (atteignant un pic à approximativement + 50 mV). Shepherd représente ce changement dans la partie supérieure gauche de la figure 1 avec des plus (+) à l'intérieur et des moins (-) à l'extérieur de la membrane de la cellule présynaptique. La figure 2, que nous avons dessinée à partir de la description verbale que Hall (1992) donne du canal Na^+ dépendant du voltage, est un gros plan idéalisé sur le mécanisme par lequel les plus de la figure 1 (de fait les ions Na^+) s'introduisent à l'intérieur de la membrane neuronale. Les encadrés dans la Figure 2 représentent, de haut en bas, les états initiaux, les activités intermédiaires, et les états finaux du mécanisme de dépolarisation.

Les états initiaux

Les descriptions des mécanismes commencent avec des descriptions idéalisées des conditions de départ ou états initiaux. Ces états peuvent être le résultat de processus antérieurs, mais les scientifiques ont tendance à en faire

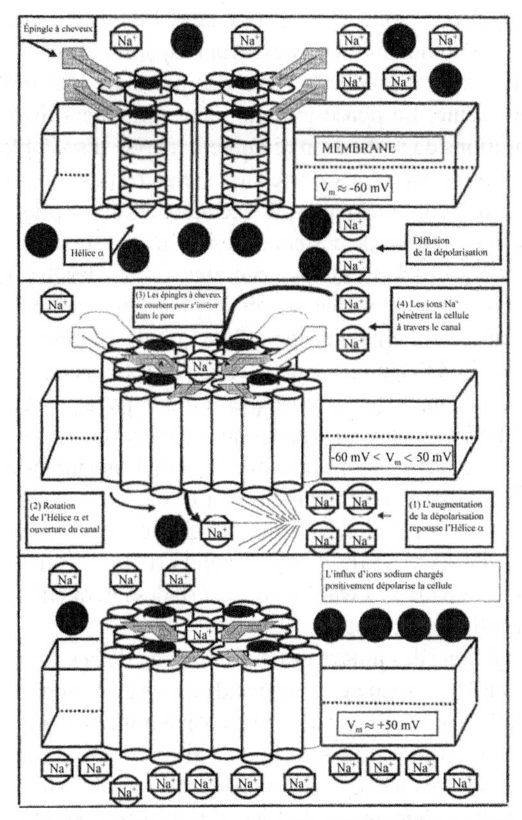

Figure 2. Un canal Na^+ voltage-dépendant idéalisé et les mécanismes de la dépolarisation. Les panneaux (de haut en bas) représentent les conditions initiales, les activités intermédiaires et les états finaux (à partir de la description verbale dans Hall, 1992)

par idéalisation des tranches de temps statiques considérées comme le commencement du mécanisme. Les conditions de départ incluent les entités pertinentes et leurs propriétés. Les propriétés structurales, les relations spatiales, les orientations, sont souvent cruciales lorsqu'il s'agit de montrer comment les entités seront capables d'exercer les activités en lesquelles consiste la première phase d'un mécanisme. La phase initiale inclut également diverses conditions de réalisation (comme l'énergie disponible, le pH, les distributions des charges électriques). Dans un souci de simplicité dans, par exemple, les descriptions de manuel, nombre de ces conditions sont omises, et seules apparaissent les entités cruciales et les descriptions structurales. Parmi les entités et propriétés pertinentes, certaines sont cruciales lorsqu'il s'agit de montrer ce qui se passera à l'étape suivante. L'essentiel des caractéristiques dans l'état initial (caractéristiques d'ordre spatial, structural, ou autre) ne sont pas des inputs qui s'ajoutent au mécanisme mais des parties du mécanisme. Ils sont d'une importance cruciale lorsqu'on entend montrer ce qui vient après ; par conséquent, nous évitons de parler d'« inputs », d'« outputs », et de « changements d'état », préférant « états initiaux », « états finaux », « stades intermédiaires » des entités et activités.

La ligne des plus et des moins le long de la membrane en haut du diagramme de Shepherd représente la propagation de la dépolarisation de l'axone, un état initial crucial pour la dépolarisation de la terminaison de l'axone. Cet état initial est indiqué dans le panneau supérieur de la figure 2.

Sont également cruciaux les emplacements, orientations et distributions de charges des composants du canal Na^+ et le différentiel de concentration du Na^+ à l'intérieur et à l'extérieur de la cellule. Deux caractéristiques structurelles du canal Na^+ sont cruciales ; chacune est dépeinte dans le panneau supérieur de la figure 2. La première est le segment de forme hélicoïdale de la protéine (une hélice alpha) connue comme le « détecteur de voltage ». Elle contient des acides aminés régulièrement espacés et chargés positivement. La seconde est une structure en épingle à cheveu dans la protéine, connue comme « filtre sélectif » qui a sa propre configuration particulière de charges. D'autres facteurs importants pour l'activité du mécanisme incluent la température, le pH, et la présence ou l'absence d'agonistes ou antagonistes pharmacologiques ; de tels facteurs sont le contenu des clauses *ceteris paribus* souvent implicites dans les descriptions de l'activité du canal. Les aspects structurel et spatial des états initiaux ne sont pas des inputs pour le mécanisme ; pas davantage ne le sont la température et le pH. Cependant, ces facteurs et relations sont cruciaux lorsqu'il s'agit de voir comment le mécanisme va marcher.

États finaux

Les descriptions des mécanismes se terminent avec la description des états finaux ou terminaux. Ces conditions sont des états idéalisés ou des paramètres décrivant un point final privilégié, comme le repos, l'équilibre, la neutralisation d'une charge, un état réprimé ou activé, l'élimination de quelque chose, ou la production d'un produit. Il y a diverses raisons pour lesquelles on privilégie de tels états. Par exemple, le produit final peut être la production d'un type particulier d'entité ou d'état de choses que nous distinguons afin de le comprendre ou de le créer. Ou bien ce peut être l'étape dernière de ce qui est identifié comme un processus unitaire, qui fait un tout. Les états finaux sont le plus souvent idéalisés comme point d'achèvement ou produit final ; d'une manière qui induit en erreur, on les dénomme « outputs ».

Dans le cas du mécanisme de dépolarisation, nous considérons que l'état final consiste dans l'augmentation de la concentration intracellulaire en Na^+ et dans l'augmentation correspondante du voltage de la membrane. Ceci est illustré dans le panneau inférieur de la figure 2. Cet état, qui est un état final, est privilégié parce qu'il est la fin de ce qui est considéré comme étant un processus unitaire, à savoir, la dépolarisation de la terminaison de l'axone. Ceci est représenté dans le panneau inférieur de la figure 2 comme alignement des canaux Na^+ contre la surface intracellulaire de la membrane. Appeler cette étape finale « l'output » suggère de manière inexacte que quelque chose sort du mécanisme.

Les activités intermédiaires

À l'évidence, les mécanismes ne sont pas faits que d'états initiaux et d'états finaux. En outre, les descriptions complètes des mécanismes caractérisent les entités et les activités qui interviennent et font passer du commencement à la fin. Une description d'un mécanisme décrit les entités, propriétés et activités pertinentes qui les lient ensemble, en montrant comment les actions à un certain stade affectent et produisent celles qui les suivent à des stades ultérieurs. Dans une description complète d'un mécanisme, il n'y a pas de failles qui laissent inintelligibles des étapes spécifiques ; le processus pris comme un tout est rendu intelligible en termes d'entités et d'activités qui sont acceptables pour un certain champ à un certain moment. Dans le cas le plus simple, les étapes d'un mécanisme sont organisées de manière linéaire, mais il peut aussi y avoir des bifurcations, des conjonctions ou des cycles. Souvent, les mécanismes sont des processus continus qui peuvent être traités par commodité comme une série de stades ou d'étapes discrets.

Considérons à nouveau l'exemple de la dépolarisation. On trouve dans les conditions initiales des présages des activités par lesquelles la cellule va se dépolariser. Ces activités intermédiaires sont présentées dans le panneau central de la figure 2. La dépolarisation qui se répand à partir du potentiel d'action axonal 1) exerce une poussée sur les charges positives dans les détecteurs de voltage en forme d'hélice alpha, 2) leur imprime une rotation autour de leur axe central et ouvre un pore ou canal à travers la membrane. Le changement de conformation qui en résulte dans la protéine (ou le fait que celle-ci modifie sa courbure) 3) conduit au déplacement des épingles à cheveux extracellulaires à l'intérieur du pore. La configuration particulière des charges pour ce filtre rend le canal sélectif pour le Na^+. Comme résultat, 4), les ions Na^+ se meuvent dans ce pore et s'introduisent dans la cellule. Cette augmentation dans la concentration intracellulaire de Na^+ dépolarise la terminaison axonale (voir le panneau du bas, Figure 2). Bien que nous puissions décrire ou représenter ces activités intermédiaires comme des stades dans l'opération du mécanisme, ils sont vus d'une manière plus adéquate comme des processus continus. À mesure que s'étend la dépolarisation axonale, les forces répulsives agissant sur les charges positives dans le canal hélicoïdal sont progressivement poussées à l'extérieur, imprimant une rotation à l'hélice et ouvrant le pore du canal spécifique au Na^+.

Les activités du canal sensibles au voltage Na^+ sont par conséquent les composants cruciaux du mécanisme de dépolarisation. C'est par de telles activités de ces entités que nous comprenons comment se produit la dépolarisation.

HIÉRARCHIES, PLANCHERS, SCHÉMAS DE MÉCANISMES ET ESQUISSES DE MÉCANISMES

Les mécanismes fonctionnent selon des hiérarchies emboîtées et les descriptions des mécanismes en neurobiologie et en biologie moléculaire sont souvent des descriptions à plusieurs niveaux. Les niveaux dans ces hiérarchies devraient être eux-mêmes pensés comme des hiérarchies entre touts et parties avec une restriction additionnelle selon laquelle les entités, propriétés et activités de niveaux plus bas sont des composants des mécanismes qui produisent des phénomènes de plus haut niveau (Craver 1998 ; Craver, Darden 2001). Par exemple, l'activation du canal sodium est un composant du mécanisme de dépolarisation, qui est un composant du mécanisme de neurotransmission chimique, qui est un composant de la plupart des mécanismes de plus haut niveau dans le système nerveux central. On peut trouver des hiérarchies similaires en biologie moléculaire. James Watson (1965) examine les mécanismes de formation des liaisons chimiques fortes et faibles, qui sont des composants des mécanismes de réplication, transcription et traduction de l'ADN et de l'ARN, lesquels sont des composants des mécanismes de nombreuses activités cellulaires.

Planchers [Bottoming Out]

Les descriptions des mécanismes en termes de hiérarchies emboîtées descendent [*bottom out*] typiquement jusqu'aux mécanismes du plus bas niveau. Ces derniers sont les composants qui sont acceptés comme étant fondamentaux à un certain titre ou considérés comme non-problématiques étant donné les buts d'un scientifique, d'un groupe de recherche ou d'un champ. Le niveau plancher [*bottoming out*] est relatif : différents types d'entités et d'activités sont définis en fonction du point où un champ donné s'arrête dans la construction des mécanismes. L'explication arrive à son terme, et la description de mécanismes de niveau inférieur serait non pertinente étant donné leurs intérêts. Aussi, la formation scientifique se concentre souvent sur ou autour de certains niveaux des mécanismes. Des neurobiologistes ayant des intérêts théoriques ou expérimentaux différents définiront comme plancher des types différents d'entités et d'activités. Certains neurobiologistes s'intéressent surtout aux comportements des organismes, d'autres aux activités des molécules qui composent les cellules nerveuses, et d'autres encore dédieront leur attention aux phénomènes qui se produisent entre les deux. Typiquement, les champs de la biologie moléculaire et de la neurobiologie, en 1999, ne descendent pas au niveau quantique pour parler d'activités comme celles, par exemple, de la liaison chimique. Les biologistes sont rarement amenés, du fait d'anomalies ou pour toute autre raison, à descendre à des niveaux si bas, bien que certains problèmes puissent l'exiger. Les niveaux en dessous des molécules et des liaisons chimiques ne sont pas fondamentaux pour les champs de la biologie moléculaire et de la neurobiologie moléculaire. Mais il ne faut pas oublier que ce qui est considéré comme le niveau plancher peut changer.

En biologie moléculaire et en neurobiologie moléculaire, les hiérarchies des mécanismes descendent jusqu'à des descriptions d'activités de macromolécules, de plus petites molécules et d'ions. Ces entités sont communément reconnues comme étant les entités plancher ; nous pensons avoir identifié les types les plus importants d'activités plancher. Ces activités plancher en biologie moléculaire et neurobiologie moléculaire peuvent être catégorisées en quatre types :

i. géométrico-mécanique
ii. électrochimique
iii. énergétique
iv. électromagnétique

i. Les activités géométrico-mécaniques sont celles qui sont bien connues depuis la philosophie mécaniste du XVIIe siècle. Elles incluent l'ajustement, la rotation, l'ouverture, la collision, la flexion et la poussée. La rotation de l'hélice alpha dans le canal sodium et l'ajustement géométrique d'un neurotransmetteur et d'un récepteur post-synaptique sont des exemples d'activités géométrico-mécaniques.

ii. L'attraction, la répulsion, la liaison et la rupture sont des activités de type électrochimique. Une liaison chimique telle que la formation de liaisons covalentes fortes entre des acides aminés dans des protéines est un exemple plus spécifique. L'emboîtement de type clé-serrure entre une enzyme et son substrat implique une forme géométrique spécifique, un travail mécanique et des attractions chimiques. Comme nous le verrons, le développement historique du mécanisme de synthèse des protéines a rendu nécessaire la découverte d'une activité de disposition dans un ordre linéaire des composants des protéines, leurs acides aminés. Une première idée faisant surtout appel à des activités géométrico-mécaniques fut remplacée par une autre impliquant essentiellement l'activité électrochimique faible de la liaison hydrogène.

iii. Les activités énergétiques ont pour source la thermodynamique. Un type d'activité énergétique implique la simple diffusion d'une substance, comme par exemple quand les concentrations d'un côté et de l'autre d'une membrane amènent les substances à traverser la membrane.

iv. Les activités électromagnétiques sont occasionnellement utilisées pour caractériser le plancher [*bottom out*] des mécanismes dans ces sciences. La conduction d'impulsions électriques par les cellules nerveuses et les mécanismes de navigation de certaines espèces marines en sont des exemples.

Digression historique

Ces catégories d'activités relativement fondamentales [1] suggèrent une stratégie historique particulière pour examiner l'histoire des mécanismes. La découverte et l'individuation de différentes entités et activités sont des parties importantes de la pratique scientifique. De fait, une grande partie de l'histoire de la science a bien été écrite, bien que ce ne fût pas délibéré, en retraçant les découvertes de nouvelles entités et activités qui ont marqué les changements d'une discipline.

L'idée moderne d'expliquer par des mécanismes est devenue courante au XVIIe siècle quand Galilée formula une explication de forme géométrico-mécanique fondée sur les machines simples d'Archimède (Machamer 1998). Assez vite une version développée de ce mode de description et de pensée géométrico-mécanique se répandit largement à travers l'Europe (et le Nouveau Monde) et fut nommée « philosophie mécanique ».

1. L'adverbe « *relatively* » fait référence à ce qui est dit dans la section 5.1 (NdT).

Aux XVIIIe et XIXe siècles, les chimistes et les électriciens commencèrent à découvrir et décrire d'autres entités et activités qu'ils considéraient fondamentales pour la structure du monde, et ainsi élargirent l'extension du concept de mécanisme. Au XIXe siècle, on commença à mettre l'accent sur les concepts d'énergie et l'électromagnétisme. Ces différents types de forces étaient des types d'activités nouveaux et différents.

Dans chaque cas, les scientifiques se sont trouvés contraints d'ajouter de nouvelles entités et de nouvelles formes d'activités dans le but de mieux expliquer comment le monde fonctionne. Pour ce faire, ils ont postulé l'existence d'une entité ou une activité, posé des critères pour l'identifier et la reconnaître, et indiqué selon quelle organisation celles-ci formaient une unité constitutive d'un mécanisme. Ainsi furent définies les nouvelles lois ou méthodes de travail de diverses sciences. Décrire de telles entités et activités nouvelles nous permet de retracer les changements qui font la substance de l'histoire des sciences.

Cette parodie d'histoire est un moyen rapide et simpliste de montrer que la découverte de différents types de mécanismes avec leurs types d'entités et d'activités représente une part importante du développement des sciences. Des sciences contemporaines comme la neurobiologie et la biologie moléculaire appartiennent à cette tradition et tirent parti de ces entités et activités rendues accessibles par quelques-unes de ces découvertes historiques.

L'histoire de ces changements implique que ce qui compte comme des types acceptables d'entités, d'activités et de mécanismes change dans le temps. À des moments différents de l'histoire et dans différents champs, des mécanismes, des entités et des activités différents ont été découverts et acceptés. L'ensemble des types d'entités et d'activités découverts jusqu'ici n'est très probablement pas complet. De nouveaux développements dans les sciences conduiront à la découverte de types d'entités et d'activités supplémentaires.

Schémas de mécanismes et esquisses de mécanismes

Les scientifiques ne fournissent pas toujours des descriptions de mécanismes qui soient complètes à tous les niveaux emboités dans une hiérarchie. Aussi, ils s'intéressent typiquement à des types de mécanismes, et non à tous les détails requis pour décrire un cas particulier de mécanisme. Nous proposons le terme « schéma de mécanisme » pour désigner une description abstraite d'un type de mécanisme. Un *schéma de mécanisme* est une description d'un mécanisme qui est tronquée et abstraite et qui peut être complétée par des descriptions de composants et d'activités connus. Un exemple est représenté dans le diagramme de Watson (1965) du dogme de la biologie moléculaire (voir Figure 3).

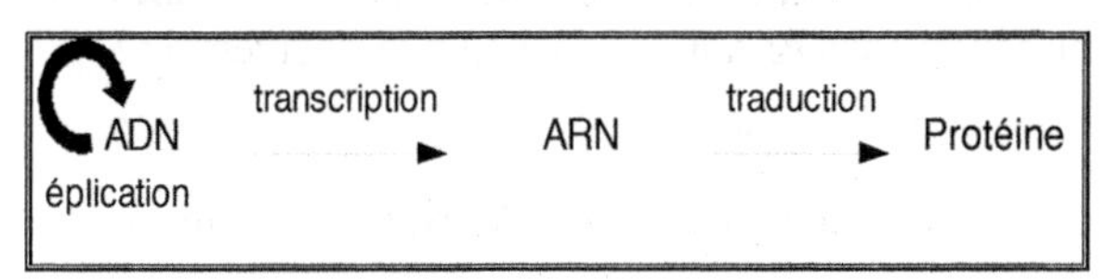

Figure 3. Le diagramme de Watson du dogme central (redessiné à partir de Watson, 1965)

Les schémas manifestent des degrés variés d'abstraction, suivant la quantité de détail qu'on y inclut. Les abstractions peuvent être construites à partir d'un cas ou d'une instance exemplaire de mécanisme dont on supprime les détails. Par exemple, une constante peut être transformée en une variable (Darden 1995). À partir d'une séquence particulière d'ADN on peut obtenir par abstraction une séquence d'ADN quelconque. Souvent, les scientifiques utilisent des termes schématiques comme « transcription » et « traduction » pour rendre compte de manière concise de nombreux aspects du mécanisme sous-jacent. On peut caractériser « transcription » et « traduction » comme des activités dans des mécanismes de plus haut niveau.

Le degré d'abstraction ne doit pas être confondu avec le degré de généralité ou la portée d'un schéma (Darden 1996). La question de l'abstraction est celle du niveau de détail retenu pour la description d'un ou plusieurs exemplaires d'un mécanisme. La généralité d'un schéma est l'extension (étroite ou large) du domaine dans lequel il peut être instancié. On peut décrire un seul exemplaire d'un mécanisme de manière plus ou moins abstraite. D'un autre côté, le schéma, quel que soit son niveau d'abstraction, peut avoir une portée assez générale. Le schéma du dogme central est à peu près universel sur Terre, adéquat dans la plupart des cas de synthèse des protéines dans la plupart des espèces. Cependant, le schéma pour la synthèse des protéines dans certains virus à ARN est seulement :

ARN → protéine.

Dans d'autres rétrovirus à ARN, c'est le suivant :

ARN → ADN → ARN → protéine.

Ces schémas ont exactement le même niveau d'abstraction que le schéma du dogme central de Watson (Figure 3) mais leur portée est bien plus restreinte.

Les neurobiologistes et les biologistes moléculaires utilisent parfois le terme de « théorie » pour faire référence à des schémas de mécanismes hiérarchiquement organisés, schémas dont la portée est variable, bien que généralement moins grande qu'une portée universelle. Les schémas de mécanismes, tout comme les descriptions de mécanismes particuliers, jouent beaucoup de rôles parmi ceux qu'on attribue aux théories. Ils sont découverts, évalués et révisés en des cycles à mesure que la science avance. Ils sont utilisés pour décrire, prédire et expliquer des phénomènes, pour élaborer des expériences et pour interpréter les résultats expérimentaux.

Penser les mécanismes comme étant composés d'entités et d'activités fournit des ressources pour penser les stratégies du changement scientifique. Des types connus d'entités et d'activités dans un champ fournissent les éléments intelligibles à partir desquels construire des schémas de mécanismes hypothétiques. Si on sait quel type d'activité est requis pour faire quelque chose, alors on cherchera des types d'entités capables de le faire, et vice versa. Les scientifiques d'un champ savent reconnaître si oui ou non il y a des types connus d'entités qui peuvent être susceptibles d'accomplir ces changements hypothétiques, et si oui ou non on dispose d'éléments empiriques qui rendent plausible un schéma possible.

Lorsqu'il est appliqué à un cas, un schéma de mécanisme fournit une explication mécaniste du phénomène que le mécanisme produit. Par exemple, le schéma du canal Na^+ représenté dans la figure 2, lorsqu'il est appliqué à un cas, peut être utilisé pour expliquer la dépolarisation d'une cellule nerveuse spécifique. Les schémas de mécanismes peuvent aussi être spécifiés pour fournir des prédictions. Par exemple, l'ordre des acides aminés dans une protéine peut être prédit à partir d'une spécification du dogme central qui inclut un ordre spécifique des bases d'ADN dans la région codante. Enfin, les schémas fournissent des plans détaillés pour l'élaboration de protocoles de recherche (Darden, Cook 1994). Un technicien peut instancier un schéma dans une expérience en choisissant des instanciations physiques effectives de chacune des entités et les états initiaux, et laisse le mécanisme fonctionner. Pendant que le mécanisme opère, l'expérimentateur peut intervenir pour en modifier certaines parties et observer les modifications au niveau des états finaux ou du comportement du mécanisme. Les modifications produites par de telles interventions peuvent fournir des preuves en faveur du schéma hypothétique (Craver, Darden 2001).

Quand une prédiction faite sur la base d'un mécanisme hypothétique échoue, c'est qu'il y a une anomalie et de nombreuses réponses sont possibles. Si l'expérience a été conduite correctement et que l'anomalie est reproductible, alors c'est peut-être que quelque chose d'autre que le schéma du mécanisme hypothétique est en cause, comme par exemple des hypothèses concernant les états initiaux. Si l'anomalie ne peut pas être résolue autrement, alors le schéma hypothétique a peut-être besoin d'être révisé. On pourrait abandonner le schéma du mécanisme dans son intégralité et en proposer un nouveau. Ou sinon on peut réviser une portion du schéma qui a échoué. Raisonner à la lumière des prédictions erronées implique tout d'abord un processus de diagnostic pour identifier le lieu de l'erreur dans le schéma, et ensuite un processus de reconfiguration pour modifier une ou plusieurs entités, ou activités, ou étapes dans le but d'améliorer le schéma hypothétique (Darden 1991, 1995).

Les schémas de mécanismes peuvent être instanciés dans des matériaux organiques (comme dans l'exemple discuté plus haut) ou implémentés dans la structure [*hardware*] d'une machine. Par exemple, un biologiste computationnel peut écrire un algorithme qui décrit les relations entre l'ordre des bases d'ADN, celui des bases d'ARN et celui des acides aminés dans les protéines. Cet algorithme représente le schéma du mécanisme du dogme central. Néanmoins, l'algorithme lui-même devient un véritable mécanisme d'un type très différent quand il est écrit dans un langage de programmation et instancié dans un système physique [*hardware*] qui peut le faire tourner comme une simulation.

À des fins épistémiques, on peut établir une distinction entre une esquisse de mécanisme et un schéma de mécanisme. Une esquisse est une abstraction pour laquelle les entités et les activités plancher ne peuvent pas (encore) être précisées ou dans laquelle certaines étapes restent des cases vides. Dans la continuité productive qui relie deux étapes qui se suivent, il y a des parties manquantes, des boîtes noires que nous ne savons pas encore remplir. Une esquisse sert donc à indiquer ce qui reste encore à faire pour établir un schéma de mécanisme. Parfois une esquisse doit être abandonnée à la lumière de nouvelles découvertes. Dans d'autres cas elle peut devenir un schéma, servant d'abstraction pouvant être instanciée de la manière requise par les tâches mentionnées plus haut, c'est-à-dire l'explication, la prédiction et la conception des expériences.

ÉTUDE DE CAS : LA DÉCOUVERTE DU MÉCANISME DE SYNTHÈSE DES PROTÉINES

La découverte du mécanisme de synthèse des protéines est un exemple de la découverte étape par étape d'un schéma de mécanisme, la découverte de différents composants relevant de différents champs. Elle met aussi en lumière l'importance de découvrir les activités, aussi bien que les entités, lors de la découverte du mécanisme.

Avant la découverte de l'ARN messager (ARNm), les biochimistes et les biologistes moléculaires ont proposé des mécanismes de synthèse des protéines qui se concentraient sur différentes entités et activités. Ces différents schémas de mécanismes sont distinctement représentés dans deux diagrammes (voir Figure 4) : l'un de Zamecnik, biochimiste, et l'autre de Watson, biologiste moléculaire.

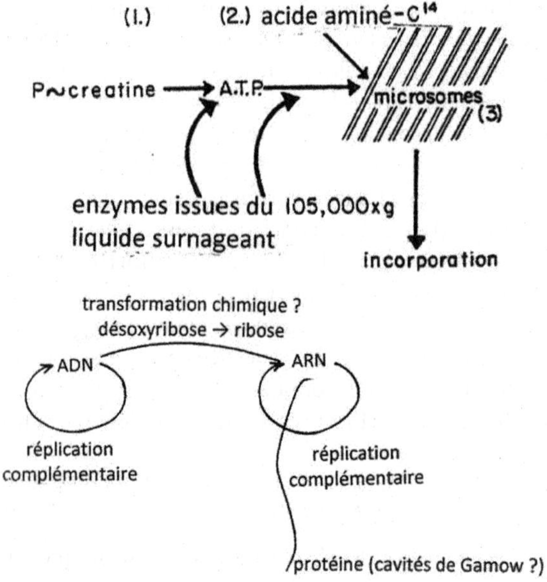

Figure 4. Esquisses de schémas issues de la biochimie et de la biologie moléculaire pour la synthèse des protéines. (Tiré de Horace Judson, *The Eighth Day of Creation*, version augmentée ; © 1996, Cold Spring Harbor Press).

Le diagramme de Zamecnik de 1953 se concentre sur la production d'énergie (la formation de l'ATP) et sur l'activation des acides aminés avant leur incorporation dans la chaîne polypeptidique d'une protéine. Il décrit les microsomes (n°3 dans le diagramme) comme étant le site de la synthèse des protéines. (Il sera montré par la suite que les microsomes sont des ribosomes associés à d'autres composants cellulaires ; voir Zamecnik 1969, discuté dans Rheinberger 1997). À ce diagramme, il manque clairement une étape, celle de la mise en ordre des acides aminés lors de leur incorporation aux protéines. Bien qu'on sache déjà à l'époque que l'acide nucléique ARN fait partie des microsomes, Zamecnik ne représente explicitement aucun acide nucléique comme une entité composante du mécanisme. Le diagramme du biochimiste est donc une esquisse incomplète ; il ne fait pas mention de certaines entités cruciales, et, de manière plus significative, il ne comporte aucune référence à des activités capables de mettre en ordre les acides aminés [1].

Le diagramme de Watson de 1954 témoigne d'une attention particulière portée, au niveau moléculaire, aux

1. Dans une lettre du 8 décembre 1999, Zamecnik rappelle qu'ils étaient conscients de la nécessité d'inclure un rôle pour l'ADN à partir de 1944, grâce au travail d'Avery. Sanger, dans sa présentation donnée en 1949 au Cold Spring Harbor Symposium auquel Zamecnik participa, montra que les séquences protéiques n'étaient pas constituées de répétitions simples. Watson et Zamecnik discutèrent des connexions entre leurs travaux, d'abord lors d'une visite en 1954 puis par des contacts ultérieurs. Le rôle de l'ARN était aussi considéré comme celui d'un intermédiaire grâce au travail réalisé par d'autres. Zamecnik conclut par une pertinente métaphore montrant comment les lignes d'investigation se rejoignaient : « C'est comme pour la construction d'une voie ferrée transcontinentale, quand une équipe part de San Francisco et l'autre du milieu du continent. Elles sont toutes deux conscientes de la direction pointée par la boussole, si elles doivent se rencontrer quelque part à mi-chemin ».

activités des acides nucléiques, ADN et ARN. Il représente un des premiers schémas géométrico-mécaniques de la détermination de l'ordre des acides aminés. George Gamow (1954), physicien, avait proposé l'hypothèse selon laquelle les protéines sont directement synthétisées sur les doubles hélices d'ADN en s'intégrant dans des « cavités » de l'hélice (plus techniquement, le grand sillon et le petit sillon de l'hélice). Watson le savait, la biochimie montrait que les protéines ne se forment pas directement sur l'ADN mais sont associées à l'ARN. En modifiant, à la lumière de ces éléments, l'idée de Gamow, Watson proposa l'hypothèse selon laquelle il y a des « cavités de Gamow » dans l'ARN dont la forme est déterminée par les bases qui les entourent. Des acides aminés différents viennent donc s'encastrer dans des cavités différentes. L'ordre des bases d'ARN détermine la forme de ces cavités séquentielles, et par conséquent, l'ordre des acides aminés (par une activité géométrico-mécanique). Une fois que les acides aminés se sont encastrés dans ces cavités, les acides aminés adjacents se lieraient les uns aux autres par des liaisons covalentes, formant la protéine (discuté dans Watson 1962).

Ce schéma des « cavités » géométriques était plausible : il fournissait des entités et des activités capables de produire le produit final (les acides aminés ordonnés dans une protéine), et il concordait avec ce qui indiquait que l'ARN était impliqué dans le mécanisme. Cependant, certaines données réfutèrent bientôt ce schéma plausible. Bien que les séquences de bases d'ADN soient très différentes d'une espèce à une autre, les séquences de bases d'ARN ribosomique (où la plupart de l'ARN est concentré) étaient très similaires entre espèces (Belozersky et Spirin 1958, discuté dans Crick 1959). Si les ribosomes étaient similaires d'une espèce à une autre, alors il était peu probable qu'ils comportent suffisamment de formes de cavités différentes pour produire les différents ordres d'acides aminés dans différentes protéines.

Ainsi, et le schéma issu de la biochimie, et le schéma issu de la biologie moléculaire s'avérèrent être problématiques. Même si le schéma issu de la biochimie indiquait clairement la source d'énergie pour la formation de liens covalents (ATP) et identifiait les microsomes comme étant le site de la synthèse des protéines, il manquait à ce schéma l'activité de mise en ordre des acides aminés. Le mécanisme postulé en biologie moléculaire se révéla être faux parce que la mise en ordre des acides aminés ne se fait pas par un encastrement géométrique de ces derniers dans des cavités de molécules d'ARN. Un travail supplémentaire, théorique et empirique, était requis pour découvrir les entités et activités supplémentaires nécessaires à la synthèse des protéines. Celles-ci incluent les ARN de transfert (Crick 1958), qui apportent chacun des vingt acides aminés au ribosome, et l'ARN messager. L'ARN messager, qui est la copie linéaire de l'ADN, est responsable de la mise en ordre des acides aminés grâce à l'activité des liaisons hydrogènes entre ses propres bases et les bases complémentaires des ARN de transfert. Le ribosome s'avéra être le site non-spécifique où l'ARNm et les ARN de transfert se rassemblent pour orienter correctement les acides aminés dans l'espace afin qu'ils se lient entre eux par des liaisons covalentes dans le bon ordre. (Pour plus de détails sur la découverte des ARN de transfert et messager, voir Judson 1996, Morange 1998, Olby 1970, Rheinberger 1997). La découverte du mécanisme de synthèse des protéines requérait des entités et des activités supplémentaires propres aux deux domaines afin de corriger et détailler les hypothèses sur l'étape ARN du mécanisme, et afin d'identifier l'activité adéquate – la liaison hydrogène – lors de la mise en ordre des acides aminés au cours de la synthèse des protéines.

Les théories dans le champ de la biologie moléculaire peuvent être vues comme des ensembles de schémas de mécanismes. Les principaux sont la réplication de l'ADN, le mécanisme de synthèse des protéines et les nombreux mécanismes de régulation génétique. Une histoire complète de leur développement mettrait en lumière l'importance de la découverte par Linus Pauling des liaisons chimiques faibles et du rôle crucial de cette activité dans les découvertes faites par Francis Crick (1988, 1996) et d'autres. Pour être adéquats à l'objet qu'ils décrivent, les travaux historiques doivent étudier la découverte de nouveaux types d'activités, comme par exemple les liaisons hydrogène, tout autant que la découverte de nouvelles entités (sur lesquelles en général toute l'attention est concentrée). Cet exemple montre aussi comment la réflexion au sujet d'un type d'activité peut guider la construction d'un mécanisme, comme lorsque Crick raisonna à partir du fait que les acides nucléiques se prêtaient particulièrement aux liaisons hydrogènes et qu'il utilisa cette activité pour postuler l'existence et l'action des ARN de transfert. De plus, cet exemple montre comment des esquisses incomplètes renvoient à des boîtes noires dont il faut découvrir le contenu, et comment des schémas incorrects peuvent être modifiés en remplaçant un type d'activité par un autre. Une connaissance explicite des types d'activités est donc cruciale quand il s'agit de résoudre des anomalies et de construire de nouveaux mécanismes.

ACTIVITÉS, INTELLIGIBILITÉ, ET EXPLICATION (ADÉQUATION ÉPISTÉMIQUE)

Une justification supplémentaire (notre troisième, avec les justifications ontique et descriptive) pour penser les mécanismes en termes d'activités et d'entités est d'ordre épistémique : comme nous l'avons montré au moyen d'exemples, les deux justifications précitées sont partie intégrante de la formulation d'explications mécanistes. La conception du monde mécaniste contemporaine, entre autres choses, est une conviction au sujet de la manière dont les phénomènes doivent être compris. Les activités sont essentielles pour rendre les phénomènes intelligibles (Machamer 2000). L'intelligibilité réside dans le fait de dépeindre les mécanismes en termes d'entités et d'activités plancher du domaine considéré.

Esquissons de manière brève et incomplète certaines des implications de cette thèse. La compréhension offerte par une explication mécaniste peut être correcte ou incorrecte. Dans les deux cas, l'explication rend un phénomène intelligible. Les descriptions de mécanismes montrent comment il est *possible* que les choses fonctionnent, comment il est *plausible* qu'elles fonctionnent, comment *réellement* elles fonctionnent. L'intelligibilité ne naît pas du fait que l'explication est correcte, mais plutôt de la relation éclairante entre l'*explanans* (l'état initial et les entités et activités intermédiaires) et l'*explanandum* (l'état final ou le phénomène à expliquer). La synthèse des protéines peut être élucidée en faisant référence aux cavités de Gamow. La capacité des nerfs à conduire des signaux peut être rendue intelligible au moyen de leurs vibrations internes. Aucune de ces explications n'est correcte ; cependant chacune procure une forme d'intelligibilité en montrant comment il est possible que les phénomènes puissent éventuellement se produire.

Nous ne devrions pas être tentés de suivre Hume et les empiristes logiques tardifs et de penser que l'intelligibilité des activités (ou des mécanismes) est réductible à leur régularité. Les descriptions des mécanismes rendent le stade final intelligible en montrant comment il est produit par des entités et des activités plancher. Expliquer n'est pas simplement redécrire une régularité comme une série d'autres régularités. L'explication implique plutôt de révéler la relation *productive*. C'est le dépliement, la liaison, la rupture qui expliquent la synthèse des protéines. C'est la liaison, la courbure et l'ouverture qui expliquent l'activité des canaux Na^+. Ce ne sont pas les régularités qui expliquent mais les activités qui sous-tendent les régularités.

Cette discussion nous ramène à nos quatre types fondamentaux d'activités : géométrico-mécanique, électrochimique, électromagnétique et énergétique. Ces activités plancher sont des types assez généraux de moyens abstraits de production qui peuvent être appliqués de manière fructueuse à des cas particuliers pour expliquer des phénomènes (pour une discussion de la manière dont cela marche dans le cas de la réalisation de l'équilibre de la balance, une activité de type géométrico-mécanique, voir Machamer, Woody 1994). L'explication mécaniste en neurobiologie et en biologie moléculaire implique de montrer ou de démontrer que le phénomène à expliquer est un produit de un ou plusieurs de ces types d'activité abstraits et récurrents ou le résultat d'activités productives de plus haut niveau.

Ce n'est pas dans les termes de la logique qu'on peut exprimer comment ces activités fondamentales, ces types de production, en viennent à occuper une position privilégiée dans l'explication. Ce qui est considéré comme intelligible (et les différentes manières de rendre les choses intelligibles) se modifie dans le temps tandis que différents champs à l'intérieur de la science font reposer (*bottom out*) leurs descriptions des mécanismes sur différentes entités et activités qui sont considérées comme, ou sont devenues, non-problématiques. Ceci suggère de manière plausible que l'intelligibilité est constituée historiquement et relative à des disciplines (ce qui est néanmoins compatible avec le fait qu'il existe des caractéristiques générales universelles de l'intelligibilité).

Nous pensons aussi vraisemblable, bien que nous ne puissions pas le montrer ici, que ce que nous considérons comme intelligible est un produit du développement ontogénétique et phylogénétique des êtres humains dans un monde comme le nôtre. Pour le dire brièvement, la vue est une source importante de ce que nous considérons comme intelligible; nous voyons directement beaucoup d'activités, comme le mouvement et le choc (Cutting 1986 ; Schaffner 1993). Mais la vision n'est pas notre seule voie d'accès aux activités. De manière importante, nos sens kinesthésique et proprioceptif nous procurent aussi l'expérience d'activités, comme pousser, tirer, et faire tourner. Les expériences émotionnelles sont aussi des sources dans l'expérience de l'intelligibilité d'activités comme l'attraction, la répulsion, l'hydrophobie et l'hydrophilie. Ces activités procurent des significations qui sont ensuite étendues à des secteurs au-delà de la perception sensorielle primitive. L'usage de verbes perceptifs de base comme « voir », ou « montrer », est étendu à des formes plus larges d'intelligibilité, comme la preuve ou la démonstration.

L'intelligibilité, du moins en biologie moléculaire et en neurobiologie, est fournie par la description des mécanismes, c'est-à-dire par l'explicitation détaillée des entités et des activités constitutives, laquelle, dans le prolongement de l'expérience sensorielle des modes de fonctionnement, offre un moyen de comprendre comment un certain phénomène est produit.

RÉDUCTION

Les discussions philosophiques au sujet de la réduction ont tenté d'éclairer des problèmes relatifs à l'ontologie, au changement scientifique et à l'explication. Parce que nous avons introduit la notion de plancher relatif (*relative bottoming out*), nous ne nous occupons pas des problèmes d'ontologie fondamentale. En ce qui concerne la réduction, notre attention se concentre plutôt sur le changement scientifique et l'explication.

On a dit des modèles de réduction, y compris les modèles déductifs (par exemple Nagel 1961, Schaffner 1993), qu'ils étaient des manières de caractériser le changement scientifique et l'explication scientifique. Ces modèles ne conviennent pas aux neurosciences et à la biologie moléculaire. À la place nous suggérons d'utiliser le langage des mécanismes.

Le changement de théorie en neurosciences et en biologie moléculaire est bien mieux caractérisé en termes de construction, évaluation et révision graduelles et fragmentaires de schémas de mécanismes à plusieurs niveaux (Craver 1998 ; Craver, Darden 2001). L'élimination et le remplacement devraient être compris en termes de reconceptualisation ou d'abandon soit du phénomène à expliquer, soit d'un schéma de mécanisme envisagé ou de ses prétendus composants. Ceci s'oppose aux relations statiques à deux termes entre théories (ou entre niveaux) et au cas de la déduction logique.

On a aussi considéré que les modèles déductifs fournissaient une analyse de l'explication, les niveaux plus bas expliquant les niveaux supérieurs par l'identification des termes et la dérivation des lois de plus haut niveau à partir des lois de plus bas niveau (pour les détails, voir Schaffner 1993). Mis à part le fait que l'identification et la dérivation sont secondaires dans le cas des exemples que nous avons discutés (comme l'admet Schaffner), ce modèle ne peut pas rendre compte de manière adéquate du fait que les explications dans nos sciences sont dans la majorité des cas des explications à plusieurs niveaux. Dans de tels cas, des entités et des activités situées à des niveaux multiples sont requises pour rendre l'explication intelligible. Les entités et les activités dans le mécanisme doivent être comprises dans leur contexte, contexte important, vital ou encore significatif, et pour cela il est nécessaire de comprendre le fonctionnement du mécanisme à de multiples niveaux. L'activité du canal Na^+ ne peut pas être proprement comprise si on l'isole de son rôle dans la génération des potentiels d'action, dans la libération de neurotransmetteurs et dans la transmission de signaux entre neurones. Les entités et les activités de plus haut niveau sont donc essentielles à l'intelligibilité de celles de niveaux inférieurs, tout autant que les entités et activités des niveaux inférieurs sont essentielles à l'intelligibilité de celles de plus haut niveau. C'est l'intégration de différents niveaux dans des relations productives qui rend les phénomènes intelligibles et qui par conséquent les explique.

Conclusion

Penser les mécanismes permet de mieux penser l'ontologie vis-à-vis de laquelle on s'engage. Penser les mécanismes offre une manière intéressante et satisfaisante de considérer l'histoire de la science. Penser les mécanismes offre une manière de parler de la science et de la découverte scientifique qui est adéquate sur le plan descriptif. Penser les mécanismes nous permet d'envisager de nouvelles manières de traiter certains concepts et problèmes philosophiques qui sont importants. De fait, si on ne pense les mécanismes, on ne peut pas comprendre la neurobiologie et la biologie moléculaire.

Références

Anscombe G. E. M. ([1971] 1981), « Causality and Determination », in *Metaphysics and the Philosophy of Mind, The Collected Philosophical Papers of G. E. M. Anscombe*, v. 2. Minneapolis, University of Minnesota Press, p. 133-147.

Bechtel W., Richardson R. C. (1993), *Discovering Complexity : Decomposition and Localization as Strategies in Scientific Research*, Princeton, Princeton University Press.

Belozersky A. N., Spirin A. S. (1958), « A Correlation between the Compositions of Deoxyribonucleic and Ribonucleic Acids », *Nature* 182, 111-112.

Brandon R. (1985), « Grene on Mechanism and Reductionism : More Than Just a Side Issue », *in* P. Asquith, P. Kitcher (eds.), *PSA* 1984, v. 2. East Lansing, MI, Philosophy of Science Association, p. 345-353.

Burian R. M. (1996), « Underappreciated Pathways Toward Molecular Genetics as Illustrated by Jean Brachet's Cytochemical Embryology », *in* S. Sarkar (ed.), *The*

Philosophy and History of Molecular Biology : New Perspectives, Dordrecht, Kluwer, p. 671-85.

CARTWRIGHT N. (1989), *Nature's Capacities and Their Measurement*, Oxford, Oxford University Press.

CRAVER C. F. (1998), *Neural Mechanisms : On the Structure, Function and Development of Theories in Neurobiology*, Ph. D. Dissertation, Pittsburgh (PA), University of Pittsburgh.

CRAVER C. F. (2001), « Role functions, Mechanisms, and Hierarchy », *Philosophy of Science* 68, 31-55.

CRAVER C. F., DARDEN L., (2001), « Discovering Mechanisms in Neurobiology, The Case of Spatial Memory », *in* P. Machamer, R. Grush, P. McLaughlin (eds.), *Theory and Method in the Neurosciences*, Pittsburgh, University of Pittsburgh Press, p. 112-137.

CRICK F. (1958), « On Protein Synthesis », *Symposium of the Society of Experimental Biology*, 12, 138-167.

CRICK F. (1959), « The Present Position of the Coding Problem », *Structure and Function of Genetic Elements : Brookhaven Symposia in Biology* 12, 35-39.

Crick F. (1988), *What Mad Pursuit : A Personal View of Scientific Discovery*, New York, Basic Books.

CRICK F. (1996), « The Impact of Linus Pauling on Molecular Biology », *in* Ramesh S. Krishnamurthy (ed.), *The Pauling Symposium : A Discourse on the Art of Biography*, Corvallis (OR), Oregon State University Libraries Special Collections, p. 3-18.

CUTTING J. E. (1986), *Perception with an Eye for Motion*, Cambridge (MA), MIT Press.

DARDEN L. (1991), *Theory Change in Science : Strategies from Mendelian Genetics*, New York, Oxford University Press.

DARDEN L. (1995), « Exemplars, Abstractions, and Anomalies : Representations and Theory Change in Mendelian and Molecular Genetics », *in* J. G. Lennox, G. Wolters (eds.), *Concepts, Theories and Rationality in the Biological Sciences*, Pittsburgh, University of Pittsburgh Press, p. 137-158.

DARDEN L. (1996), « Generalizations in Biology : Essay Review of K. Schaffner's *Discovery and Explanation in Biology and Medicine* », *Studies in History and Philosophy of Science 27*, 409-419.

DARDEN L., COOK M. (1994), « Reasoning Strategies in Molecular Biology : Abstractions, Scans and Anomalies », *in* D. Hull, M. Forbes, R. M. Burian (eds.), *PSA* 1994, v. 2. East Lansing (MI) Philosophy of Science Association, p. 179-191.

GAMOW G. (1954), « Possible Relation between Deoxyribonucleic Acid and Protein Structures », *Nature* 173, 318.

GLENNAN S. S. (1992), *Mechanisms, Models and Causation*, Ph. D. Dissertation, Chicago (IL) University of Chicago.

GLENNAN S. S. (1996), « Mechanisms and The Nature of Causation », *Erkenntnis* 44, 49-71.

HALL Z. W. (ed.) (1992), « *An Introduction to Molecular Neurobiology* », Sunderland (MA), Sinauer Associates ; *Introduction à la neurobiologie moléculaire*, traduit par Marc Peschanski, Paris, Flammarion, 1994.

JUDSON H. F. (1996), *The Eighth Day of Creation : The Makers of the Revolution in Biology*, Expanded Edition, Cold Spring Harbor (NY), Cold Spring Harbor Laboratory Press.

KAUFFMAN S. A. (1971), « Articulation of Parts Explanation in Biology and the Rational Search for Them », *in* R. C. Buck, R. S. Cohen (eds.), *PSA 1970*, Dordrecht, Reidel, p. 257-272.

MACHAMER P. (1998), « Galileo's Machines, His Mathematics and His Experiments », *in* P. Machamer (ed.), *Cambridge Companion to Galileo*, New York, Cambridge University Press, p. 27-52.

MACHAMER P. (2000), « The Nature of Metaphor and Scientific Descriptions », *in* F. Hallyn (ed.), *Metaphor and Models in Science*, Dordrecht, Kluwer, p. 35-52.

MACHAMER P., Woody A. (1994), « A Model of Intelligibility in Science : Using Galileo's Balance as a Model for Understanding the Motion of Bodies », *Science and Education* 3, 215-244.

MACKIE J. L. (1974), *The Cement of the Universe : A Study of Causation*, Oxford, Oxford University Press.

MORANGE M. (1998), *A History of Molecular Biology*, translated by Matthew Cobb, Cambridge (MA), Harvard University Press.

NAGEL E. (1961), *The Structure of Science*, New York, Harcourt, Brace and World.

OLBY R. (1970), Francis Crick, « DNA, and the Central Dogma », *in* G. Holton (ed.), *The Twentieth Century Sciences*, New York, W. W. Norton, p. 227-280.

RESCHER N. (1996), *Process Metaphysics : An Introduction to Process Philosophy*, Albany (NY), State University of New York Press.

RHEINBERGER H.-J. (1997), *Experimental Systems : Towards a History of Epistemic Things. Synthesizing Proteins in the Test Tube*, Stanford, Stanford University Press.

SALMON W. (1984) *Scientific Explanation and the Causal Structure of the World*, Princeton, Princeton University Press.

SALMON W. (1997), « Causality and Explanation : A Reply to Two Critiques », *Philosophy of Science* 64, 461-477.

SALMON W. (1998), *Causality and Explanation*, New York, Oxford University Press.

SCHAFFNER K. (1993), *Discovery and Explanation in Biology and Medicine*, Chicago, University of Chicago Press.

SHEPHERD G. M. (1988), *Neurobiology*, 2 nd ed. New York, Oxford University Press.

WATSON J. D. ([1962] 1977), « The Involvement of RNA in the Synthesis of Proteins », in *Nobel Lectures in Molecular Biology* 1933-1975, New York, Elsevier, p. 179-203.

WATSON J. D. (1965), *Molecular Biology of the Gene*, New York, W. A. Benjamin.

WIMSATT W. (1972), « Complexity and Organization », *in* K. F. Schaffner, R. S. Cohen (eds.), *PSA* 1972, *Proceedings of the Philosophy of Science Association*, Dordrecht, Reidel, p. 67-86.

WIMSATT W. (1976), « Reductive Explanation : A Functional Account », *in* R. S. Cohen (ed.), *PSA* 1974, Dordrecht, Reidel, 671-710. Repris dans E. Sober (ed.) (1984), *Conceptual Issues in Evolutionary Biology : An Anthology*, 1st ed., Cambridge (MA), MIT Press, p. 477-508.

ZAMECNIK P. C. (1969), « An Historical Account of Protein Synthesis, With Current Overtones-A Personalized View », *Cold Spring Harbor Symposia on Quantitative Biology* 34, p. 1-16.

PRÉSENTATION

EXPLICATIONS FONCTIONNELLES ET ATTRIBUTIONS FONCTIONNELLES

Deux articles parus respectivement en 1973 et en 1975, « Functions » de Larry Wright [1] et « Functional analysis » de Robert Cummins [2], ont ouvert la voie à une longue série de travaux portant sur la notion de fonction biologique. Les deux textes présentés ici permettent de saisir les enjeux majeurs du débat sur les fonctions qui a mobilisé de nombreux chercheurs depuis le milieu des années 70. Ils donnent un bon aperçu de l'ensemble des positions en présence et fournissent une analyse fine de la perspective très novatrice introduite par Larry Wright sous le nom de théorie étiologique des fonctions, et qui a été au centre de l'ensemble des débats.

Pourquoi la notion de fonction biologique intéresse-t-elle à ce point les philosophes ? Parce qu'il s'agit d'une notion qui est, à la fois, *centrale* et *problématique*. Elle est *centrale* d'abord en biologie, où on la retrouve à tous les niveaux. En effet, les organes, les parties d'organe, les substances (sang, hormones, etc.), les cellules, les gènes, remplissent typiquement une ou plusieurs fonctions

1. L. Wright, « Function », *Philosophical Review* 82, 1973, p. 139-168.
2. R. Cummins, « Functional Analysis », *Journal of Philosophy* 72, 1975, p. 741-760.

biologiques. Ainsi, le cœur a pour fonction de faire circuler le sang, la valve pulmonaire celle d'empêcher le sang de refluer dans le ventricule droit, l'hémoglobine celle de transporter l'oxygène. Mais cette notion intervient aussi centralement dans de nombreuses sciences humaines [1]. Par exemple, en psychologie, on peut s'interroger sur la fonction d'une émotion telle que la peur; en anthropologie, sur la fonction des sacrifices dans tel ou tel type de société [2]; en sociologie, sur la fonction d'une certaine organisation hiérarchique du travail [3], etc. Et depuis que Christopher Boorse [4] a jeté un nouvel éclairage sur la question du partage entre le normal et le pathologique en analysant ce dernier en termes de dysfonctionnement, cette notion a pris aussi une grande place en philosophie de la médecine.

Dans les différents usages que nous venons de voir, les fonctions sont *problématiques* parce qu'il ne s'agit pas de « fonctions conscientes » (pour reprendre une expression de Wright). Une fonction « consciente » renvoie à un but visé consciemment. Ainsi, dire « fais attention à la marche » est un comportement qui a une « fonction consciente », cela vise à alerter quelqu'un de la présence d'une marche quand on prévoit que cette personne pourrait ne pas la voir et trébucher. La téléologie véhiculée par une telle fonction consciente – le comportement s'explique par la fin qu'il vise – est par conséquent sans mystère : elle s'explique

1. Voir C. Hempel, « The Logic of Functional Analysis »[1959], in *Aspects of Scientific Explanation and Other Essays in the Philosophy of Science*, New York, Free Press, 1965, p. 297-330.

2. Voir par exemple H. Hubert, M. Mauss, « Essai sur la nature et la fonction du sacrifice », *L'Année sociologique* 2, 1899, p. 29-138.

3. Voir par exemple E. Durkheim, *De la division du travail social*, Paris, Felix Alcan, 1893.

4. C. Boorse, « On the Distinction between Disease and Illness », *Philosophy and Public Affairs* 5, 1975, p. 49-68; C. Boorse, « Wright on Functions », *The Philosophical Review* 85(1), 1976, p. 70-86.

par le rôle qu'y joue l'anticipation consciente. Par contre, la téléologie que véhicule une fonction non consciente est mystérieuse [1]. Quand on dit que « le cœur a pour fonction de faire circuler le sang », on laisse entendre que la circulation du sang est une fin, alors même que ni le cœur ni son porteur ne déterminent consciemment cette fin. Les fonctions biologiques (et, plus généralement, l'ensemble des fonctions non conscientes) semblent ainsi impliquer une téléologie naturelle, c'est-à-dire une explication des processus naturels par des fins – ou causes finales – inscrites dans la nature. Or, cela enfreint le principe, admis depuis les débuts de la science moderne, que les causes précèdent toujours leurs effets.

Depuis Aristote, au moins, les explications fonctionnelles des phénomènes naturels sont explicitement associées à une conception téléologique de la nature : « la nature ne fait rien en vain ». Déjà dans l'Antiquité, elles étaient critiquées pour cette raison par les atomistes [2]. À l'époque moderne, la mathématisation et les modèles mécanistes ont permis d'éliminer les causes finales de la physique, mais ces dernières ont persisté dans les sciences de la vie dans la mesure où il n'a pas été possible de faire totalement disparaître en leur sein les explications fonctionnelles [3]. Dans les années 1950, deux représentants majeurs du néopositivisme, Carl Hempel et Ernst Nagel, ont repris dans toute sa généralité la question en cherchant à analyser

1. Pour une analyse approfondie *cf.* K. Neander, « The Teleological Notion of "Function" », *Australasian Journal of Philosophy* 69(4), 1991, p. 454-468.

2. *Cf.* Lucrèce, *De la nature. De rerum natura*, trad. fr. J. Kany-Turpin, Paris, Flammarion, 1998, v. 823-842.

3. Une bonne présentation synthétique de l'ensemble de cette histoire est offerte par C. Duflo, *La finalité dans la nature : de Descartes à Kant*, Paris, P.U.F., 1996. On peut aussi consulter E. Yakira, *La Causalité de Galilée à Kant*, Paris, P.U.F., 1994.

en termes non fonctionnels l'ensemble des explications fonctionnelles non « conscientes » qu'on trouve aussi bien en biologie que dans les sciences humaines et sociales [1]. D'après le modèle nomologico-déductif de l'explication scientifique qu'ils défendaient tous les deux, expliquer un phénomène consistait à déduire l'énoncé exprimant ce phénomène de lois de couverture et de conditions initiales. La question précise qu'ils se posent est ainsi la suivante : quel est le contenu effectif d'une explication fonctionnelle une fois qu'on la ressaisit dans le cadre d'un modèle nomologico-déductif de l'explication ? Leur réponse n'est pas la même, mais leur conclusion est semblable : les explications fonctionnelles ont peu d'intérêt. Pour Hempel, elles n'expliquent en fin de compte rien, leur intérêt est purement heuristique; pour Nagel [2], elles ont une valeur explicative, mais comme le soulignera Hempel la valeur en question est faible car ce sont des explications lacunaires. Ce jugement négatif partagé est évidemment décevant, sauf à penser que les scientifiques raisonnent mal, sont peu exigeants en termes d'explication, ou continuent d'être, malgré eux, sous l'emprise d'anciennes conceptions téléologico-théologiques de la nature.

À partir des années 1960, le modèle nomologico-déductif de l'explication scientifique des néo-positivistes est progressivement remis en cause, et de nouvelles raisons de s'intéresser aux fonctions apparaissent, comme le fonctionnalisme en philosophie de l'esprit, ou le projet d'une sémantique naturaliste qui partirait non pas des

1. Depuis les années 1930, une perspective dominante dans les sciences sociales telle que l'anthropologie ou la sociologie est, en effet, le fonctionnalisme qui entend expliquer les comportements individuels ou collectifs par leur fonction sociale.

2. E. Nagel, *The Structure of Science*, New York, Harcourt, Brace and World, 1961, chap. XII.

intentions conscientes, mais de fonctions biologiques de signalement sur le modèle de la danse des abeilles. Ainsi, s'explique la diversité d'intérêts et d'orientations des philosophes qui vont contribuer significativement au débat sur les fonctions biologiques à la fin du XXe siècle : de nombreux philosophes de la biologie, bien sûr [1], mais aussi des philosophes de la psychologie [2] et des philosophes intéressés par la médecine [3], un philosophe du langage s'intéressant à l'explication scientifique (Wright), les promoteurs de théories naturalistes de la sémantique [4], des spécialistes de questions ontologiques [5], etc. [6]

Les deux positions principales qui structurent ce débat sont la théorie étiologique (Wright) et la théorie systémique (Cummins). Il convient de les présenter rapidement car aussi bien Neander que Rosenberg & McShea supposent que leurs lecteurs les connaissent même si c'est de façon relativement superficielle.

1. P. Griffiths, « Functional Analysis and Proper Functions », *British Journal for Philosophy of Science* 44, 1993, p. 409-422 ; M. Ruse, *The Philosophy of Biology*, London, Hutchinson University Library, 1973.

2. R. Cummins, « Functional Analysis », *op. cit.* ; K. Neander, « The Teleological Notion of "Function" », *op. cit.*

3. C. Boorse, « On the Distinction between Disease and Illness », *op. cit.* ; C. Boorse, « Wright on Functions », *op. cit.* ; J. C. Wakefield, « The Concept of Mental Disorder : On the Boundary Between Biological Facts and Social Values », *American Psychologist*, 47(3), 1992, p. 373-388.

4. *Cf.* R. G. Millikan, *Language, Thought and Other Biological categories*, Cambridge (Mass.), The MIT Press, 1984 ; D. Papineau, *Reality and Representation*, Oxford, Blackwell, 1987.

5. J. Bigelow, R. Pargetter, « Functions », *The Journal of Philosophy* 84(4), 1987, p. 181-196.

6. Pour un aperçu synthétique en français sur toutes ces questions, nous renvoyons à J. Gayon, A. de Ricqlès, (éd.), *Les Fonctions : des organismes aux artéfacts*, Paris, P.U.F., 2010.

En 1973, Larry Wright propose une *théorie étiologique des fonctions* censée valoir pour l'ensemble des fonctions, qu'elles soient conscientes ou non. Selon lui, l'attribution fonctionnelle a déjà, en elle-même, une valeur explicative. Souvent, dire quelle est la fonction d'une chose sert à expliquer *pourquoi* cette chose est là. La fonction explique la présence ou l'existence de *X* ou des *X*s en indiquant une étiologie pour X (la raison ou la cause qui fait que *X* est là). Ainsi, on obtiendra, en général, la même réponse si l'on demande « Pourquoi y a-t-il des *X*s » ou si l'on demande « Quelle est la fonction des *X*s ? ». « Pourquoi a-t-on un cœur ? – Pour faire circuler le sang ». « Quelle est la fonction du cœur ? – Faire circuler le sang ». L'idée que l'effet-fonction puisse expliquer l'existence de ce qui le produit, c'est-à-dire sa cause, implique donc une certaine forme de circularité. Wright explicite ce schéma circulaire et en fait la définition même de la fonction. Selon lui, la formule « la fonction de *X* est *Z* » veut dire :

1. *Z* est une conséquence du fait que *X* est là,
2. *X* est là parce qu'il fait *Z*. (Wright 1973, p. 146)

Cette définition a le mérite de rendre compte du sens téléologique de la fonction en en proposant une interprétation convaincante et acceptable. Une fonction est téléologique au sens où la connexion trait-fonction ou entité-fonction joue un rôle causal particulier, un rôle directeur, dans l'histoire du trait ou de l'entité. Expliquons. Selon Wright, la distinction que nous faisons entre une fonction et un simple effet réside dans le fait d'être ou de n'être pas accidentel. Ainsi, nous considérons que produire un bruit sourd est un effet accidentel du cœur mais pas le fait de faire circuler le sang. Et c'est simplement parce que nous jugeons ce dernier non accidentel que nous l'appelons fonction. Or, à quoi peut renvoyer ici la différence entre accidentel et non accidentel ? Selon Wright, la seule réponse possible est : au rôle de l'effet dans l'histoire du trait concerné. Ainsi, l'effet produire-un-bruit-sourd n'a joué aucun rôle décisif dans l'histoire des cœurs, à l'inverse de l'effet faire-circuler-le-sang. Bien que la définition proposée par Wright soit soutenue par une analyse très convaincante des attributions fonctionnelles, elle est néanmoins problématique. En particulier, elle semble enfreindre le principe que l'avant doit expliquer l'après et jamais l'inverse : *Z*, qui apparaît comme un effet de *X* dans la première condition, et donc comme suivant *X*, apparaît comme sa cause dans la deuxième condition. Ce défaut vient essentiellement d'un manque de distinction entre types et instances. Les définitions proposées ultérieurement par Millikan (1984) et Neander (1991) y remédieront en se limitant aux fonctions biologiques et en faisant intervenir explicitement la sélection naturelle. Voici, par exemple, la définition que Neander formule en 1991 :

> Un effet (*Z*) est la fonction propre du trait (*X*) dans l'organisme (*O*) si et seulement si le génotype responsable de *X* a été sélectionné pour faire *Z* parce que faire *Z* était adaptatif pour les ancêtres de O. (Neander 1991)

Comme on le voit, le problème philosophique plutôt général posé au départ est devenu ici un problème relativement spécifique et technique dont la solution met en jeu des concepts élaborés, comme celui de génotype, de sélection naturelle, etc.

Passons maintenant à la théorie systémique. Pour Cummins, le problème est plus simple qu'il n'y paraît : on exagère le rôle explicatif des fonctions. Plus précisément, on projette sur *l'ensemble* des fonctions le rôle explicatif *particulier* que les attributions fonctionnelles peuvent avoir dans le cadre limité des fonctions conscientes. Il n'est pas vrai que les fonctions biologiques, sociales ou autres, servent à expliquer la présence d'un élément fonctionnel. À quoi servent-elles alors ? « À expliquer le fonctionnement d'un système », répond Cummins. Une fonction, c'est un rôle causal. Typiquement, on explique le fonctionnement d'une machine ou d'un système en indiquant le rôle causal des différentes parties qui la composent. Ainsi, une fonction n'est pas un effet doué de certaines propriétés objectives particulières (celle d'avoir joué un certain rôle historique, par exemple), mais un effet mis en relief dans une perspective explicative particulière en relation avec ce qu'on a décidé d'analyser comme un système.

L'article de Rosenberg et McShea « Fonction, homologie et homoplasie », que nous traduisons ici, résume d'une manière à la fois dense et synthétique l'ensemble des arguments qui ont polarisé le débat sur la fonction dans le domaine de la philosophie de la biologie à partir des deux positions phares : la théorie étiologique de Wright (appelée aussi parfois la théorie des effets sélectionnés, SE [*selected effects*])[1] et la théorie systémique de Cummins (dite aussi théorie du rôle causal, CR [*causal role*]). Les auteurs illustrent l'importance que le choix entre ces deux positions *a priori* incompatibles (mais le sont-elles vraiment, pourra-t-on finalement se demander ?) a dans la conception des homologies, des homoplasies ou encore des exaptations en biologie. Car la difficulté pour les biologistes de l'évolution n'est pas seulement d'identifier la fonction de

1. En fait, ce que les auteurs de cet article entendent par « théorie des effets sélectionnés » (théorie SE) ne renvoie pas seulement à la théorie originale de Wright, mais aussi à la version plus technique qu'en ont donnée Neander et Millikan.

tel ou tel organe. Du point de vue de la théorie de l'évolution, d'autres difficultés se posent qui impliquent la compréhension que nous avons de ce qu'est une fonction biologique. Un premier problème est relatif au lien entre proximité historique et proximité fonctionnelle. Certains animaux d'espèces différentes ont hérité certains traits d'un ancêtre commun alors que d'autres présentent des traits communs qui sont apparus indépendamment, après que les branches phylogénétiques remontant à leur ancêtre commun se sont séparées. On appelle homologiques les traits (anatomiques ou autres) qu'on peut rattacher, sur le plan évolutif, à un ancêtre commun (les ailes des perroquets et des aigles sont homologues car héritées d'un ancêtre commun), et homoplasiques ceux qui sont similaires mais phylogénétiquement indépendants (les ailes des chauves-souris et des oiseaux sont homoplasiques, car leur plus proche ancêtre commun n'avait pas d'ailes). En général, l'homoplasie s'explique par une convergence : sous l'effet de pressions sélectives semblables, une même fonction s'est mise en place. Un autre ordre de problèmes concerne les exaptations, comme lorsqu'un organe remplit une fonction pour laquelle il n'a pas été sélectionné au départ [1]. Pour reprendre l'exemple que développent McShea et Rosenberg, les ailes des pingouins leur servent aujourd'hui à nager, alors qu'elles ont été sélectionnées au départ pour leur permettre de voler. Comment comprendre ce changement de fonction ?

Homologies, homoplasies, exaptations sont donc des noms qui désignent autant de problèmes que se posent les biologistes dès lors qu'ils s'intéressent au passé évolutionnaire d'un organisme. Comment expliquer que

1. *Cf.* S. J. Gould, E. S. Vrba, « Exaptation – a missing term in the science of form », *Paleobiology* 8(1), 1982, p. 4-15.

deux espèces différentes évoluent de manière similaire ? Que deux espèces apparentées divergent précocement ? Comment par exemple expliquer que le panda possède six doigts, dont un « faux » pouce qui n'a pas grand-chose à voir sur le plan évolutif et structurel avec le pouce des primates, sinon qu'il est opposable et qu'il semble remplir la même fonction ? Voilà autant d'« énigmes de l'évolution », pour reprendre le titre d'un livre célèbre de Stephen Jay Gould [1], qui sont susceptibles de recevoir une solution et un éclairage différents selon la conception de la fonction que l'on privilégie.

Une dernière théorie de la fonction biologique mérite d'être rapidement présentée ici. Il s'agit de la théorie étiologique dirigée vers le futur, formulée en 1987 par Bigelow et Pargetter. Cette dernière se présente comme une alternative à la théorie étiologique standard qui, elle, se présente comme étant dirigée vers le passé (un effet fonctionnel est un effet qui *a été* sélectionné). La théorie de Bigelow et Pargetter ralliera peu de partisans, mais elle amènera à approfondir la réflexion générale sur la théorie étiologique. On le voit, en particulier, dans l'article de Neander présenté ici, où elle explicite les avantages de l'approche étiologique standard pour répondre aux critiques formulées par ces deux auteurs. Bigelow et Pargetter soutiennent que pour rendre compte d'un sens téléologique (c'est-à-dire d'un sens qui véhicule l'idée de fin à atteindre), il vaudrait mieux disposer d'une propriété orientée vers le futur que d'une propriété orientée vers le passé. Or, cela est possible, disent-ils, si l'on fait appel aux propensions, c'est-à-dire aux dispositions à produire un certain effet

1. S. J. Gould, *Le Pouce du panda : les grandes énigmes de l'évolution*, Paris, Grasset, 1982.

avec une certaine probabilité. Depuis le milieu des années 1950, les propensions sont devenues des propriétés légitimes (voir la physique quantique). Et, dans le débat sur la fitness, il est apparu qu'identifier la fitness à une propension pouvait être une bonne façon d'éviter la conclusion paradoxale que l'explication darwinienne de l'évolution biologique se ramène à une tautologie [1].

Si le débat portant directement sur la nature des fonctions en biologie s'est un peu tari ces dernières années, les discussions autour des conséquences que l'adhésion à une conception ou une autre des fonctions biologiques a dans certains domaines proches sont encore très vivaces. Cela vaut, en particulier, pour la médecine, la psychiatrie et la psychologie évolutionniste, où différents auteurs cherchent à dégager l'élément naturel et objectif au fondement de la notion de pathologie – ou à lui donner un tel fondement – via le lien que cette dernière entretient avec la notion de dysfonctionnement et donc de fonction [2].

Françoise LONGY et Steeves DEMAZEUX

1. La tautologie dont il s'agit peut-être résumée par les deux assertions suivantes : 1) les individus qui ont les meilleures chances d'avoir le plus grand nombre de descendants sont ceux qui ont le plus haut degré de fitness, 2) les individus qui ont le plus haut degré de fitness sont ceux qui ont le plus grand nombre de descendants. Sur ce point, voir les textes de Richard Burian et Richard Dawkins dans le second volume de ces *Textes Clés*.

2. Voir par exemple A. V. Horwitz et J C. Wakefield, *Tristesse ou dépression, comment la psychiatrie a médicalisé nos tristesses*, trad. fr. F. Parot, Bruxelles, Mardaga, 2010.

KAREN NEANDER

LA NOTION TÉLÉOLOGIQUE DE « FONCTION »[1]

INTRODUCTION

Sur terre les pingouins sont myopes, et cela n'a rien de surprenant ; c'est la conséquence d'un système optique qui a pour fonction première d'assurer une accommodation visuelle précise sous l'eau, où les pingouins se procurent leur nourriture. Cette notion familière de fonction (ou de « fonction propre », comme on l'appelle souvent), a deux caractéristiques très intéressantes. Elle est normative : il existe un standard de bon fonctionnement, dont les traits réels peuvent diverger. Et elle est téléologique : la fonction qu'ont les yeux des pingouins d'assurer une accommodation visuelle précise sous l'eau explique pourquoi les pingouins ont les yeux qu'ils ont et pourquoi ils sont myopes sur terre, en expliquant ce *pour quoi* est fait leur système optique particulier. Du moins il semble en être ainsi.

Cet article a pour objet principal de montrer comment les fonctions propres engendrent des explications téléologiques, pourquoi une théorie étiologique est la bonne

1. K. Neander, « The Teleological Notion of Function », *Australasian Journal of Philosophy* 69, 1991, p. 454-468. Traduit de l'anglais par Daniel Becquemont, Françoise Longy et Christophe Malaterre.

manière de comprendre cet aspect de la notion, et pourquoi la théorie propensionniste se fourvoie, ceci contrairement à ce que John Bigelow et Robert Pargetter affirment dans leur article sur ce sujet (1987). Ce que nous voulons avant tout comprendre, c'est comment la notion biologique de « fonction propre » peut être à la fois téléologique et scientifiquement respectable. On admet en général aujourd'hui qu'elle est les deux à la fois, mais une recherche dans la littérature passée sur le sujet ne révèle que des tentatives infructueuses pour rendre compte de ce fait [1]. Je tiens ici à préciser mon objectif. Dans cet article je ne traiterai pas directement des normes fonctionnelles, bien qu'en d'autres lieux (Neander 1983, 1991) j'aie soutenu que les normes fonctionnelles exigent aussi une théorie étiologique des fonctions. Millikan (1989), Griffiths (1993) et moi-même (1983, 1991) avons aussi répondu autre part aux objections classiques dirigées contre les théories étiologiques [2].

Mon plan sera le suivant. Dans la deuxième partie, j'étudierai le modèle général des explications téléologiques et la nature exacte du problème qu'elles soulèvent. Dès que le problème est formulé, il apparaît qu'une théorie étiologique est la solution évidente, c'est du moins ce que je défendrai. En gros, selon la théorie étiologique que je soutiens, la fonction propre d'un trait est de faire tout ce

1. J'en mentionnerai quelques-unes dans cet article. Dans ce contexte, la tentative la plus remarquable pour faire ce que je m'efforce de faire ici est celle de Larry Wright (1976) : montrer que, d'après une théorie étiologique, les explications téléologiques fondées sur les fonctions biologiques sont scientifiquement respectables. Bien qu'il ait clairement échoué à le démontrer, je crois que Wright était sur la bonne voie. Des précisions seront apportées plus loin.

2. On trouvera ces objections chez Wright (1976), Boorse (1976), Nagel (1977) et plus récemment, Bigelow et Pargetter (1987).

pour quoi il a été sélectionné. Nous considérons l'histoire sélective du trait pour déterminer sa fonction, raison pour laquelle cette théorie est appelée « étiologique », ou quelquefois « historique ». Dans la troisième partie, j'explique comment la théorie étiologique correcte permet aux fonctions biologiques de générer des explications téléologiques conformes au modèle général. Enfin, dans la quatrième partie, avant quelques brèves remarques en guise de conclusion, je considère les thèses contraires de Bigelow et Pargetter en faveur de la théorie propensionniste qu'ils défendent. La théorie propensionniste s'accorde avec la théorie étiologique en ce que toutes deux considèrent que les fonctions propres appartiennent à des systèmes qui sont sujets à sélection [1]. La principale différence entre les deux théories est que, alors que la théorie étiologique affirme que les fonctions sont déterminées par la sélection *passée*, la théorie propensionniste affirme qu'elles sont déterminées par l'aptitude relative à une sélection *future*. La différence est cruciale pour les explications téléologiques, comme je vais tenter de le démontrer.

1. Il y a deux grands courants de pensée concernant les systèmes téléologiques. L'un met l'accent sur les boucles causales de rétroaction, et préfère les analyses d'état, l'autre privilégie le fait d'être produit par (ou sujet à) des processus de sélection. Les boucles de rétroaction causale sont peut-être stimulantes à étudier, mais, bien que les modèles homéostatiques et homéorhétiques soient d'une grande utilité heuristique pour comprendre certains mécanismes complexes, ils ne sont d'aucune utilité pour faire la différence entre systèmes téléologiques et non téléologiques, ni pour comprendre les explications téléologiques en tant que telles. Voir Hull (1974 : 104-111). Elles ne semblent pas attirer grande attention de nos jours. Voir Levy (1988) pour une exception récente.

PROBLÈMES ET MODÈLE DES EXPLICATIONS TÉLÉOLOGIQUES

Il peut sembler que ma formulation des problèmes soit biaisée en faveur d'une solution étiologique, mais je crois que cela n'est vrai que dans la mesure où poser clairement un problème nous fournit déjà la moitié de la solution. Si l'on se limite aux utilisations post-aristotéliciennes de la téléologie, le problème se divise en deux. Il y a de prime abord un problème général qui concerne toutes les explications téléologiques, y compris les explications en termes de but (*purposive*), mais il y a aussi un problème, plus intéressant, qui concerne les explications téléologiques faisant appel aux fonctions, et en particulier aux fonctions biologiques. Il convient de rappeler d'abord ce problème général, bien que sa solution soit assez évidente, car il nous fournit certaines indications utiles sur le type de solution destiné à résoudre le problème spécifique des fonctions biologiques.

On dit souvent que le problème général ayant trait aux explications téléologiques est que ces dernières sont « orientées vers le futur ». Les explications téléologiques expliquent les moyens par les fins : on explique un développement ou un trait par référence à des visées, des buts, ou des fonctions, de sorte que l'*explanans* se réfère à quelque chose qui est un effet de l'*explanandum*, quelque chose qui est postérieur à la chose expliquée. Ceci est évidemment fort différent des explications causales ordinaires, où l'*explanans* se réfère à des causes antérieures à l'*explanandum*. C'est, en effet, parce que les explications téléologiques semblent se référer à des effets plutôt qu'à des causes antérieures que l'on peut penser de prime abord qu'elles font appel à une causalité rétroactive. Nous pouvons, par exemple, fournir une explication à la présence d'un interrupteur sur le mur en disant « il éteint la lumière », et ce faisant nous avançons apparemment une explication du bouton qui mentionne son effet plutôt que sa cause. Si l'on rejette la causalité rétroactive, il semble que l'action de tourner le bouton ne peut causalement expliquer la présence du bouton sur le mur, et il semble donc que cette explication est illégitime. Le problème général se complique encore, si cela se peut, car de nombreux buts, visées et effets fonctionnels, ne se réalisent jamais. La plupart des athlètes ne gagnent jamais la médaille d'or, certaines inventions ne parviennent pas à remplir la fonction qu'on attend d'elles, les cœurs parfois ne parviennent pas à faire circuler le sang, etc. Les effets non réalisés n'ont aucun potentiel en tant que causes de quoi que ce soit, et pourtant on considère qu'en faire mention explique l'existence de l'item relativement auquel ils sont des effets potentiels mais non réalisés.

Tel est le problème général concernant les explications téléologiques, mais, partout où intervient un agent, la solution est claire. Dans ces cas, les explications téléologiques peuvent être considérées comme une sorte d'explication causale normale, et si nous envisageons brièvement ces explications en termes de but, nous pouvons rapidement en découvrir le ressort [1]. Supposons que Hagar explique son refus de boire de l'alcool en disant qu'il va perdre du poids. Si Hagar perd du poids, cela suit plutôt que précède sa décision d'abstinence, de sorte que l'*explanans* se réfère à quelque chose qui suit plutôt que précède l'*explanandum*. Mais ce n'est qu'un faux problème, parce qu'en ce cas

1. Certains nient que les buts soient des causes, mais tant que parler de but implique des réalisations sous-jacentes causalement efficaces, les explications par le but peuvent être causalement explicatives, même si les buts eux-mêmes ne sont pas, au sens strict, causalement efficaces. Voir Jackson, Pettit (1988).

l'*explanans* n'est pas simplement « orienté vers le futur » en visant un effet attendu du comportement de Hagar, il se réfère aussi implicitement à quelque chose qui précède son comportement – l'*intention* de Hagar de perdre du poids – et c'est cette intention qu'a Hagar de perdre du poids qui explique causalement son abstinence inhabituelle au bar.

En d'autres termes, il y a une ambiguïté lorsqu'on parle de but. Un but est à la fois un effet futur désiré, et une certaine attitude plus ou moins résolue visant à obtenir l'effet futur désiré. L'état de choses que vise mon attitude se produit typiquement après mon action et ne peut donc en être la cause, mais mon attitude qui se propose comme but cet état de choses date d'avant l'action, et ne peut donc pas être écartée comme cause de cette action, temporellement du moins. Cette ambiguïté explique également comment les intentions non réalisées ont une valeur explicative. Lorsque les buts ne sont pas suivis d'effets, l'agent a encore un but. Mais, tout simplement, le comportement intentionnel qui en résulte ne produit pas l'état de choses qu'il était censé produire. Il est clair que le pouvoir explicatif des explications en termes de but provient moins de leur référence explicite à des effets futurs que d'une référence implicite à des attitudes intentionnelles passées visant ces effets futurs. Le pouvoir explicatif provient d'une référence rétroactive implicite à des causes antécédentes, de sorte que ces explications téléologiques ne sont en fin de compte qu'une espèce d'explication causale ordinaire. J'enfonce ici des portes ouvertes ; je le fais parce que cette analyse élémentaire de la nature des explications en termes de but est ce qui nous permet de comprendre la forme générale des explications téléologiques, et des explications fonctionnelles en particulier.

Le problème des explications téléologiques devient plus intéressant lorsqu'on envisage celles qui font appel aux fonctions, encore qu'avec les fonctions des artéfacts il soit possible de trouver la solution du problème téléologique tout aussi facilement. Si la fonction d'un artéfact est le but dans lequel il a été conçu, fabriqué, ou placé dans un certain endroit, alors la fonction de l'artéfact peut expliquer cet artéfact de la même manière que le but d'un comportement quelconque explique ce comportement. Lorsque l'*explanans* se réfère explicitement aux effets de l'*explanandum*, ou plus précisément lorsque l'explication fonctionnelle se réfère explicitement à l'effet de l'artéfact qui est sa fonction, il peut également se référer à des attitudes intentionnelles passées, causalement explicatives, visant ces effets, ou en d'autres termes à l'intention qu'a eu un individu de faire en sorte que ces effets se réalisent. C'est ainsi, que dans le cas de l'interrupteur sur le mur qui est « là pour éteindre la lumière », l'extinction de la lumière explique la présence de l'interrupteur sur le mur, parce que lorsque nous apprenons la fonction de cet interrupteur, nous apprenons que quelqu'un a fait en sorte que l'interrupteur soit sur le mur dans le but de pouvoir éteindre la lumière. Les explications téléologiques des artéfacts semblent bien être une forme spéciale des explications en termes de but : elles fournissent des explications schématiques en termes de but qui se réfèrent implicitement à des intentions d'agents. Ces agents ont agi pour concevoir, fabriquer, ou placer l'artéfact de telle ou telle manière, dans le but de créer l'effet qui est la fonction de l'artéfact (ou bien au moins dans l'espoir de produire la capacité de remplir cette fonction).

Le problème le plus épineux surgit lorsqu'il n'existe pas d'agent doté d'intention, comme dans le cas des fonctions biologiques. Autrefois, à l'époque du créationnisme triomphant, les biologistes croyaient communément que Dieu jouait le rôle du concepteur ; aussi les fonctions biologiques devenaient des espèces de fonctions d'artéfacts, et pouvaient être traitées de la manière exposée plus haut. Mais, dans la biologie moderne, nous ne pouvons pas nous permettre d'interpréter la référence au futur des explications fonctionnelles comme une référence implicite à des intentions passées de Dieu qui seraient causalement explicatives. Pour cette raison, pendant un certain temps, les explications téléologiques recourant aux fonctions biologiques ont acquis une mauvaise réputation.

Néanmoins, la puissance explicative apparente des explications téléologiques recourant aux fonctions biologiques résiste. Que la poche du koala ait pour fonction de protéger ses petits semble bien expliquer pourquoi les koalas ont des poches. Que la danse des abeilles serve à orienter d'autres abeilles vers le pollen semble bien expliquer pourquoi les abeilles dansent. On pourrait à la limite soutenir que cette puissance explicative apparente est illusoire, fondée sur des fantasmes de notre passé créationniste, ou bien due à une confusion entre le métaphorique et le littéral, tout comme lorsque nous parlons des « intentions de Mère Nature », ou du « *Design* évolutionniste »[1], et d'autres choses semblables. Mais la thèse qui affirme notre irrationalité persistante en ce domaine n'est pas plausible psychologiquement face à une théorie des fonctions qui montre que ces explications sont légitimes. Toute théorie qui offre une notion téléologique pleinement développée des fonctions biologiques, compatible avec

1. NdT : « *Design* » signifie en anglais à la fois l'intention (dessein) et le résultat achevé de cette intention (dessin ou plan). Nous ne l'avons pas traduit, sauf lorsque le terme est employé sans statut théorique, traduit alors par « dessein », « dessin », ou « plan ».

les exigences de la science moderne, présente un avantage. Néanmoins, bien que la satisfaction subjective que procurent ces explications soit de façon générale solide, certains arguments peuvent leur résister. Il y a principalement deux positions qui s'opposent à la thèse que je défends, thèse selon laquelle les fonctions biologiques sont intrinsèquement et universellement téléologiques.

1) La position la plus farouchement opposée soutient que toute prétendue « explication téléologique » découlant des fonctions biologiques n'est qu'une pseudo-explication aberrante. Morton Beckner, par exemple, a affirmé que « seul le plus paléozoïque des réactionnaires pourrait soutenir que "les plantes contiennent de la chlorophylle" est expliqué par "les plantes accomplissent la photosynthèse" » (1959 : 212), et Robert Cummins (1975) a exprimé une opinion analogue. Ce qui semble motiver principalement cette position, c'est le souci de préserver la notion de fonction biologique, combiné avec l'incapacité de voir comment l'explication téléologique qu'elle implique pourrait être scientifiquement respectable [1].

2) D'autres auteurs ont adopté une position négative plus modérée et psychologiquement plus plausible : par exemple John Canfield (1966), Michael Ruse (1973), et William Wimsatt (1972). Selon ces derniers, les attributions de fonction peuvent quelquefois, mais pas toujours, expliquer la chose à laquelle la fonction est attribuée mais seulement lorsque s'y ajoutent des connaissances d'arrière-plan. Il existe entre ces auteurs des différences sensibles dans la façon dont ils développent ce point de vue. Par

1. Cummins avance aussi une objection particulière au type d'explication téléologique que Larry Wright tente de défendre. Ma conception est proche de celle de Wright, et Cummins peut donc y faire objection pour des motifs analogues. Cf. *infra*, p. 184, note 2.

exemple Ruse (1973 : 190-193) a soutenu que les attributions de fonction peuvent expliquer le trait auquel est attribuée la fonction lorsque cette fonction est vitale, ou en d'autres termes lorsqu'il est nécessaire pour la survie et/ou la reproduction de l'organisme ou de la population, étant donné son organisation propre. Il laisse entendre que, si l'on ajoute la clause supplémentaire de l'importance vitale de la fonction, une attribution de fonction peut fournir une explication conforme au modèle nomologique déductif de Hempel (1959). Canfield laisse entendre que l'information supplémentaire nécessaire est la théorie évolutionniste qui est à l'arrière-plan. Canfield, tout comme Ruse et Wimsatt, soutient que toutes les fonctions sont (en gros) des contributions causales à la fitness ; donc lorsque nous découvrons la fonction d'un trait, poursuit Canfield, nous sommes souvent en position de supposer que cet effet adaptatif est bien ce qui a causé l'évolution de ce trait [1]. Wimsatt va plus loin encore et soutient que les systèmes téléologiques résultent nécessairement d'un processus de sélection. Ces conceptions, en particulier celle de Wimsatt, sont plus proches de celle que je vais soutenir, mais alors que je soutiens que les attributions de fonction justifient universellement et intrinsèquement les explications téléologiques, leur opinion est que les attributions de fonction justifient en général, mais pas toujours, les explications téléologiques, et seulement lorsqu'elles se combinent avec des théories

1. Un trait est adaptatif s'il contribue à la fitness de l'organisme dans son milieu habituel ; c'est une adaptation s'il a évolué à cause de contributions passées à sa fitness. La plupart des traits sont les deux à la fois (c'est-à-dire que ce sont des adaptations adaptatives) mais certains sont seulement l'un ou l'autre. Selon les théories étiologiques, les traits avec fonctions sont nécessairement des adaptations, ils ne sont pas nécessairement adaptatifs.

d'arrière-plan, extérieures à l'attribution de fonction (et que l'attribution n'implique pas ni ne contient). Répétons que le principal motif pour refuser d'admettre que les fonctions biologiques sont intrinsèquement et universellement téléologiques semble être l'incapacité de saisir comment il est possible de maintenir une telle position sans violer les exigences de la science moderne [1].

Dans la partie qui suit, je soutiens qu'une théorie étiologique des fonctions propres montre que ces dernières sont universellement et intrinsèquement téléologiques. Comme cela devrait être clair maintenant, la théorie des fonctions apparemment la plus à même de saisir la nature « orientée vers le futur » des explications téléologiques est, paradoxalement, la théorie qui est également « orientée vers le passé ». Si les fonctions biologiques peuvent engendrer de véritables explications téléologiques, c'est parce que parler de fonction implique une référence implicite à l'histoire causale des traits qui possèdent ces fonctions.

1. Ceci provient de la théorie des fonctions soutenue implicitement par ces auteurs, selon laquelle, en gros, les fonctions sont des contributions causales à la fitness (sont adaptatives). Ces théories de type « contribution à la réalisation d'un but » posent de sérieux problèmes, et n'ont pas été défendues par écrit ces dix dernières années. Prenons le cas où l'expression individuelle d'un trait (par exemple la thyroïde de Marie) peut dysfonctionner, et ne contribuer causalement en rien à la fitness, ce trait a cependant toujours une fonction qu'il est censé remplir. Pour tenir compte de la dysfonction (et des traits maladaptatifs, ainsi que de contributions particulières accidentelles à la survie et la reproduction), ces théories de type « contribution à la réalisation d'un but » alignent d'habitude les fonctions propres sur un certain type de norme statistique. Les fonctions sont considérées comme des contributions « standard » ou « typiques » à la fitness relative de l'espèce (ou bien du groupe d'âge ou du sexe d'une espèce). Mais cette tentative de réduire les normes fonctionnelles à des normes statistiques est un échec, comme le prouvent par exemple les maladies pandémiques ou épidémiques. Boorse (1977) a soulevé le problème et tenté, sans succès, de le résoudre.

COMMENT LES EXPLICATIONS FONCTIONNELLES SATISFONT LE MODÈLE : LA THÉORIE ÉTIOLOGIQUE

Une théorie étiologique des fonctions soutient que ce qui vaut comme fonction d'un trait est déterminé par l'histoire de ce trait. Il y a maintenant un grand choix de théories étiologiques. Francisco Ayala (1968) et surtout Larry Wright (1973, 1976)[1] ont proposé les premières versions, selon lesquelles les fonctions sont déterminées en partie, mais pas totalement, par l'histoire sélective. Sous l'influence de Wright, j'ai ensuite développé une théorie étiologique selon laquelle les fonctions sont totalement déterminées par l'histoire (Neander 1983, 1991), et Millikan (1984, 1989) a fait de même de son côté. Je vais expliquer comment, selon moi, la théorie étiologique se comprend le mieux.

À mon avis, on doit voir comme l'élément central d'une approche étiologique l'idée toute simple que la fonction

1. Wright (1976) a soutenu que les explications téléologiques découlaient de sa deuxième condition pour les attributions de fonction. Il est nécessaire, pour que X ait la fonction Y, que X soit là (où il est dans la forme qu'il a), parce que (au sens ordinaire, causal) il fait Y. La lecture la plus littérale et la plus simple de la formule de Wright aboutit à dire qu'un objet particulier a une fonction si la cause de sa présence est l'accomplissement de cette fonction. Par exemple, votre pouce a la fonction de vous aider à saisir des objets si votre pouce est là sur votre main, sous telle ou telle forme, parce qu'il vous aide à saisir des objets. De la même manière, l'anse de votre tasse à café a pour fonction d'empêcher vos doigts de se brûler, si protéger vos doigts d'une brûlure a été la cause de sa présence sur le côté de la tasse. Boorse (1976) et Nagel (1977), dans leur critique de Wright, ont fait remarquer que sa « solution » semble s'appuyer sur une causalité rétrograde. D'autres auteurs depuis ont également rejeté rapidement Wright, par exemple Millikan (1989) dans une note de bas de page. Mais, bien que la solution de Wright ne soit pas satisfaisante dans les détails, une lecture du texte dans son ensemble (Wright 1976) montre qu'il cherchait à rendre compte des explications téléologiques d'une façon qui s'apparente beaucoup à la mienne, et qu'il s'en est approché de très près.

d'un trait est l'effet pour lequel ce trait a été sélectionné. C'est la notion générale et usuelle d'une fonction propre. D'après cette définition, la fonction de l'interrupteur sur le mur est d'allumer la lumière parce que l'interrupteur a été mis là dans ce but. Je reviendrai sur le cas des artéfacts plus tard, mais je vais expliquer d'abord comment cette notion commune de fonction doit être précisée pour les objectifs de la biologie moderne. C'est une erreur fréquente de supposer qu'une bonne théorie des fonctions propres vaudra à la fois pour les fonctions des artéfacts et pour les fonctions biologiques dues à l'évolution. Il y a d'importantes différences de détail qui varient avec le type de processus sélectif envisagé.

Là où le processus sélectif en jeu est la sélection naturelle, il y a deux contraintes sur les attributions de fonction qui ne s'appliquent pas dans le cas d'une sélection intentionnelle par un agent. 1) La sélection porte toujours sur les types, non sur les occurrences. Les attributions de fonction s'attachent donc en premier aux types, et seulement par dérivation aux occurrences particulières ; votre pouce opposable, par exemple, a une fonction propre en vertu du fait que ce type de trait a une fonction propre. La sélection naturelle agit sur des populations entières et non sur des items individuels : l'instance individuelle d'un trait, par exemple le nez de Margaret Thatcher, ne peut en aucune façon être sélectionnée. De nombreuses controverses portent sur l'unité de sélection, et il peut y avoir plusieurs candidats pareillement légitimes pour occuper cette place. Mais il est clair que l'unité de sélection n'est pas le trait d'un organisme individuel. On pourrait fort bien considérer le génotype comme l'unité de sélection, car les génotypes peuvent proportionnellement croître ou décroître dans le pool génétique. Les phénotypes sont aussi sélectionnés indirectement, à travers leur rôle comme intermédiaires entre les gènes et l'environnement. Mais, quel que soit le résultat du débat sur les unités de sélection, les attributions de fonction en biologie appartiennent d'abord aux types – les génotypes et leur expression phénotypique, peut-être – parce que ce sont des types, et non des occurrences individuelles, qui sont sélectionnés pour leurs effets.

De plus, 2) étant donné que la sélection naturelle n'a pas la capacité de prévoir et consiste en un processus causal aveugle agissant sur des mutations surgies au hasard, elle peut seulement agir sur des causes réelles passées qui ont contribué à la fitness inclusive [1]. Ce sont toujours des performances passées de l'effet fonctionnel (l'effet qui devient la fonction) accomplies par les parties et les processus des organismes ancestraux qui jouent le rôle causal dans l'étiologie des items actuels.

Voyons comment cela marche dans un exemple concret, votre pouce opposable. Dans la mesure où votre pouce opposable est le résultat de la sélection, il est indirectement le résultat de la sélection naturelle en faveur de pouces de ce type [2]. Selon la théorie que je préconise, la fonction de

1. NdT : le concept de fitness inclusive, introduit par William Hamilton en 1964, inclut à la fois la transmission directe des traits par les individus et la transmission indirecte par les apparentés.

2. On peut alors émettre une objection. Elliott Sober (1984 : 147-55) soutient que la sélection naturelle n'explique pas les traits des individus. C'est peut-être ce qui préoccupe Cummins dans les explications téléologiques (voir *supra*, p. 179, note 1). Sober effectue une distinction précieuse entre ce qu'il appelle les « explications sélectionnistes » et les « explications développementales ». Ces dernières expliquent comment les traits surviennent chez les individus, tandis que les premières, soutient-il, peuvent seulement expliquer la distribution des traits dans une population. Pour une réponse à Sober, voir mon article (Neander 1988). J'y développe l'idée que l'explication causale du trait d'un individu, si elle remonte assez loin dans le temps, aboutira à une description de l'ascendance de cet individu, et donc, pour éviter d'absurdes répétitions,

votre pouce opposable est de permettre la saisie des objets, parce que les pouces opposables ont contribué à la fitness inclusive de vos ancêtres par cet effet, et c'est cet effet qui a permis au génotype sous-jacent, dont les pouces opposables sont l'expression phénotypique, d'être sélectionné. En bref, la saisie des objets était ce pour quoi le trait – le pouce opposable – a été sélectionné, et c'est pourquoi la fonction de votre pouce est de vous aider à saisir des objets.

Telle est la forme logique de la plupart des fonctions biologiques, étant donné que la plupart des fonctions biologiques sont des fonctions dues à l'évolution. Même les fonctions qui résultent de la culture humaine ou de pratiques d'élevage sélectif sont des fonctions dues à l'évolution. Après tout, être joli, utile, désirable, ou de bonne compagnie aux yeux des humains n'est qu'un autre moyen d'être plus apte. Seuls les traits physiologiques qui résultent du génie génétique seront des exceptions à la règle générale que les fonctions biologiques sont des fonctions dues à l'évolution. Là où un trait résulte d'une sélection intentionnelle par un agent, il aura une fonction attendue selon les règles des fonctions d'artéfact standard que je vais décrire sous peu.

Mais, d'abord, remarquons l'adéquation fine entre cette analyse des fonctions biologiques dues à l'évolution et le

à des généralisations sur la distribution des traits dans cette population ancestrale. Il s'ensuit alors qu'une explication développementale suffisamment exhaustive du trait d'un individu inclura une explication sélectionniste de la nature des ancêtres de cet individu (l'idée, en gros, est que vous avez un pouce opposable, en partie, parce que vous descendez d'une longue ligne d'ancêtres *qui avaient tous des pouces opposables*, et qu'aucune mutation adverse n'est survenue pour vous empêcher d'hériter de ce trait). En d'autres termes, bien que la distinction entre explications développementales et sélectionnistes soit des plus éclairantes, ces deux sortes d'explication ne sont pas mutuellement exclusives.

modèle général des explications téléologiques précédemment exposé. Étant donné que les fonctions biologiques dues à l'évolution appartiennent principalement à des types, non des occurrences, la référence orientée vers le futur à la fonction d'un trait, à ce que le trait est supposé faire, sert de référence implicite à la sélection antérieure de ce type de trait pour ce type d'effet. Nous avons affaire ici, comme avec d'autres explications téléologiques, à un *explanans* qui se réfère explicitement à quelque chose qui est postérieur à l'*explanandum*. En ce cas, l'*explanans* est une attribution de fonction biologique, et il se réfère donc explicitement à ce que le trait est censé faire. Comme avec d'autres explications téléologiques, nous avons aussi un *explanans* qui se réfère implicitement à un processus de sélection antérieur à l'*explanandum*, car la fonction du trait est tout ce qu'il a pu faire et qui lui a valu d'être sélectionné par la sélection naturelle. Ainsi entendues, les attributions de fonctions biologiques engendrent des explications téléologiques auxquelles il n'y a rien à redire, et ainsi entendues, elles sont conformes au modèle général des explications téléologiques.

Pour l'instant ma position peut sembler coïncider avec celle de Paul Griffiths, qui pense lui-même être en accord avec Ruth Millikan[1] lorsqu'il affirme que « l'élément

1. De la façon dont je la comprends, Millikan a encore une approche différente. Toutes les fonctions, selon Millikan, sont déterminées directement ou indirectement par des processus causaux qui satisfont les contraintes que je décris comme applicables à la sélection naturelle. C'est-à-dire que la sélection porte sur des types, et le processus causal s'appuie sur les performances passées de l'effet-fonction accomplies par des items ancestraux (dont l'item qui a la fonction est une copie). Millikan, cependant, ne tente pas d'intégrer la sélection intentionnelle dans ce schéma comme le fait Griffiths. Elle affirme plutôt que les artéfacts qui « n'évoluent pas » (voir *infra*, p. 187, note 1) possèdent ce qu'elle appelle

central de l'approche étiologique [est] l'idée que les effets passés d'un type fournissent une explication du fait qu'il existe actuellement des exemplaires de ce type » (Griffiths 1993). Mais je suis en désaccord avec cette affirmation. C'est exact pour les fonctions issues de l'évolution, car c'est bien là la manière dont agit la sélection naturelle, mais cela n'est pas vrai pour les fonctions qui sont le résultat d'une sélection intentionnelle.

Je suggère que la fonction d'un artéfact est le but ou la fin pour lequel il a été conçu, fabriqué, ou (au moins) mis en place ou conservé par un agent. À nouveau, sa fonction est l'effet pour lequel il a été sélectionné, mais la sélection est, d'habitude, une sélection intentionnelle par un agent[1]. Comme plusieurs agents sont en général impliqués, et que chacun peut avoir un but différent, on

des fonctions propres « dérivées ». Selon Millikan, les fonctions de ces artéfacts dérivent des intentions de leur concepteur, qui ont à leur tour des fonctions propres dérivées, grâce aux fonctions biologiques (issues de l'évolution) du mécanisme générateur d'intention. Donc, pour Millikan, toutes les fonctions impliquent la sélection naturelle ou des processus analogues, et la sélection intentionnelle n'engendre pas de fonctions de manière indépendante. À ma connaissance, Millikan ne soutient pas de théorie particulière sur la nature générale de la sélection. Son approche étagée des fonctions obscurcit la structure simple des explications téléologiques, ainsi que le parallèle entre celles qui font appel aux fonctions biologiques et celles qui font appel aux fonctions des artéfacts. Néanmoins, son approche est, je crois, compatible avec cette position sur les explications téléologiques.

1. Comme l'ont souligné de nombreux auteurs, il y a aussi des fonctions des artéfacts qui proviennent d'un processus de sélection plus proche de la sélection naturelle. Ceci peut se produire, par exemple, lorsqu'une suite d'essais et d'erreurs a pour résultat un artéfact réussi, et que cet artéfact est copié par des artisans qui ne comprennent pas tout à fait comment chaque trait de l'artéfact contribue à son fonctionnement, mais savent que si l'ensemble est copié exactement, le résultat désiré sera atteint.

pourra distinguer entre « fonctions conçues », « fonctions de l'utilisateur », « fonctions occasionnelles », etc. La notion courante de fonction d'artéfact est sensible au contexte, et dans certains contextes un agent intentionnel peut l'emporter sur un autre. Cependant, bien qu'un contexte particulier puisse souligner l'intention de l'utilisateur plutôt que celle du concepteur, la fonction d'un artéfact est toujours ce pour quoi il a été sélectionné. Une poêle saisie intentionnellement pour frapper quelqu'un sur la tête devient littéralement une arme à cette occasion, parce que l'utilisateur l'a sélectionnée à cet effet, mais sa fonction de base est de frire la nourriture parce que c'est à cet effet qu'elle a été conçue et achetée.

Étant donné que le *design* intentionnel a un *modus operandi* très différent de la sélection naturelle, les contraintes diffèrent. Alors que les fonctions dues à l'évolution doivent être généralisables sur des types, les fonctions d'artéfact peuvent être idiosyncrasiques. Des inventions uniques, comme les ajouts à la mallette de James Bond, peuvent avoir des fonctions propres qui leur sont particulières, parce qu'elles peuvent être sélectionnées individuellement pour des effets particuliers. Et les agents intentionnels étant prévoyants, il n'y a pas besoin de performances passées de l'effet fonctionnel, ni d'artéfacts « ancestraux » pour accomplir la fonction. Il suffit, dans les cas de sélection intentionnelle, que le concepteur croie ou espère que l'artéfact aura l'effet désiré et le sélectionne à cet effet.

Griffiths a suggéré que, là où il y a sélection intentionnelle, l'agent imagine au minimum un artéfact et des alternatives hypothétiques accomplissant les effets fonctionnels en question. Il prétend que ce succès relatif imaginé joue un rôle causal dans la production de l'objet.

Mais une sélection intentionnelle n'implique pas toujours qu'on imagine explicitement la performance de l'effet fonctionnel par l'artéfact et des alternatives hypothétiques. Il n'est pas nécessaire qu'elle implique toujours un test d'essai et d'erreur comparatif dans l'imagination. D'une part, il est possible que l'invention soit quelquefois un processus purement cognitif et inférentiel, de sorte que c'est parfois la raison seule, et non l'imagination, qui aboutit au résultat envisagé. D'autre part, il peut y avoir, dans certains cas, une seule manière apparente de parvenir au résultat désiré, de sorte qu'il n'y a pas de comparaison avec des possibilités alternatives. La proposition de Griffiths a le mérite de tenter une analyse univoque de la notion de « sélection » telle qu'elle se présente dans la « sélection naturelle » et la « sélection des artéfacts »[1] mais malheureusement elle ne marche pas.

La sélection naturelle est un type de processus de sélection parmi d'autres, valant littéralement comme tel, dès lors qu'on renonce à y voir une métaphore féconde. Elle présente des différences et des ressemblances importantes avec la sélection intentionnelle par un agent. Certaines différences importantes ont été soulignées dans cette partie. Les deux sélections partagent une propriété importante, c'est que leurs produits à toutes deux se prêtent à des explications téléologiques : toutes deux permettent ce que Wright appelle des « étiologies-conséquences », qui sont des explications causales d'une certaine sorte, celles où un effet du trait expliqué « joue un rôle ». Le rôle joué, néanmoins, dépend du type de processus de sélection. Dans le cas de la sélection naturelle, les effets des

1. Griffiths présente son analyse comme une extension de l'article "Selection Type Theory" de Darden et Cain (1989).

occurrences passées de ce type de trait contribuent causalement à une réplication accrue de ce trait. Mais dans le cas de la sélection intentionnelle, ce peut être une représentation mentale de ce qu'est l'effet qui joue le rôle causal.

Pour résumer l'essentiel des deux dernières parties : les explications téléologiques de type fonctionnel sont comme des explications de but, en ce qu'elles se réfèrent explicitement à l'effet futur d'un trait pour lequel ce trait a été sélectionné. Ce faisant, elles expliquent le trait en se référant implicitement au processus de sélection causalement efficace dont il a résulté. Nous ne pouvons comprendre correctement les explications téléologiques, comme une espèce d'explication causale ordinaire, si nous ne comprenons pas qu'elles ne sont pas simplement « orientées vers le futur », mais aussi implicitement « orientées vers le passé », et c'est seulement en vertu de ce regard implicite tourné vers des causes antérieures que les explications téléologiques sont explicatives.

LA THÉORIE PROPENSIONNISTE ET LES EXPLICATIONS FONCTIONNELLES

Ces conclusions sont contraires à celles de Bigelow et Pargetter dans leur article sur les fonctions (Bigelow et Pargetter 1987). Ils affirment, en effet, que si la fonction biologique est une notion authentiquement téléologique, alors la théorie nécessaire pour expliquer cette notion est une sorte de théorie propensionniste. Selon leur théorie, une fonction est une disposition apte à la sélection. Ils soutiennent qu'une fonction *biologique* confère à la créature qui la possède une propension qui favorise sa survie, et qu'une fonction biologique est une disposition à contribuer systématiquement à la survie de cette créature dans son

« habitat naturel ». Bigelow et Pargetter admettent que leur théorie est « révisionniste », mais avancent qu'elle est motivée par deux considérations principales : 1) Ils croient que la théorie étiologique est la meilleure proposition alternative à leur théorie, mais qu'il y a des objections sérieuses contre la théorie étiologique et 2) ils croient que leur théorie restaure le pouvoir explicatif des fonctions. Les objections à la théorie étiologique ont été traitées ailleurs (comme je l'ai mentionné dans l'introduction du présent article). Je me concentrerai ici sur le point (2), le prétendu succès de la théorie propensionniste dans la restauration du pouvoir explicatif des fonctions. Je vais donner un peu de consistance à leur thèse, puis l'évaluer.

Bigelow et Pargetter croient que la théorie propensionniste rend compte de la nature « orientée vers le futur » des explications fonctionnelles parce que, selon la théorie propensionniste, les fonctions sont des dispositions aptes à être sélectionnées *dans le futur*. Son principal avantage, tel qu'ils le voient, est lié à ceci. Ils croient que la théorie propensionniste restitue aux fonctions un pouvoir explicatif des plus respectables scientifiquement en nous permettant d'expliquer l'évolution d'un trait par le fait d'affirmer qu'un trait évolue parce qu'il sert une fonction. Ils ne parlent pas explicitement de téléologie, mais le problème qu'ils mentionnent au début de leur article est le problème téléologique qui nous est familier. Ils le décrivent ainsi :

> Même lorsqu'un caractère accomplit vraiment sa fonction présumée, les événements futurs qui en résultent ne peuvent jouer de rôle « scientifique » significatif dans l'explication de la nature et de l'existence du caractère. Le caractère est venu à l'existence, et a les propriétés qu'il possède en tant que résultat de causes antécédentes… Il est donc difficile de voir quel rôle explicatif les fonctions

> pourraient avoir. En très gros – la causalité rétroactive peut être éliminée – les structures ont toujours des causes antécédentes – donc la référence à des événements futurs est toujours une explication redondante. Donc les fonctions sont des explications redondantes. (Bigelow, Pargetter : 181-182).

Ils se plaignent que, bien que certaines théories concurrentes soient « presque exactes ou partiellement exactes »,

> ...elles ne restituent pas aux fonctions un quelconque pouvoir explicatif. En particulier, elles refusent aux fonctions toute efficacité causale. C'est ainsi, par exemple, qu'elles ne nous permettent pas d'expliquer l'évolution d'un trait en disant qu'il a évolué parce qu'il sert une fonction spécifique (Bigelow, Pargetter : 182).

Nous sommes maintenant en mesure de voir que la prétention de la théorie propensionniste à restituer un pouvoir explicatif significatif aux fonctions est fausse.

Tout d'abord, la théorie propensionniste ne saisit pas la structure générale des explications téléologiques. Il est exact que la théorie propensionniste est orientée vers le futur, mais son point faible est de *n'être orientée que vers le futur*. Comme nous l'avons vu, les explications téléologiques peuvent expliquer les objets actuels parce que parler de leurs buts et fonctions implique une référence implicite à des causes antérieures, spécifiquement des processus de sélection passés. Mais, selon la théorie propensionniste, parler de fonctions n'implique aucune référence implicite à des causes antérieures. D'après elle, parler de fonctions implique seulement une référence implicite à une sélection future ; mais une sélection future peut seulement expliquer des instances futures du trait, non des instances présentes. Donc il est clair que la théorie propensionniste ne permet pas aux fonctions d'expliquer tout ce qu'elles semblent expliquer. Lorsque nous disons que les koalas ont des poches pour protéger leurs jeunes, nous entendons expliquer pourquoi les koalas actuels ont des poches, non pourquoi de futures générations de koalas auront des poches.

Cela vaut cependant la peine de voir si la théorie propensionniste accorderait par ailleurs aux fonctions une autre forme significative de pouvoir explicatif. Bigelow et Pargetter soutiennent que la théorie propensionniste nous permet d'expliquer l'évolution d'un trait en disant qu'il évolue parce qu'il sert une fonction. Mais cette affirmation ne marche pas mieux quand elle est considérée indépendamment, en dehors de son rapport à la téléologie. Il y a une différence entre un trait *servant* une fonction et un trait *ayant* une fonction. La Bible de poche du pasteur qui empêche par hasard la balle de le tuer *sert* à arrêter la balle, mais n'a pas la fonction d'arrêter la balle. Un trait ne sert une fonction Z que tant que le trait fait Z, et si un trait ne peut faire Z, il ne sert pas la fonction de réaliser Z, même si réaliser Z est sa fonction. (C'est la fonction de tous les reins, malades ou non, de filtrer le sang mais s'ils sont très malades ils seront incapables d'accomplir, ou de servir, cette fonction). Avoir une fonction et servir une fonction sont donc deux choses différentes. Il s'ensuit que toute description de ce qu'est *avoir* une fonction nous permettra de dire que les traits évoluent parce qu'ils *servent* une fonction, tout simplement parce qu'un trait n'a pas besoin d'avoir une fonction pour la servir. La thèse défendue au nom de la théorie propensionniste est donc, si on la prend littéralement, une thèse que toutes les théories existantes de la fonction peuvent revendiquer.

Il y a peut-être une interprétation plus intéressante et moins triviale de la thèse défendue au nom de la théorie propensionniste. On a peut-être voulu dire (mais cela n'a pas été dit) que la théorie propensionniste nous permet d'affirmer que les caractères évoluent parce qu'ils accomplissent leur fonction propre, ce qui est plus substantiel. L'affirmation est alors que les traits évoluent parce qu'ils ont une fonction et qu'ils servent, de plus, cette fonction. Je ferai alors deux remarques à ce sujet.

D'abord, ceci ne s'approche de la vérité que si nous acceptons la révision par la théorie propensionniste de notre manière de parler des fonctions. Selon l'usage actuel, une nouvelle mutation n'a pas de fonction. Au mieux, elle a des effets bénéfiques accidentels. Ceci s'accorde avec la théorie étiologique qui dit que les nouvelles mutations n'ont pas de fonction avant d'avoir été sélectionnées pour leurs effets d'accroissement de la fitness. On ne peut naturellement écarter la possibilité qu'une certaine révision de notre manière de parler des fonctions soit nécessaire, mais dans ce cas précis, je récuse toute nécessité de révision. Aucun besoin d'ordre théorique ne nous pousse à dire qu'un trait dû à une nouvelle mutation évolue parce qu'il *a* une fonction ; il suffit de dire qu'il évolue parce qu'il la sert.

La théorie propensionniste nous permet, au mieux, et avec de nombreuses révisions, de paraphraser des données évolutionnistes exprimables en d'autres termes. Mais dans quelle mesure cela est paraphrasé n'est pas clair. Tantôt Bigelow et Pargetter disent que les fonctions sont des dispositions qui augmentent les chances de survie, tantôt ils disent qu'elles sont des dispositions favorisant la sélection dans « l'habitat naturel » de la créature. Mais une disposition à augmenter la survie et une disposition à être sélectionné ne sont pas exactement la même chose : les fonctions reproductrices (par exemple mettre au monde des enfants, ou se frapper la poitrine chez les gorilles mâles), mettent souvent la vie en danger et n'accroissent donc pas la survie, bien qu'elles accroissent la fitness, et soient donc susceptibles d'être sélectionnées. L'aptitude à la sélection doit aussi comprendre l'héritabilité, et la capacité d'entrer en concurrence avec d'autres compétiteurs actuels. On peut faire dire plus ou moins de choses à la théorie propensionniste des fonctions selon la manière dont on l'interprète. Entendue dans un sens restreint, il sera souvent exact qu'un trait évolue (partiellement) parce qu'il a une « fonction » (c'est-à-dire parce qu'il augmente systématiquement la survie, ou plus généralement parce qu'il augmente systématiquement la fitness dans « l'habitat naturel » de la créature). Mais le problème est que nous pouvons facilement exprimer cela en d'autres termes, et de manière plus précise, tout simplement en disant qu'un trait évolue (partiellement) parce qu'il augmente systématiquement la fitness, ou bien en d'autres termes parce qu'il est adaptatif dans l'environnement réel. La théorie propensionniste, dans son sens large, dit que si un trait a une « fonction » (c'est-à-dire favorise la sélection dans « l'habitat naturel » de la créature), alors il sera généralement vrai que le trait évoluera, accidents et autres mis à part, si la créature est dans son « habitat naturel ». Mais, de nouveau, je ne vois aucun avantage explicatif à exprimer les choses de cette manière. La théorie propensionniste nous permet de dire qu'un trait évolue parce qu'il a une fonction (mis à part les accidents et à condition que la créature soit dans son « habitat naturel »), ce qui revient à dire qu'un trait évolue parce qu'il est capable d'évoluer.

Il me semble parfois que le recours à la théorie propensionniste est dû à un raisonnement défectueux que l'on peut reconstituer comme suit :

> (P_1) Les biologistes disent que la piqûre d'abeille a évolué parce qu'elle protégeait la ruche.
> (P_2) La protection de la ruche est la fonction propre de la piqûre d'abeille.
> (C) Donc les biologistes disent que la piqûre d'abeille a évolué parce qu'elle accomplissait sa fonction propre.

Mais ce raisonnement ne tient pas si l'on entend C *de dicto*. La théorie étiologique nous permet d'accepter P_1 et P_2 tout en récusant rationnellement C entendu *de dicto*. Selon la théorie étiologique, la protection des ruches est la fonction propre de la piqûre d'abeille uniquement après qu'elle a été sélectionnée à cet effet. Donc la piqûre d'abeille est sélectionnée pour protéger la ruche, c'est exact ; mais à l'origine ce n'est pas sa fonction propre, bien qu'elle le devienne par la suite.

La théorie propensionniste ne confère pas un pouvoir explicatif aux fonctions. Elle crée d'autres problèmes en tant que théorie des fonctions, mais faire une critique générale de la théorie n'entre pas ici dans mon propos [1].

1. Je mentionnerai brièvement trois arguments. 1) La théorie est entièrement fondée sur une notion non analysée d'« habitat naturel ». Pour un commentaire utile à ce sujet, cf. Millikan (1989 : 300). 2) Les fonctions ne semblent pas être des dispositions favorables à la sélection, ou des dispositions d'aucune sorte. Les items qui ont des fonctions en commun n'ont pas toujours des dispositions en commun (une glande thyroïde atrophiée a la fonction de produire des hormones thyroïdiennes en quantité appropriée, mais n'a pas la disposition à accomplir cette fonction : sa disposition est tout à fait différente de celle des glandes thyroïdes normales, et différente également de celles qui produisent l'hyperthyroïdisme). 3) Contrairement à la théorie propensionniste, les traits dysfonctionnels sont dysfonctionnels précisément parce qu'ils ont

QUELQUES REMARQUES POUR CONCLURE

La notion téléologique de « fonction » est essentielle à la biologie moderne pour deux raisons principales, et je tiens à les exposer rapidement avant de terminer[1]. D'abord cette notion est le « ciment conceptuel » de la biologie, au sens où une bonne partie des catégories biologiques sont définies fonctionnellement, comme Beckner (1959 : 112-118) l'a déjà souligné. Prenons, par exemple, le cœur. Les biologistes ont besoin d'avoir une catégorie qui s'applique de manière transversale aux espèces, mais les cœurs sont morphologiquement divers chez diverses espèces. Certains cœurs ont une simple pompe avec une oreillette, d'autres une simple pompe avec deux oreillettes, d'autres encore un ventricule partiellement séparé, et quelques-uns, comme les nôtres, ont deux ventricules séparés. Les cœurs sont aussi divers morphologiquement dans une même espèce, à cause d'écarts pathologiques par rapport à la norme, dus aux maladies, accidents ou malformations. Ils sont tous, néanmoins, des *organes pour pomper le sang*. Cela ne signifie pas que tous les cœurs particuliers soient capables de pomper le sang. Quelques-uns sont trop malades. Mais

des fonctions qu'ils sont censés remplir, mais qu'ils n'ont pas la disposition à remplir. C'est ainsi que la théorie propensionniste brouille tous les problèmes de dysfonction, ce qui a pour conséquence des ramifications désastreuses quant au rôle de cette notion dans la définition des catégories biologiques. C'est en vertu de leurs fonctions propres, non en vertu de leurs capacités réelles ou de leur morphologie, que la plupart des parties et des processus de l'organisme sont classés, comme je l'explique brièvement dans les remarques de conclusion.

1. Notre intérêt pour cette notion a d'autres motifs, car elle est maintenant utilisée par diverses théories naturalistes et téléologiques de l'esprit et du langage, par exemple Dennett (1987, chap. 8) ; Lycan (1990, chap. 4, 5 et 6) ; Millikan (1984) ; Papineau (1987) ; Sober (1985) ; Sterelny (1990).

ils sont tous *censés* pomper le sang; je veux dire par là que pomper le sang est ce pour quoi ils ont été sélectionnés : c'est leur fonction propre. De plus cette notion joue un rôle évidemment central dans « l'analyse fonctionnelle » qui a pour but de décrire comment un organisme fonctionne normalement (et, en médecine, comment il dysfonctionne ou ce qui se produit quand il fonctionne anormalement). L'analyse par le physiologiste du système digestif ou circulatoire, par exemple, procède par une décomposition du système en parties fonctionnelles individuelles (l'estomac, l'œsophage, etc.), puis en leurs parties fonctionnellement individualisées, puis les parties des parties le sont à leur tour, et ainsi de suite jusqu'au niveau cellulaire ou infra-cellulaire. Puis une description de la fonction propre de chaque partie est effectuée, constituant la contribution de chaque partie au fonctionnement de l'ensemble, lorsque le système fonctionne correctement[1].

Bien que Beckner et Cummins aient raison de penser que les fonctions ont d'autres rôles théoriques en biologie, ils ont eu tort de penser que la téléologie en biologie est un scandale scientifique à une époque post-créationniste. La notion biologique de « fonction » est une notion authentiquement téléologique. Les explications téléologiques ne jouent pas un rôle significatif, en tant que telles, dans la biologie évolutionniste, et elles ne remplacent certainement pas les explications évolutionnistes pour l'origine ou la persistance des traits. Mais, si mes affirmations dans cet article sont justes, les explications téléologiques

1. Cummins (1975) parle avec compétence de l'analyse fonctionnelle. Mais il affirme que l'objet en question est ce que j'appelle une « fonction à rôle causal », qui est une contribution causale à toute forme générale d'activité complexe (du système en question) que nous étudions. Je traite le sujet dans (Neander 1991 : section 7).

basées sur la fonction biologique sont une forme parfaitement respectable d'explication causale elliptique. Selon la théorie étiologique que je défends, parler de fonction implique une référence orientée vers le futur aux effets que les objets ou traits sont censés avoir, ainsi qu'une référence orientée vers le passé à un processus de sélection causalement explicatif, durant lequel ces items ou traits ont été sélectionnés pour ces effets qui sont leurs fonctions. Ceci renvoie à d'autres explications téléologiques qui sont apparemment moins problématiques. La théorie étiologique peut donc expliquer certains faits, qui autrement seraient anormaux, concernant notre attitude envers des explications qui prétendent être téléologiques alors même qu'elles font appel à des fonctions biologiques. Elles *sont* authentiquement téléologiques, si cette théorie est correcte.

Références

AYALA F. (1968), « Biology as an Autonomous Science », *American Scientist* 56, 207- 221.

BECKNER M. (1959), *The Biological Way of Thought*, New York, Columbia University Press.

BIGELOW J., PARGETTER R. (1987), « Functions », *The Journal of Philosophy* 84, 181-196.

BOORSE C. (1976), « Wright on Functions », *The Philosophical Review* 85, 70-86.

BOORSE C. (1977), « Health as a Theoretical Concept », *Philosophy of Science* 44, 542- 573.

CANFIELD J. (ed.) (1966), *Purpose in Nature*, Englewood Cliffs (N.J.), Prentice Hall, « Introduction ».

CUMMINS R. (1975), « Functional Analysis », *The Journal of Philosophy* 72, 741-765.

DARDEN L., CAIN J. A. (1989), « Selection Type Theories », *Philosophy of Science* 56, 106-129.

DENNETT D. (1987), *The Intentional Stance*, Cambridge (MA), MIT Press.

GRIFFITHS P. (1993), « Functional Analysis and Proper Functions », *British Journal for Philosophy of Science* 44, 409-422.

HEMPEL C. G. (1959), « The Logic of Functional Analysis », *in* L. Gross (ed.) *Symposium on Sociological Theory*, New York, Harper & Row, p. 271-307.

HULL D. (1974), *Philosophy of Biological Science*, Englewood Cliffs (NJ), Prentice-Hall.

JACKSON F., PETTIT P. (1988), « Functionalism and Broad Content », *Mind* 47, 381-400.

LEVY E. (1988), « Networks and Teleology », *Philosophy & Biology : Canadian Journal of Philosophy*, Supplementary Vol. 14.

LYCAN W. (1990) (ed.), *Mind and Cognition : A Reader*, Cambridge (MA) Blackwell.

NAGEL E. (1977), Teleology Revisited. *The Journal of Philosophy* 84, 261-301.

NEANDER K. (1983), *Abnormal Psychobiology*, Ph. D. thesis, La Trobe University.

NEANDER K. (1988), Discussion : What Does Natural Selection Explain? Correction to Sober. *Philosophy of Science* 55, 422-426.

NEANDER K. (1991), Functions as Selected Effects : the Conceptual Analyst's Defense. *Philosophy of Science* 58, 168-184.

MILLIKAN R. G. (1984), *Language, Thought and Other Biological Categories : New Foundations for Realism*, Cambridge (MA), MIT Press.

MILLIKAN R. G. (1986), « Thoughts without Laws : Cognitive Science without Content », *The Philosophical Review* 95, 47-80.

MILLIKAN R. G. (1989), « In Defense of Proper Functions », *Philosophy of Science* 56, 288-303.

PAPINEAU D. (1987), *Reality and Representation*, Oxford, Blackwell.

RUSE M. (1973), *The Philosophy of Biology*, London, Hutchinson University Library.

SOBER E. (1984), *The Nature of Selection*, Cambridge (MA), MIT Press.

SOBER E. (1985), « Panglossian Functionalism and the Philosophy of Mind », *Synthese* 64, 165-93.

STERELNY K. (1990), *The Representational Theory of Mind*, Oxford, Blackwell.

WIMSATT W. (1972), « Teleology and the Logical Structure of Function Statements », *Studies in the History and Philosophy of Science* 3, 1-80.

WRIGHT L. (1973), « Functions », *The Philosophical Review* 82, 139-168.

WRIGHT L. (1976), *Teleological Explanation*, Berkeley, University of California Press.

ALEXANDER ROSENBERG ET DANIEL MCSHEA

FONCTION, HOMOLOGIE ET HOMOPLASIE [1]

Le terme d'« adaptation » est devenu, depuis la publication de l'*Origine des Espèces* il y a 150 ans, un terme entièrement darwinien, à tel point que les biologistes ont du mal à penser que quelque chose est une adaptation sans plaquer sur son histoire un schéma de variation et sélection. Pourtant, il n'en a pas toujours été ainsi. Avant Darwin, les biologistes avaient identifié deux sortes d'adaptation dans la nature et ils cherchaient à les expliquer toutes deux en se référant à l'idée d'un architecte [*designer*] tout-puissant. D'abord, il y a l'adaptation des parties d'un système biologique les unes aux autres, à savoir la manière dont elles s'ajustent et se coordonnent parfaitement. Ensuite, il y a l'adaptation des systèmes biologiques à leur environnement, comme les caractères d'un cactus qui font qu'il est bien adapté à la vie dans le désert, ou ceux d'un ours polaire qui font qu'il est bien adapté à la vie dans l'Arctique. Le vocabulaire scientifique atteste du caractère central de l'adaptation en biologie, puisque la grande majorité des termes, des étiquettes, des prédicats (c'est-à-

1. A. Rosenberg, D. McShea, extrait de *Philosophy of Biology : a Contemporary Introduction*, New York-Oxon, Routledge, 2008, chapitres 3, p. 87-93. Traduit de l'anglais par Steeves Demazeux.

dire des noms de propriétés) sont, tout au moins dans le discours moderne, *fonctionnels.* En effet, la plus grande partie de la biologie est définie non pas en termes de structures, mais en termes de causes et d'effets, et, plus précisément, de ces effets particuliers qui ont été spécifiquement sélectionnés [*selected for*] et qui témoignent d'adaptations. Ainsi, une aile ne se définit pas par ce qui la compose, par exemple des plumes, puisque de nombreux types d'ailes ne comportent pas de plume, ni par sa forme, puisqu'il existe une grande variété de formes d'ailes, ni encore par ses mouvements en vol, puisque certains types d'ailes fonctionnent en produisant un appui, d'autres une poussée, d'autres ni l'un ni l'autre. L'aile n'est pas davantage définie de manière anatomique : de fait, chez les vertébrés, les ailes des chauves-souris, des ptérodactyles, des poissons-volant et des oiseaux sont très différentes entre elles, même au niveau de leur architecture élémentaire. L'aile est définie, bien plutôt, par les effets qu'elle produit.

Le problème, cependant, est qu'une aile produit de nombreux effets : elle alourdit, elle prend de l'espace, elle rend généralement l'animal plus visible, elle diffuse de la chaleur, elle jette de l'ombre (ce qui tantôt alerte la proie, tantôt diminue pour la proie la visibilité du prédateur ailé). Mais parmi tous les effets que produit une aile, il y en a un – ou un petit nombre – qui la définit : sa capacité à produire du vol (ou encore son homologie avec une structure qui chez un ancêtre produisait du vol – pensons aux pingouins). Ainsi, les ailes sont définies d'après un des effets qu'elles produisent sur un organisme muni d'ailes. Quel effet ? Celui précisément qui remplit une fonction que certains animaux exploitent pour répondre à un problème de *design* présenté par l'environnement – dans la plupart des cas ici, se déplacer.

En biologie, de nombreux termes structuraux tiennent leur signification du rôle que les structures jouent dans les processus adaptatifs. Et cela est vrai à tous les niveaux, depuis le niveau moléculaire (par exemple, les codons, les introns, les facteurs de transcription, les gènes et les enzymes) jusqu'au niveau anatomique (par exemple, les organes ou les organites comme les flagelles, les vacuoles, les valves, les vaisseaux, les cœurs), et même jusqu'au niveau écologique (où interviennent des termes tels que prédateur, parasite, reproduction, altruisme, etc.). Ces choses semblent servir des buts fixés par les systèmes plus grands qui les contiennent, si bien que le vocabulaire qui sert à les décrire apparaît comme étant téléologique ou orienté vers un but. Mais c'est ici que surgit la difficulté. L'idée d'un système dirigé vers un but semble impliquer une sorte de causalité rétrograde, une causalité qui va du futur vers le passé. Or la pensée scientifique moderne rejette une telle possibilité. Considérons, par exemple, la découverte faite par William Harvey, au XVIIe siècle, que la fonction du cœur est de pomper le sang. Cette découverte semble expliquer pourquoi les vertébrés ont un cœur : pour pomper le sang. Mais comment la cause qui explique qu'on ait un cœur peut-elle être une propriété des cœurs, à savoir leur aptitude à pomper le sang ? Une propriété d'une chose ne peut pas précéder l'existence de la chose elle-même, elle ne peut donc pas être sa cause. Parler de fonction devient très problématique dans un monde scientifique où les intentions, les buts, les fins et toutes les autres causes finales ont été bannis. Une solution de principe serait d'exiger que la biologie renonce non seulement à la téléologie mais aussi au vocabulaire fonctionnel qui lui est associé. Or cela est impossible, de toute évidence. Ce vocabulaire est bien trop profondément ancré dans la biologie. Du reste, quand bien même il pourrait être changé, le problème subsisterait : même le plus mécaniste des biologistes et le plus ardent adversaire de la téléologie considère que les cœurs sont là pour pomper le sang, que les enzymes ont bien pour fonction d'opérer des réactions catalytiques, que les taches en forme d'œil sur les ailes des papillons ont pour fonction de les faire passer pour des chouettes, et il croit cela malgré l'inversion manifeste des causes et des effets.

L'une des préoccupations majeures de la philosophie des sciences entre la fin des années 1940 et le début des années 1970 a consisté à vouloir débarrasser la terminologie fonctionnelle en biologie de toute référence à une causalité inverse, à l'idée de résultats futurs qui produiraient des effets présents, à l'idée de fins dans la nature, tout en reconnaissant, dans le même temps, une différence réelle entre la biologie et les sciences physiques non pas seulement sur le plan terminologique, mais bel et bien sur le plan phénoménologique. Car il semble qu'en physique ou en chimie il n'y ait rien qui soit comparable à une « fonction ». Dans l'ensemble, on ne peut pas dire que ce projet se soit révélé très fructueux. Les philosophes des sciences se sont laborieusement ingéniés à définir les concepts fonctionnels de la biologie en parlant de systèmes rétroactifs ou de servomécanismes, pour ensuite confronter les définitions obtenues à des contre-exemples tirés le plus souvent de l'imagination fertile d'autres philosophes plutôt que de la biologie elle-même.

La difficulté a été levée par le philosophe Larry Wright qui a vu quel rôle la sélection naturelle darwinienne pouvait jouer pour libérer les explications fonctionnelles de toute implication téléologique (Wright 1973). Pour comprendre comment les fonctions expliquent la présence de traits ou de comportements, la solution consiste à reconnaître qu'avoir une fonction, pour un trait, relève de son *étiologie*, c'est-à-dire des circonstances historiques de son émergence. Les vertébrés ont des cœurs afin de pomper le sang, ce qui veut dire qu'ils ont des cœurs comme résultat d'une « étiologie », d'une histoire causale antérieure au cours de laquelle des cœurs ancestraux ou des organes ressemblant à des cœurs ont subi des variations au hasard et ont été ensuite spécifiquement sélectionnés par un environnement où la circulation sanguine augmentait la « fitness ». Le fait de pomper le sang est une *conséquence* ou un effet de la présence d'un cœur qui a été *spécifiquement sélectionné* au cours de l'évolution. Les termes en italique ci-dessus sont souvent employés comme des étiquettes pour résumer ce type d'analyse des explications fonctionnelles : de telles explications mobilisent des *étiologies des conséquences* [*consequence etiology*] et elles identifient des *effets sélectionnés* (par la nature ou, dans le cas des actions humaines et des artefacts, des effets sélectionnés consciemment ou intentionnellement).

Une fois cet aspect de l'explication fonctionnelle éclairci par Wright, il était évident que l'analyse de la manière dont ces explications opèrent pouvait être généralisée afin de rendre compte de la signification des termes et des concepts fonctionnels en biologie. Il faut d'abord distinguer entre les instances [*tokens*] et les types : la catégorie générale (ou type ou encore genre) « cœur » est instanciée dans un grand nombre d'organes particuliers d'animaux particuliers. Aujourd'hui, par exemple, il y a environ 6 milliards d'instances du type « cœur humain », et bien davantage encore du type « cœur de mammifères ». Maintenant considérons n'importe quel cœur particulier, par exemple celui de Charles Darwin. La fonction de ce cœur particulier est de pomper le sang parce que – c'est ici qu'intervient l'étiologie – dans le passé évolutionnaire, les organes du *type* cœur, dont ce cœur particulier est une instance, ont été sélectionnés en raison de leur capacité à pomper le sang. Soit donc la proposition suivante : une instance a une fonction parce que son type a une étiologie qui relève de la sélection naturelle. Plusieurs points concernant cette proposition méritent d'être notés. Premièrement, comme Wright l'a souligné, la sélection naturelle darwinienne n'est pas la seule sorte d'étiologie qui fournisse des fonctions. Les fourchettes, les couteaux et les cuillères individuels ainsi que nombre d'autres artefacts ont la fonction qu'ils ont en raison d'une étiologie des couverts de table qui s'illustre dans une histoire d'intentions, de désirs et de *designs* humains. Le simple mot d'« ustensile » reflète ce fait. Les fonctions naturelles diffèrent des fonctions artefactuelles parce qu'il existe des différences au niveau des étiologies. Deuxièmement, un trait peut avoir une appellation qui reflète non pas sa fonction actuelle, mais une fonction que ses ancêtres accomplissaient. Ces « exaptations », pour reprendre le nom que Gould et Vrba leur ont donné, sont courantes. Ainsi, les ailes des pingouins, qui ne leur permettent pas de voler mais de nager, montrent une étiologie darwinienne qui explique pourquoi ces appendices existent chez les pingouins. Et bien sûr, certains traits biologiques peuvent très bien ne pas avoir de fonction présente même si leur nom fait référence à une certaine étiologie adaptative, comme les traits qu'on appelle vestigiaux.

Qui plus est, ainsi que Millikan l'a notoirement fait remarquer, beaucoup de choses sont caractérisées de manière fonctionnelle malgré le fait que la plupart d'entre elles n'ont pas les effets que leur étiologie les a préparées à avoir. Il en va ainsi des glands de chêne blanc, dont la plupart ne parviennent pas à germer. Ce genre d'échec a conduit Millikan (1984) et Neander (1991) à modifier l'analyse de Wright, en précisant ce qu'il appelait la fonction « propre » ou « normale ». La plupart des graines ne parviennent pas à germer, elles échouent à fonctionner, mais elles n'en demeurent pas moins des graines au sens de leur fonction propre ou normale, car leur existence est redevable historiquement, dans leur étiologie, du bon fonctionnement d'instances comme elles.

Notons que « propre » et « normal » sont des termes normatifs ou évaluatifs. Ce qui est « propre » pour un trait donné n'est pas sa structure actuelle dans tel organisme particulier, ni la moyenne ou la structure typique de celui-ci dans l'espèce en général, mais plutôt la structure du trait qui fut spécifiquement sélectionnée dans l'étiologie du trait. Cela implique que la « normalité » est relative à un environnement sélectif donné, c'est une cible qui bouge en fonction de l'environnement. Cet aspect de la normalité a d'importantes conséquences en bioéthique. Souvent, il est important de pouvoir distinguer entre le fait de réparer des traits clairement dysfonctionnels (ce que nous appellerions un traitement), et le fait de modifier des traits qui fonctionnent tout à fait normalement (ce que nous appelons une amélioration [*enhancement*]). Le traitement est ordinairement considéré comme un devoir moral tandis que l'amélioration est vue comme optionnelle, et cela d'autant plus que les moyens sont rares. Mais les critères de normalité sont obligés de varier en fonction de l'environnement (par exemple, entre des environnements consistant dans des distributions de traits différentes) et des valeurs sociales. Ainsi, le fait d'administrer une hormone de croissance à une personne de moins d'1m40, alors que son hypophyse fonctionne correctement, peut être considéré comme une amélioration dans certaines circonstances, et comme un traitement dans d'autres. Cela dépend du fait que l'on considère une petite taille comme normale ou non, et ceci est fonction de l'environnement social dans lequel l'individu se trouve.

L'analyse étiologique des fonctions proposée par Wright, aussi appelée analyse en termes d'« effets sélectionnés » [*selected effects*, *SE*], présente des atouts pour la biologie, le premier étant qu'il autorise la discipline à considérer son vocabulaire fonctionnel comme parfaitement juste dans un monde dénué de toute trace de téléologie. Cependant, comme cela arrive pour la plupart des théories philosophiques, l'analyse SE de Wright n'a pas régné sans partage et au moins une autre conception des concepts fonctionnels est venue rivaliser avec elle durant ces trente dernières années. Il s'agit de la conception des fonctions, dite du « rôle causal » [*causal role*, *CR*], que Robert Cummins (1975) a été le premier à exposer. Cette solution alternative a été proposée, à l'origine, comme une manière de distinguer les termes fonctionnels des termes anatomiques ou structuraux en psychologie et dans les sciences cognitives, mais elle a trouvé des avocats en philosophie de la biologie. Certains considèrent qu'elle s'oppose à l'analyse SE, tandis que d'autres considèrent que les approches SE et CR constituent des théories compatibles, au sens où elles identifient deux notions différentes de fonction qui chacune joue un rôle en biologie. Suivant l'analyse de la description et de l'explication fonctionnelles mise en place par Cummins, des termes comme « cœur » ou « gène », par exemple, n'ont aucun contenu téléologique, ni explicite, ni implicite. Ils renvoient plutôt à des « capacités imbriquées », c'est-à-dire à des composantes de systèmes plus larges au comportement desquels ils contribuent causalement (que ce comportement soit ou non dirigé vers un but). L'analyse de Cummins consiste à rendre compte de l'attribution d'une fonction F à *x* en la rapportant à un « exposé analytique » de la manière dont « x fait F » contribue à la « manifestation programmée » d'une capacité plus complexe d'un système qui contient *x*. Prenons par exemple le concept de « gène ». Suivant Cummins, si ce concept peut être dit fonctionnel, ce n'est pas parce que telle séquence d'acides nucléiques, constituant un gène, produit certains effets qui ont été spécifiquement sélectionnés. Plutôt, la séquence est un gène relativement à un exposé analytique dans lequel la capacité de la séquence à enregistrer et à transcrire la séquence primaire d'une protéine contribue au développement et aux capacités héréditaires de l'organisme qui la possède.

L'approche de Cummins diffère radicalement de celle de Wright sur au moins un point : la capacité causale imbriquée, en quoi consiste le fait d'être une fonction, peut être réalisée par un nombre indéfini de systèmes qui n'ont rien de biologique mais dans lesquels des capacités contenues contribuent à la manifestation de capacités contenantes. Par exemple, il est possible de fournir un exposé analytique de la manière dont la position et la composition des rochers dans un cours d'eau contribuent aux capacités des rapides de ce cours d'eau à faire chavirer les canoës ou à faire tourner des turbines ou encore à compliquer la vie des saumons qui veulent remonter le courant, sans que personne ne vienne imaginer que c'est la fonction des rochers d'accomplir tout cela. Les défenseurs de l'approche par « rôle causal », loin de considérer qu'il s'agit là d'une objection, affirment que cette possibilité montre simplement qu'il existe un continuum entre les attributions fonctionnelles, depuis les moins intéressantes jusqu'aux plus intéressantes, et que cela dépend de la complexité des capacités contenantes et contenues considérées. Bien plus, ajoutent-ils, la biologie a besoin d'une telle analyse de la description fonctionnelle, libre de toute téléologie.

Les avocats de l'analyse CR font valoir qu'il est important, dans certains sous-champs de la biologie comme l'anatomie ou la paléontologie, de pouvoir attribuer des fonctions à des items avec des capacités emboîtées sans se prononcer sur leurs étiologies d'« effets sélectionnés ». Dans cette perspective, ne serait-ce que pour formuler et tester des hypothèses alternatives concernant les étiologies des conséquences, il faut pouvoir décrire les traits invoqués dans ces hypothèses d'une manière neutre eu égard à leur étiologie. Envisageons la question de savoir si des traits, dans des organismes différents, doivent être considérés comme des homologies ou des homoplasies : en d'autres termes, s'ils descendent d'un ancêtre commun ou s'ils sont le résultat d'une convergence indépendante qui conduit à des solutions similaires pour un problème commun de *design*. Les ailes, par exemple, ont évolué plus d'une quarantaine de fois séparément, En conséquence, chacune de ces instances a sa propre et unique étiologie des conséquences. Dans un cas, l'aile a pu se développer originellement comme un organe permettant de dissiper la chaleur. Dans un autre cas, elle a pu évoluer comme un signal sexuel et être adoptée plus tard pour le vol, à titre d'exaptation. Ceci posé, comment devons-nous comprendre la question de savoir si les ailes dans les deux cas sont homologues ou si elles sont convergentes ? Le terme « aile » est un terme fonctionnel qui, si l'on suit un théoricien SE, renvoie à son histoire sélective. Mais cette histoire sélective peut très bien ne pas être connue. C'est pourquoi le théoricien CR insiste sur le fait que nous ne sommes pas même en mesure de nous poser cette question. N'étant même pas sûrs que les deux espèces ont des ailes au même sens fonctionnel, nous ne pouvons pas nous demander si les deux espèces ont chacune des ailes en raison d'une homologie ou d'une convergence. Pour poser la question, selon les théoriciens CR, il faut être capable d'identifier une fonction commune à plusieurs structures avant même de savoir quoi que ce soit concernant leurs étiologies. Selon eux, il y a de la place en biologie pour les fonctions au sens SE aussi bien qu'au sens CR, et ils nous invitent à être sensibles aux différents contextes dans lesquels les biologistes invoquent les unes ou les autres. Certains peuvent aller encore un plus loin et faire cause commune avec Gould et Lewontin, en soutenant qu'une approche CR des attributions fonctionnelles devenue plus consciente d'elle-même est un antidote efficace pour lutter contre la tentation d'adaptationnisme extrême qui est attachée à la conception SE de la fonction.

Certains théoriciens SE trouveront ce compromis peu satisfaisant. Ils répliqueront ceci : si tant est que l'analyse CR a la moindre plausibilité, elle présuppose la vérité de l'analyse SE des fonctions, ou elle présuppose au minimum que toute fonction CR en biologie est de fait un effet sélectionné, c'est-à-dire le résultat d'une étiologie des conséquences ; il faut par conséquent que les biologistes évolutionnistes arrivent à prendre en compte ce fait dans leur distinction entre homologie et homoplasie.

Considérons l'affirmation suivant laquelle la distinction entre homologie et homoplasie suppose de rester neutre sur la question de savoir si une étiologie des conséquences adaptative est ou non présupposée par le type de termes que nous utilisons pour décrire un trait intéressant du point de vue évolutif. Un théoricien SE distinguera les étiologies plus génériques des étiologies plus spécifiques, et il affirmera que les discussions autour du couple homologie/homoplasie présupposent toujours une étiologie commune. C'est ce qu'affirmait Darwin lorsqu'il écrivait que toute créature sur Terre est un rameau sur l'arbre de la vie. Prenons par exemple l'œil, qui apparemment a évolué indépendamment chez l'insecte, le calamar et les vertébrés. Les différences anatomiques considérables qui existent entre ces animaux, la manière très différente dont chacun réalise la fonction de voir au sens CR, tout cela laisse penser que nous sommes en présence de trois étiologies des conséquences clairement séparées. Mais ce que la génétique moléculaire du gène PAX6 et le rôle de celui-ci dans le développement d'yeux qui sont très différents au sens fonctionnel CR semblent prouver, c'est que derrière ces convergences manifestes, les yeux par-delà leur diversité partagent une étiologie des conséquences significative dès lors qu'on remonte assez loin dans l'histoire. L'analyse SE des fonctions n'enferme jamais le biologiste dans une étiologie particulière ; elle le conduit seulement à affirmer de manière générale que chaque taxon biologique possède une étiologie, quelle qu'elle soit, et que si nous remontons suffisamment loin dans le passé, tous les traits partagent une étiologie des conséquences plus ou moins longue. Par conséquent, prétend le théoricien SE, quand nous nous demandons si les ailes de deux espèces distantes sur le plan phylogénétique sont homologues ou homoplasiques, ce que nous nous demandons, en fait, c'est dans quelle proportion elles ont la même étiologie des conséquences et à quand remonte ce recoupement de leurs étiologies. Et il fait valoir que cette façon de comprendre la distinction entre les homologies et les homoplasies ne nécessite aucune autre notion que la notion SE de fonction.

Le théoricien SE ira même jusqu'à se demander si l'analyse CR ne présuppose pas implicitement l'approche

SE, malgré l'affirmation répandue selon laquelle elle est incompatible avec l'analyse des fonctions inspirée de Wright. Souvenez-vous du rôle que « l'exposé analytique » de la contribution de « *x* fait F » à « *s* fait G » jouait dans la définition originale de la fonction CR chez Cummins : cet exposé analytique était supposé montrer comment le fait pour *x* de faire F contribue à la « manifestation programmée » de G par *s*. Dans le cas des artéfacts – outils, ustensiles, pièces de machine –, nous comprenons que la programmation est accomplie par l'ingéniosité humaine, une conception préalable, des intentions, des plans, etc. Mais avant l'apparition d'agents cognitifs capables de programmer des manifestations du type souhaité, qu'est-ce qui a pu produire la fonction CR de la trompe de l'éléphant ou du pouce du panda ? Il est évident que le seul programmateur que la biologie puisse accepter, c'est la variation darwinienne aveugle et son filtrage environnemental. Si cela est vrai, alors on peut dire que toute fonction CR qui est intéressante (sur le plan biologique) présente une étiologie des conséquences, et donc est une fonction SE, et ce sera parce que c'est une fonction SE que c'est une fonction CR et pas l'inverse. La raison de cette asymétrie tient bien sûr à l'histoire des améliorations successives contenues dans une étiologie des conséquences, qui part d'un ensemble d'items non imbriqués les uns dans les autres comme l'exigerait l'approche CR, mais qui les programme pour former un tel ensemble grâce à la variation et la sélection.

D'un autre côté, le théoricien CR pourrait peut-être répondre que des parties d'un organisme peuvent très bien s'assembler par le fait du hasard et jouer un rôle dans le cadre d'une nouvelle fonction CR, et cela bien avant qu'il y ait la moindre opportunité pour la sélection d'agir, en d'autres termes, avant même qu'une étiologie SE existe. En effet, suivant un tel argument, toutes les fonctions SE sont des fonctions CR au moment de leur origine, c'est-à-dire avant qu'il existe une histoire des effets sélectionnés. La première fois qu'un appendice thermorégulateur vint en aide à un organisme en lui permettant de se maintenir dans les airs, même brièvement, il fonctionna comme une aile au sens CR, mais pas (encore) au sens SE.

Le débat fonction CR *versus* fonction SE est avant tout un débat de philosophes, mais il a des implications pour les hommes de terrain. Du point de vue de ses défenseurs, l'approche CR est importante car elle attire l'attention sur le rôle crucial que les contraintes peuvent jouer dans l'évolution. Si, par exemple, l'hypothèse défendue par Gould et Lewontin est vraie, suivant laquelle l'évolution de la taille du cerveau a été sous l'emprise de la sélection s'exerçant sur la taille du corps, alors il n'y aura pas ou que très peu d'histoire préhominienne de la sélection de nos cerveaux qui explique leur grande taille. En d'autres termes, nos cerveaux n'auront pas de fonctionnalité au sens SE. Pourtant, cette augmentation contrainte de la taille du cerveau a pu produire une très grande fonctionnalité CR, et donner lieu à un comportement complexe et à de l'organisation sociale. Plus généralement, les contraintes peuvent produire des changements qui peuvent être, sous l'effet du hasard, fonctionnels au sens CR, et qui peuvent même maintenir cette fonctionnalité en l'absence de sélection les favorisant. Si l'on s'autorise à spéculer, on peut même aller jusqu'à envisager que la combinaison des contraintes et de la fonctionnalité CR ait pu être une source importante de nouveauté au cours de l'évolution.

Du point de vue d'un théoricien SE, la reconnaissance du bien-fondé de l'approche SE aurait d'importantes conséquences pour les sciences sociales et comportementales. En effet, le langage fonctionnel et les explications fonctionnelles sont monnaie courante dans ces disciplines, et pas plus que la biologie elles n'ont le droit de faire appel à des causes finales pour justifier leur usage des descriptions fonctionnelles et leur recours à des explications fonctionnelles. Par conséquent, elles devront justifier, pour chaque fonction qu'elles invoquent, une étiologie cause-conséquence efficace. Notez bien que cela n'engage le théoricien SE, à aucun moment, à devoir fournir des explications sélectives à un niveau particulier. Un comportement fonctionnel n'est pas nécessairement le résultat de la sélection qui intervient au niveau de l'évolution biologique : il peut résulter de certains mécanismes sélectifs intervenant au niveau des processus d'apprentissage. Le fait est que, pour un théoricien SE, lorsqu'il s'agit d'expliquer de manière naturelle ce qu'est une fonction, la seule option possible est, à quelque niveau que ce soit, le darwinisme.

Références

CUMMINS R. (1975), « Functional Analysis », *The Journal of Philosophy* 72, p. 741-765.

MILLIKAN R. G. (1984), *Language, Thought and Other Biological Categories : New Foundations for Realism*, Cambridge (MA), MIT Press.

NEANDER K. (1991), « The teleological notion of "function" », *Australasian Journal of Philosophy* 69(4), p. 454-468.

WRIGHT L. (1973), « Functions », *The Philosophical Review* 82, p. 139-168.

PRÉSENTATION

HÉRÉDITÉ, GÈNE, INFORMATION

« Pour le biologiste, le vivant ne commence qu'avec ce qui a pu constituer un programme génétique » [1]. Cette formule signifie que la structure moléculaire sous-jacente aux gènes déterminerait la reproduction des organismes, recèlerait leur potentiel de développement et assurerait la transmission héréditaire des variations adaptatives. À partir du moment où l'on détiendrait la formule du code génétique, la compréhension causale de tous les processus biologiques deviendrait accessible. De telles prétentions explicatives découlent pour l'essentiel d'une exploitation systématique de la génétique moléculaire depuis la découverte par Francis Crick et James Watson de la structure en double hélice de la molécule d'acide désoxyribonucléique (ADN) [2]. Surgit alors la métaphore d'un code génétique, agissant comme programme d'information et déterminant les diverses formations constitutives des vivants. Suivant les modèles que cette analogie a inspirés, l'analyse des réactions

1. F. Jacob, *La Logique du vivant, une histoire de l'hérédité*, Paris, Gallimard, 1970, p. 325

2. J. D. Watson, F. H. C. Crick, « A Structure for Deoxyribose Nucleic Acid », *Nature* 171, 1953, p. 737-738 ; J. D. Watson, F. H. C. Crick, « Genetical Implications of the structure of Deoxyribonucleic Acid », *Nature* 171, 1953, p. 964-967.

multiples qui permettent aux molécules géniques de se reproduire avec variation et de déterminer des processus biosynthétiques a semblé augurer d'une réduction possible des phénomènes biologiques aux gènes comme à leurs déterminants héréditaires.

La génétique moléculaire prend ainsi la relève d'un programme de recherche antérieur. Les racines lointaines de ce dernier remontaient aux travaux de Gregor Mendel (1822-1884) sur les rapports de ségrégation et de dominance affectant la transmission héréditaire des caractères dans les organismes à reproduction sexuelle. Les travaux de Mendel sont redécouverts dans la première décennie du XXe siècle. Ils sont réinterprétés et expliqués à la lumière de la cytologie (mécanismes de la méiose), et ils sont par ailleurs intégrés aux hypothèses évolutionnistes, notamment darwiniennes. L'équipe réunie autour de Thomas H. Morgan (1866-1945) à l'Université Columbia à compter de 1909 donne à cette génétique dite « mendélienne » ses caractéristiques théoriques et expérimentales [1]. Ainsi étudie-t-on les variations de traits phénotypiques chez la mouche de vinaigre (*Drosophila melanogaster*) par des altérations chromosomiques artificiellement produites sur des organismes soumis au croisement et à la reproduction. Ainsi établit-on des cartographies des gènes présumés, répartis sur les chromosomes et transmis suivant les modalités affectant ces éléments nucléaires dans la méiose et la mitose. Les gènes mendéliens sont des entités théoriques identifiées à partir des effets phénotypiques qu'ils sont présumés avoir déterminés. Son importance théorique est

1. T. H. Morgan, A. Sturtevant, H. J. Muller, C. Bridges, *The Mechanism of Mendelian Heredity*, New York, Henry Holt and Company, 1915.

néanmoins majeure et elle joue un rôle indirect, mais déterminant, vers 1940, dans l'avènement de la théorie synthétique de l'évolution, laquelle emprunte ses modèles centraux à la génétique des populations.

Somme toute, la biologie moléculaire a donné un visage aux gènes dont l'existence restait hypothétique. Avec Watson et Crick le gène devenait un objet réel dont la nature physico-chimique paraissait élucidée. Entre le milieu du XIXe siècle et le XXe siècle, on est passé d'approches fondées sur l'hérédité vue comme une grandeur physique mesurable à un concept de structure. Il y a donc eu, selon Jean Gayon, de Mendel à la biologie moléculaire une théorisation de l'hérédité comme ordre [1]. En révélant comment les entités théoriques du mendélisme sont devenues des objets biologiques, des « choses naturelles » (pour reprendre la formule de Gayon), interprétés de manière réaliste par les scientifiques, l'analyse historique et épistémologique montre comment le gène a pu acquérir ce statut si central et si fondamental dans la biologie contemporaine.

Le développement de la génétique moléculaire a ainsi créé l'attente d'une réduction possible des explications que la génétique mendélienne avait fournies et qui reposaient sur les lois présumées de la ségrégation et de l'assortiment indépendant des gènes lors de la méiose. Il s'agissait de légitimer le remplacement d'une structure dominante des théories biologiques antérieures. D'où l'ambition particulière qu'incarnait le projet d'une réduction analytique intégrale des schèmes partiellement analytiques et partiellement holistiques de la génétique antérieure.

1. J. Gayon, « De la mesure à l'ordre : histoire philosophique du concept d'hérédité », dans ce volume.

À compter surtout de la décennie 1960, les philosophes de la biologie se sont intéressés aux arguments pouvant légitimer cette réduction [1]. Bien que Kitcher [2] ne marque aucunement le terme de ces interrogations, les arguments critiques qu'il expose ont été assez largement partagés par la suite. La réduction interthéorique a d'abord pris comme norme le modèle proposé par Ernest Nagel [3], selon lequel on doit être en mesure d'établir un lien déductif direct ou indirect (grâce à des principes de correspondance) entre théorie réductrice et théorie réduite. Kitcher établit la fausseté de trois des principes qui régiraient la réduction ainsi comprise. Ainsi, les lois mendéliennes, même réaménagées, ne sauraient s'inscrire en conclusion de prémisses empruntées aux principes de la génétique moléculaire. Les concepts décrivant les gènes mendéliens et leurs propriétés ne sauraient être retranscrits de façon univoque dans le lexique moléculaire par quelque principe

1. K. Schaffner, « Approaches to Reduction », *Philosophy of Science* 34, 1967, p. 137-147 ; K. Schaffner, « The Watson-Crick Model and Reductionism », *British Journal for the Philosophy of Science* 20, 1969, p. 325-348 ; K. Schaffner, « Reductionisrn in Biology : Prospects and Problems », *in* R. S. Cohen *et al.* (eds.), *PSA : Proceedings of the Biennial Meeting of the Philosophy of Science Association 1974*, Boston, D. Reidel, 1976, p. 613-632 ; D. Hull, *Philosophy of Biological Science*, Englewood Cliffs, Prentice-Hall, 1974 ; W. Wimsatt, « Reductive Explanation : A Functional Account », *in* R. S. Cohen *et al.* (eds.), *PSA : Proceedings of the Biennial Meeting of the Philosophy of Science Association 1974*, *op. cit.*, p. 671-710 ; S. O. Kimbrough, « On the Reduction of Genetics to Molecular Biology », *Philosophy of Science* 46, 1979, p. 389-406 ; P. Kitcher, « Genes », *British Journal for the Philosophy of Science* 33, 1982, p. 337-359.

2. P. Kitcher, « 1953 and All That. A Tale of Two Sciences », *Philosophical Review* XCIII, 1984, p. 335-373.

3. E. Nagel, *The Structure of Science : Problems in the Logic of Scientific Explanation*, New York, Harcourt, Brace & World, 1961.

de correspondance. Enfin, les lois de transmission des gènes mendéliens ne sauraient être validées à partir de principes empruntés à la biologie moléculaire. L'échec de la modélisation déductive implique une forme d'incommensurabilité logique des théories considérées. Kitcher tente alors de repenser les schèmes de développement de la génétique mendélienne de façon à établir comment les avancées de la génétique moléculaire peuvent s'y rattacher de façon non déductive. Il montre comment les énoncés sur les mécanismes régissant la transmission héréditaire pour des organismes particuliers reflètent des formes d'argumentation (*patterns of reasoning*) qui servent à l'analyse des problèmes (problèmes de pedigree dans le cas de la génétique classique). Dans chaque cas, l'analyse ferait intervenir des concepts et des modèles accrédités, mais témoignerait d'une flexibilité suffisante pour rendre compte des modalités diverses affectant la transmission. Certaines avancées moléculaires assuraient la justification de ce qui constituait de simples présupposés de la pratique antérieure, par exemple concernant le mécanisme de la réplication génique : cela donnerait corps à une prémisse en quelque sorte contextuelle de la théorie antérieure. Un gain réel proviendrait aussi de l'éclaircissement moléculaire des processus de mutation génique, mais les référents des concepts auraient alors changé par rapport à ceux de la génétique classique et ils impliqueraient des mécanismes non spécifiés par les descriptions phénoménales de mutations. Enfin, le gain d'intelligibilité ne se reporterait pas sur l'ensemble des propositions formant l'armature du programme de recherche antérieur.

Si la thèse du remplacement intégral ne semble donc pouvoir être retenue, celle d'une réduction possible suivant des modèles argumentatifs autres que la déduction pure et simple a donné lieu à diverses tentatives [1]. De fait, les programmes de recherche de part et d'autre constituent des édifices composites de pratiques méthodologiques et de modèles d'explication pour lesquels prévalent des impératifs de fécondité heuristique et d'économie explicative, plus que d'articulation logique intégrale. Ces problèmes restent aujourd'hui à l'ordre du jour de la philosophie de la biologie, en raison notamment de la distance qui semble se creuser en biologie du développement par rapport à toute forme de réductionnisme génique strict [2].

À la suite des progrès réalisés en biologie de l'évolution (notamment en génétique des populations) et en biologie moléculaire, le gène, en tant qu'unité théorique et explicative, n'a cessé de voir son importance croître au point de se voir investir d'un rôle central dans tous les processus du vivant : les traits phénotypiques sont codés par les gènes, le développement se déroule selon un programme génétique et l'évolution peut être ramenée à une lutte entre gènes pour leur reproduction. En 1975 paraît *Sociobiology* de Edward O. Wilson [3], qui défend une analyse des comportements animaux et humains en termes de sélection génique. L'année suivante, *Le Gène égoïste* de Richard Dawkins [4] systématise et popularise la vision

1. L. Darden, *Theory Change in Science : Strategies from Mendelian Genetics*, New York, Oxford University Press, 1991.

2. Voir par exemple S. Sarkar, *Molecular Models of Life : Philosophical Papers on Molecular Biology*, Cambridge (Mass.), The MIT Press, 2005.

3. E. O. Wilson, *Sociobiology. The New Synthesis*, Cambridge (Mass.), Harvard University Press, 1975.

4. R. Dawkins, *The Selfish Gene*, New York, Oxford University Press, 1976, trad. fr. L. Ovion, *Le gène égoïste*, Paris, Odile Jacob, 2003.

génique de l'évolution. Les gènes apparaissent comme des acteurs uniques dans le monde biologique : ce sont non seulement les seules entités à pouvoir s'auto-répliquer indéfiniment, mais ils sont en outre considérés comme les porteurs de l'information génétique.

Cette primauté commence toutefois à être discutée à partir des années 1980. Une des difficultés que soulève la conception dominante du gène vient de la dichotomie classique entre gènes et environnement. Richard Lewontin [1] avait déjà critiqué la façon dont on distingue habituellement les effets des gènes de ceux de l'environnement, comme si chacun avait une réalité indépendante du contexte. Le problème majeur viendrait de ce que l'on confère au gène une sorte de pouvoir causal intrinsèque, presque métaphysique. Susan Oyama s'attaque dans *The Ontogeny of Information* (1985), à ce qu'elle considère la racine la plus profonde de cette erreur : l'idée que toute l'information codant pour l'organisme adulte est contenue dans les gènes et que le développement ne représenterait que la lecture de cette information, ou en d'autres termes, le déploiement de plans contenus à l'état latent dans le génome. Pour Oyama, l'information est en réalité reconstruite à chaque génération et ne préexiste pas à ce processus.

À la suite d'Oyama, un nombre croissant de philosophes et de scientifiques se sont penchés sur ce problème. L'enjeu était d'éviter cette dichotomie trompeuse et de pouvoir rendre compte de l'importance de tous les facteurs intervenant dans le développement et l'évolution [2]. C'est

1. R. Lewontin, « The Analysis of Variance and the Analysis of Causes », *American Journal of Human Genetics* 26, 1974, p. 400-11.

2. R. Gray, « Death of the gene : Developmental systems strike back », *in* P. Griffiths (eds.), *Trees of Life : Essays in Philosophy of Biology*, Dordrecht-Boston, Kluwer Academic Publishers, 1992, p. 165-209 ; P. Griffiths, R. Gray, « Developmental systems and

dans ce cadre, connu sous le nom de « théorie des systèmes développementaux » (*Developmental System Theory* ou DST), qu'il faut replacer l'article de Paul Griffiths, l'un de ses représentants les plus connus. Parmi les différentes thèses que défend la DST, il y en a deux qui sont au cœur de l'argumentation de Griffiths. Premièrement, la thèse de la parité causale, qui affirme que rien dans la nature ne nous permet d'établir une distinction absolue entre le rôle causal des gènes et celui des autres facteurs impliqués dans le développement. Tous ont une certaine influence, qui dépend du contexte, et il est injustifié d'en privilégier un *a priori*. Deuxièmement, la DST soutient que bien plus de choses que l'ADN sont transmises avec fidélité d'une génération à l'autre, et que restreindre l'hérédité aux gènes est une erreur. Ce sont tous les éléments de ce que l'on peut appeler la matrice développementale qui sont répliqués. En redéfinissant la place des gènes dans le développement et en les mettant sur le même plan que d'autres facteurs causaux, la DST est conduite à proposer une nouvelle vision de l'évolution.

Cette approche s'appuie en partie sur un regain d'intérêt pour les formes d'hérédité non génétiques [1]. Le cas le plus discuté est l'épigénétique, qui a connu des progrès spectaculaires au cours des deux dernières décennies, mais

evolutionary explanation », *Journal of Philosophy* 91, 1994, p. 277-304 ; P. Griffiths, R. Knight, « What is the Developmentalist Challenge ? », *Philosophy of Science* 65, 1998, p. 253-258 ; S. Oyama, « *Causal Democracy* and Causal Contributions in Developmental Systems Theory », *Philosophy of Science* 67, 2000, p. 332-347.

1. E. Jablonka, M. J. Lamb, *Epigenetic Inheritance and Evolution : the Lamarckian Dimension*, Oxford-New York, Oxford University Press, 1995 ; E. Jablonka, M. J. Lamb, *Evolution in Four Dimensions : Genetic, Epigenetic, Behavioral and Symbolic Variation in the History of Life*, Cambridge (Mass.), The MIT Press, 2005.

il ne faudrait pas réduire l'hérédité non génétique à ces seuls mécanismes. Mentionnons les cas de transmission qui se font par des comportements, ainsi que la construction de niche, qui met en valeur l'hérédité écologique [1]. Ces différentes formes d'hérédité sont discutées par Griffiths dans son article et il en tire toutes les conséquences pour une remise en cause de la primauté du gène.

À cette contestation du statut particulier des gènes comme causes développementales et porteurs d'hérédité, se sont ajoutées les analyses critiques de plusieurs historiens sur le rôle de la métaphore informationnelle en biologie. Bien qu'elle semble occuper une place centrale en biologie moléculaire, cette métaphore ne renverrait en fait à aucun concept clair et précis [2]. (Sur la place des approches informationnelle et structurelle en biologie moléculaire contemporaine, voir également le texte de Michel Morange dans ce volume).

Confrontés à la menace de la parité causale et à la possible vacuité de la métaphore informationnelle en biologie, les défenseurs du statut particulier des gènes ont tenté de préciser et justifier sa nature informationnelle. Selon Griffiths, deux approches s'offraient à eux. La première est une définition causale de l'information, dérivée

1. J. N. Odling-Smee, K. F. Laland, M. W. Feldman, *Niche Construction. The Neglected Process in Evolution*, Princeton, Princeton University Press, 2003.

2. S. Sarkar, « Biological Information : A Sceptical Look at Some Central Dogmas of Molecular Biology », *in* S. Sarkar (ed.), *The Philosophy and History of Molecular Biology : New Perspectives*, Dordrecht, Kluwer Academic Publishers, 1996, p. 187-232 ; E. F. Keller, *Refiguring Life : Metaphors of Twentieth-Century Biology*, New York, Columbia University Press, 1995 ; E. F. Keller, *The Century of the Gene*, Cambridge (Mass.), Harvard University Press, 2000, trad. fr. S. Schmitt, *Le siècle du gène*, Paris, Gallimard, 2003.

de la théorie mathématique de Shannon développée dans les années 1940[1]. Celle-ci s'intéresse à la seule quantité d'information (qui mesure un degré d'ordre dans un système) et non au contenu sémantique. Elle permet en revanche de définir une dépendance causale systématique à travers un canal d'information. Le problème qu'expose Griffiths est que cette définition ne permet pas d'identifier des porteurs d'information de manière objective dans la nature, car il est toujours possible de redéfinir le système de telle sorte que ce qui variait deviennent conditions de canal et inversement. Les généticiens ont l'habitude de mettre en relation des traits phénotypiques avec des gènes, mais il est possible de trouver des covariances entre traits et environnement, et dans ce cas il sera justifié de dire que l'environnement contient de l'information pour le trait. Cette définition nous force donc à admettre la parité causale.

La deuxième option est de recourir à la définition intentionnelle de l'information[2]. Cela revient à poser le problème en termes de représentation et mobilise des concepts développés en philosophie de l'esprit. L'intentionnalité est une relation entre des pensées et des objets avec lesquels ces pensées n'ont pas forcément de relations causales. De même que les pensées contiennent de l'information intentionnelle portant sur leurs objets, les gènes contiendraient de l'information intentionnelle sur des traits phénotypiques. L'approche téléosémantique de l'intentionnalité fournit une explication naturaliste de cette propriété en se fondant sur un processus évolutif. D'après cette définition appliquée au gène, celui-ci contient de

1. C. E. Shannon, « A Mathematical Theory of Communication », *Bell Systems Technical Journal* 27, 1948, p. 379-432 et 623-656.

2. R. G. Millikan, *Language, Thought and Other Biological Categories*, Cambridge (Mass.), The MIT Press, 1984.

l'information pour un trait s'il a été sélectionné pour le produire. Bien que cette solution ait semblé prometteuse à certains, selon Griffiths, elle ne permet pas non plus de tracer une frontière entre causes génétiques et d'autres types de cause. Il faudrait donc accepter la conclusion, peu intuitive pour la plupart des biologistes, que les gènes ne sont fondamentalement pas différents des autres causes du développement.

Ces débats ne sont pas clos, mais ils ont révélé que des concepts aussi centraux que ceux d'hérédité et de gène ont connu une évolution historique complexe et que leur statut est loin d'être aussi clair que le discours des biologistes ne le laisse penser. Ces questions ont constitué, et constituent encore, un champ d'investigation fécond pour la philosophie de la biologie.

Pierre-Alain BRAILLARD et François DUCHESNEAU

JEAN GAYON

DE LA MESURE À L'ORDRE : HISTOIRE PHILOSOPHIQUE DU CONCEPT D'HÉRÉDITÉ [1]

Selon une conception commune parmi les physiciens, les concepts fondamentaux d'une théorie scientifique sont des grandeurs mesurables. Qu'il nous soit permis d'introduire notre propos par quelques mots sur l'adage selon lequel « il n'y a de science que du mesurable ». La « masse » ou la « force », par exemple, ont le statut de concepts quantitatifs.

Selon Pierre Duhem (1981, I, chap. II), la définition et la mesure des grandeurs est la première des quatre étapes successives nécessaires au développement d'une théorie physique. Les trois autres étapes sont : la mise en relation des grandeurs dans un nombre limité de propositions qui servent de principes, ou « hypothèses », dans la phase déductive de la théorie ; la combinaison des principes et la déduction de conséquences au moyen de règles mathématiques ; et la comparaison des théorèmes déduits avec des lois empiriques (qui prennent aussi la forme de

1. Version révisée par l'auteur de « De la mesure à l'ordre : histoire philosophique du concept d'hérédité », dans M. Porte (éd.), *Passion des formes (Hommage à René Thom)*, Paris, Éditions Fontenay St-Cloud, 1994.

relations quantitatives entre des propriétés mesurables). Dans un tel cas, la formule classique « il n'y a de sens que du mesurable » a un sens fort : non seulement les phénomènes sont supposés se prêter à des mesures, mais les objets théoriques – les concepts fondamentaux – doivent être des grandeurs, et donc être mesurables.

Ce canon méthodologique ne s'applique probablement en toute généralité qu'aux sciences physiques, pour ne pas dire à la physique *stricto sensu* (c'est-à-dire en mettant de côté la chimie, la cristallographie, etc.). Dans toutes les sciences empiriques autres que la physique, les concepts fondamentaux ne sont pas nécessairement des grandeurs ; ce sont bien souvent des concepts de *choses*. Ces choses, par exemple les atomes et les molécules du chimiste, ou les organes, tissus, cellules, gènes du biologiste, ont sans doute de nombreuses *propriétés* mesurables, mais en tant que choses, ou plus précisément en tant que classes naturelles de choses, ces entités théoriques ne sont pas des grandeurs. Dès lors, l'adage « il n'y a de science que du mesurable » doit être reçu en un sens atténué : il signifie seulement que l'objet phénoménal étudié doit être accessible à des mesures ; ce qui n'est pas la même chose qu'affirmer que les concepts fondamentaux de la théorie doivent être des grandeurs.

Le concept biologique de l'hérédité mérite une évaluation philosophique. Au même titre que la nutrition ou la croissance, l'hérédité réfère à une *propriété* fondamentale des êtres vivants. Au cours des XIXe et XXe siècles, cette propriété est sans doute aussi devenue la plus fondamentale des propriétés du vivant, objet d'une science spéciale, la génétique. Celle-ci est elle-même devenue la clef de voûte des deux théories unificatrices majeures des phénomènes de la vie au XXe siècle : la biologie moléculaire et la théorie de l'évolution.

J'examine ici l'histoire du concept d'hérédité dans la longue durée, sur une période couvrant environ 140 ans. Cette période ne représente sans doute qu'une fraction de l'histoire de ce concept, qui a commencé bien avant 1850 [1]. Mais c'est à peu près à cette datc que les phénomènes de l'hérédité ont commencé à recevoir un traitement quantitatif. Mon argument historico-philosophique a deux dimensions étroitement intriquées : je montre en premier lieu que l'hérédité, après avoir d'abord été traitée comme une grandeur mesurable, est ensuite devenue une propriété structurelle, c'est-à-dire la propriété d'un objet organisé. En effet, au XIX [e] siècle, les biologistes ont principalement conçu l'hérédité comme une force de plus ou moins grande intensité, conception qui appelait une construction théorique du concept comme grandeur mesurable, ou à tout le moins repérable. C'est cependant dans une tout autre direction théorique que s'est développée la génétique mendélienne ; dans cette nouvelle matrice théorique, l'hérédité s'est affirmée, non comme concept d'une grandeur, mais comme concept d'une structure (le génotype). Et ce n'est que de manière dérivée que le concept d'héritabilité a offert une reformulation de la notion d'hérédité comme force d'intensité variable. M'appuyant sur cette interprétation, je montre en second lieu qu'on peut distinguer trois phases dans l'histoire des théories modernes de l'hérédité, relativement à leur statut cognitif : une phase phénoménaliste (correspondant aux approches biométriques de l'hérédité), une phase opérationnaliste ou plus généralement instrumentaliste (correspondant au mendélisme), et une phase réaliste (correspondant à la biologie moléculaire).

1. Pour un aperçu de l'histoire de l'hérédité avant 1850, on pourra consulter : Zirkle 1946, López Beltrán 1992, Gayon 2006, Müller-Wille & Rheinberger 2012.

ORIGINES LOINTAINES DU CONCEPT D'HÉRÉDITÉ : BREF APERÇU

Le terme « hérédité » est très ancien dans la langue française. On le mentionne dès le XIe siècle (*Ereditez*) comme doublon du mot « héritage », qui cependant semble ne s'être stabilisé que plus tardivement. Jusqu'à la Révolution française, le terme d'hérédité a conservé un sens précis, étroitement lié au droit féodal : il s'appliquait aux charges et honneurs transmis par privilège (par exemple « hérédité de la Couronne de France », ou « hérédité des offices ») ; à la différence de « l'héritage », qui concernait la transmission des biens, et constituait un droit universel sans distinction d'état, le terme d'*hérédité* était donc réservé à la transmission d'attributs sociaux exceptionnels par définition (les « privilèges »). Des contaminations réciproques des deux termes ont existé ; cependant c'est la remarquable stabilité de l'usage sous l'Ancien Régime qui retient l'attention. Un usage dérivé du terme mérite par ailleurs d'être relevé. Sous la forme adjective « héréditaire », les médecins l'ont communément employé dès le XVIe siècle, pour des maladies ou monstruosités transmises dans la génération (Gayon 1993). Les entrées « hérédité » et « héréditaires (maladies) » dans l'Encyclopédie de Diderot et d'Alembert reflètent bien cette répartition du domaine de l'hérédité sous l'Ancien Régime : le substantif relève essentiellement du droit, l'adjectif de la médecine. Il est par ailleurs significatif que l'on ne trouve pas trace avant la Révolution d'un usage proprement naturaliste du terme ; la pensée de l'Ancien Régime, si elle n'ignore pas les faits ordinaires de ressemblance et de différence entre enfants et parents dans les divers règnes des vivants, ne les désigne point comme des faits d'« hérédité ». On chercherait par ailleurs en vain un tel usage dans les langues des pays voisins, en particulier chez les Anglais. Ceux-ci, en particulier Darwin puis Galton, à qui on l'a reproché, ont emprunté le mot « *heredity* » aux Français.

Lors de la Révolution, l'expression – et la réalité même – de l'hérédité des privilèges s'effacent ; c'était là au demeurant l'objet principal de cette Révolution. C'est cependant à l'issue de la période révolutionnaire, très précisément sous la Restauration, que les éleveurs et les horticulteurs, bientôt suivis par les « biologistes », se sont approprié le mot, lui donnant une extension qu'il n'avait jamais eue auparavant. Désormais qualifiée comme « naturelle » ou « physiologique », « l'hérédité » a commencé à désigner un nouveau et vaste champ d'investigation empirique, caractérisé par le souci de trouver une intelligibilité à l'ensemble des faits de ressemblance et différence entre apparentés. Prosper Lucas, dans les « Prolégomènes » de son prolixe *Traité de l'hérédité naturelle* (1847), livre cité comme œuvre de référence sur le sujet par Darwin, a bien rappelé les circonstances politiques de cette irruption du concept d'hérédité dans le discours biologique (Lucas 1847, p. 1-20 ; Darwin 1859, p. 12). Par ailleurs, dans une remarquable thèse malheureusement non publiée, Carlos López Beltrán a montré comment le terme et concept d'« hérédité naturelle » ont été introduits par des médecins parisiens de la première moitié du XIXe siècle. Héritant d'une longue tradition de thèses de médecine portant sur les « maladies héréditaires », ces médecins ont progressivement « dépathologisé » le concept d'hérédité, et en glissant de l'adjectif « héréditaire » vers le substantif « hérédité », en sont venus à en faire un genre de cause s'appliquant potentiellement à tous les caractères de tous les êtres vivants, normaux ou pathologiques (López Beltrán 1992).

L'ALTERNATIVE ENTRE FORCE ET STRUCTURE DANS LES PREMIÈRES CONCEPTIONS (QUALITATIVES) DE L'HÉRÉDITÉ NATURELLE

Dans cette section, je présente une vue d'ensemble des conceptions de l'hérédité naturelle dans les domaines de l'horticulture et de l'élevage animal, avant l'introduction des méthodes quantitatives. Cette période est marquée par une opposition entre des représentations de l'hérédité comme « force » et des représentations particulaires, la transmission héréditaire étant conçue comme résultant d'un échantillonnage d'unités matérielles.

Tout au long du XIXe siècle, la conception dominante de l'hérédité en fait une « force ». Par « force héréditaire », les naturalistes, horticulteurs et éleveurs entendaient une « puissance de transmission », inconnue dans son mécanisme, mais connaissable par ses effets (tout comme il en va de la notion de force en mécanique). Louis Vilmorin, directeur de la célèbre compagnie de graines qui porte son nom, et aussi un brillant savant, fut pionner en la matière. Après avoir présenté la force héréditaire comme « non mesurable » (Vilmorin 1851, note), il offrit en 1856, quinze ans avant Francis Galton, le premier exemple d'un traitement quantitatif de la « force héréditaire », dans le cas de la betterave à sucre. La « force héréditaire » était en l'occurrence la capacité de cette plante à produire plus ou moins de sucre (Vilmorin 1856 : 873-874)[1]. Cette étude a d'ailleurs eu un retentissement important sur la production sucrière française.

Mais Vilmorin était en avance sur son temps. Au milieu du XIXe siècle, la plupart des théoriciens de l'horticulture et de l'élevage animal ont connu la force héréditaire de

1. Sur le rôle de la Compagnie Vilmorin dans l'histoire de l'hérédité et de la génétique, voir Gayon & Zallen 1998.

manière qualitative. Un bon exemple en est donné par la doctrine de la « constance de la race », qui a émergé en Europe du Nord en divers lieux chez les théoriciens de l'élevage. C'est sans doute là, en réalité, que la notion de « force héréditaire » a été théorisée de manière articulée. La doctrine fut formulée en 1848 de manière canonique dans une publication du Collège National d'économie de Berlin en 1848 (Berge 1961 : 113 *sq.*). Selon cette doctrine, la « certitude » de l'hérédité des caractères dépendait du degré de pureté de l'ascendance des animaux. L'hérédité apparaissait ainsi comme une « force » d'autant plus intense que le caractère avait été transmis sans interruption (c'est-à-dire sans métissage dans une lignée.) L'analogie avec la force vive des physiciens se présente ici naturellement à l'esprit : plus la force agit longtemps, plus elle a d'effets, à la manière dont l'énergie cinétique d'un corps en chute libre s'accroît avec le temps.

Cette notion de l'hérédité a traversé la pensée biologique de la seconde moitié du XIXe siècle sous le nom d'« hérédité ancestrale », concept pleinement développé par Francis Galton, et qui implique que les héritages caractériels des ancêtres agissent de manière sommative sur la descendance (Cf. *infra*, Section 3).

Dès les années 1860, cependant, la notion de l'hérédité comme force d'intensité variable a fait l'objet d'une vive critique de la part de Charles Darwin. Dans *La Variation des animaux et des plantes sous l'effet de la domestication*, Darwin examine « la croyance générale des éleveurs selon laquelle plus un caractère quelconque a été transmis longtemps dans un élevage, plus il continuera à être transmis avec fidélité » (Darwin [1875] 1972, vol. 2 : 37). Darwin s'est attaqué à cette croyance, en s'appuyant sur les données mêmes des éleveurs et horticulteurs. La pratique quotidienne de ceux-ci, écrit Darwin, ne confirme pas du tout que « l'hérédité [*inheritance*] gagne en force [*strength*] du seul fait de la longue durée » (*ibid.*). Darwin acceptait que les caractères d'une race domestique tendent à se fixer lorsqu'on élimine les individus qui s'écartent de la norme désirée. Mais, bien que la sélection artificielle présuppose que les caractères fixés soient héritables, cela n'impliquait pas, selon Darwin, que l'hérédité devient plus forte avec le temps. Pour mesurer la « force » héréditaire d'un caractère, ce qui compte n'est pas son ancienneté, mais ce qui se produit lorsqu'un caractère alternatif émerge, soit spontanément soit par croisement. Les horticulteurs et les éleveurs ont en effet montré qu'un nouveau caractère peut ou bien être rapidement fixé, ou bien montrer des variations majeures, ou bien encore ne pas être transmis du tout. Darwin insiste en particulier sur les variations brusques ou « sports » : de telles variations, par exemple celle qui à partir d'un unique individu apparu au XVIII e siècle, a donné naissance à toutes les lignées de bétail « Shorthorn », peuvent dès leur première occurrence se transmettre avec fidélité à la descendance. Aussi, conclut Darwin, « il semble qu'il n'y ait pas de relation entre la force avec laquelle un caractère est transmis et la durée pendant laquelle il est transmis » (Darwin 1868, vol. 2 : 69).

En réalité, même s'il lui arrive d'user de termes archaïques comme « la tendance à hériter » (Darwin 1859 : 12), ou « la force de l'hérédité » (Darwin [1875], vol. 1, chap. 12 : 446, 448, etc.), Darwin avait une conception de l'hérédité qui n'était pas énergétique mais « matérielle » et « particulaire », comme le montre son « hypothèse provisionnelle de la pangenèse » (Darwin 1875, chap. 27). Cette hypothèse consiste à dire que chaque cellule du corps bourgeonne à tout moment du développement et de la vie adulte des « gemmules » qui en retiennent les caractères distinctifs, et qui s'accumulent dans les cellules germinales, où elles acquièrent le statut de particules héréditaires (Darwin 1868, chap. XXVII). En un sens, cette hypothèse est la forme la plus extrême d'hérédité des caractères acquis qui ait jamais été formulée. Toutefois, un autre aspect de cette hypothèse doit retenir notre attention : il s'agit aussi d'une hypothèse de nature particulaire sur le mode de transmission des caractères. Une fois intégrées dans les cellules germinales, les gemmules y ont le statut d'unités de transmission, échantillonnées et recombinées à chaque génération. Dès lors, ce qui importe, c'est la structure *présente* de ces collections d'unité, et non leur passé.

Bien entendu, l'hypothèse « provisionnelle » de la pangenèse était totalement spéculative. Dans son caractère lamarckien, elle ne fut pas longue a être récusée, par ceux-là mêmes qui étaient les plus illustres darwiniens, Galton puis Weismann. Mais l'idée selon laquelle les phénomènes de transmission héréditaire doivent être pensés dans un langage de la structure (composition d'une collection d'unités héréditaires) plutôt que de la force a joué un rôle dans l'histoire des idées de l'hérédité. Débarrassée de son aspect lamarckien, les « pangènes » devenant des unités de transmission (De Vries 1889), et réinterprétée dans un langage mendélien, l'hypothèse « provisionnelle » de Darwin a constitué la matrice ontologique (et terminologique) des futurs « gènes » [1].

1. De nombreux historiens ont insisté sur le rôle de l'hérédité mélangée (*blending* inheritance) dans la pensée de Darwin. Je ne nie pas cet aspect, qui a joué un rôle important dans l'histoire des conceptions relatives à l'efficacité de la sélection (Fisher 1930, Provine 1971). Néanmoins, l'aspect matériel et structurel de l'hypothèse de la pangenèse a joué un

Ainsi donc aux alentours des années 1870, le concept biologique de l'hérédité se présente-t-il sous deux jours possibles : tantôt l'on s'intéresse aux caractères *observables*, et c'est une thématique de l'hérédité comme force d'intensité variable qui prévaut ; tantôt l'on spécule sur la nature intime des phénomènes de transmission, et c'est une conception structurale de l'hérédité qui s'ébauche. La science de la fin du XIX e siècle a exploré méthodiquement les deux voies. La problématique de l'hérédité comme force d'intensité variable a conduit des statisticiens illustres à construire le concept d'hérédité comme grandeur mesurable. L'autre voie d'approche est celle de Mendel, posée dès 1866, mais qui n'a acquis le statut de paradigme de travail qu'en 1900. Les deux sections qui suivent examinent ces deux sillons de recherche. Dans les deux cas, je prête une attention particulière à l'introduction de la mesure dans le traitement expérimental des faits d'hérédité.

LA PHASE BIOMÉTRIQUE (1870-1900)

Dans le dernier tiers du XIX e siècle, l'hérédité cesse d'être un objet de spéculation qualitative. L'exigence de quantification passe au premier plan. Cette période est celle de l'épanouissement d'une méthodologie en quête de l'hérédité comme grandeur. L'épisode est complexe du point de vue de l'histoire des sciences, car il se joue simul-

rôle majeur dans l'histoire qui a finalement mené au concept de « pangène » (de Vries), puis de gène (Johannsen). Les spéculations d'August Weismann et de Hugo de Vries sur les particules héréditaires furent directement et explicitement inspirées par la pangenèse de Darwin. Ces deux biologistes s'accordaient à la fois sur le refus de l'aspect lamarckien de l'hypothèse darwinienne (la conjecture selon laquelle les cellules du *corps* produisent des gemmules qui s'accumulent dans les cellules germinales), et sur l'idée qu'il existe des particules matérielles responsables de la transmission héréditaire (Weismann 1889, de Vries 1889).

tanément sur plusieurs terrains : théorie biologique, statistique mathématique et utopie eugéniste, les acteurs principaux (Galton, Pearson), étant souvent les mêmes sur ces trois terrains.

Francis Galton (1822-1911), a joué un rôle aussi important dans la science de l'hérédité que dans les développements les plus extravagants de l'idéologie héréditariste et de l'eugénique, dont il a forgé le mot et le concept. Cousin de Charles Darwin, Galton a dès la fin des années 1860 ébauché contre Darwin, dont il contestait la « pangenèse » (Galton 1871), le concept « dur » de l'hérédité, concept qui exclut que les parents transmettent à leurs enfants les caractères acquis au cours de l'existence. Pour Galton, en effet, tout individu est constitué de deux types d'éléments : les éléments « latents », qui résident dans les organes reproductifs et propagent de génération en génération les caractères héréditaires de l'organisme, et les éléments « patents », qui se développent à partir d'un échantillonnage des premiers et constituent le corps « visible » (Galton 1872). Sur cette base, Galton a construit une idéologie sociale, fondée sur la conviction que toutes les qualités mentales et morales de l'homme étaient « héréditaires » (Galton 1865). Cette idéologie est elle-même étroitement liée à l'eugénique, une utopie dont le nom fut créé en 1883 (Galton 1883 : 25). D'autre part, quoique non mathématicien de profession, Galton a inventé, dans le but d'approcher plus rigoureusement les phénomènes d'hérédité, les outils fondamentaux de la statistique moderne : analyse de régression et coefficient de corrélation (sur cette histoire délicate, voir le beau livre de Stigler 1986).

Ce rappel fait, je m'intéresse aussi à la manière dont Galton et ses disciples ont entrepris de construire le concept d'hérédité comme une grandeur mesurable. En usant d'outils statistiques, il est progressivement arrivé à l'idée que l'hérédité d'un caractère peut être mesurée par la corrélation entre les valeurs du caractère entre un enfant et ses parents, mais aussi avec ses ancêtres. Cette méthodologie s'accordait bien avec la représentation plus ancienne de l'hérédité comme une force d'intensité variable. Pour Galton et les premiers biométriciens qui ont adapté cette stratégie (en particulier Karl Pearson), le problème principal était d'évaluer la « force » [*strength*] de l'hérédité de tel ou tel caractère.

Les travaux statistiques de Galton étaient fondés sur des observations courantes. Pour un caractère donné : 1) les enfants ressemblent à leurs parents ; 2) les enfants sont en général variables à l'intérieur d'une même famille ; 3) les enfants de parents donnés sont en moyenne plus « médiocres » (c'est-à-dire plus proches de la moyenne de la population) que leurs parents ; 4) certains caractères sont capables de « sauter » des générations. Ces observations se prêtaient bien à une analyse statistique. Raisonnant sur la taille, et reprenant à Adolphe Quételet (1846) la méthode consistant à analyser la variabilité d'un caractère dans une population au moyen d'une loi de Laplace-Gauss, Galton a appliqué ce mode de classement des données aux faits d'hérédité. Le raisonnement typique consiste à examiner la distribution de fréquence du caractère pour des enfants de parents donnés dans une population, en l'occurrence des parents ayant telle taille définie. La courbe de fréquence des tailles des enfants, avec sa moyenne et sa dispersion propre, exprime alors de manière quantitative les faits de sens commun rappelés plus haut. En particulier, les enfants tendent à faire retour vers le type moyen de la population. Galton a d'abord appelé « réversion » ce phénomène, inventant à l'occasion l'outil statistique qu'il devait plus tard nommer analyse de régression, et lui donnant le sens de « loi statistique de l'hérédité » (Galton 1877). Toutefois, il s'aperçut que si l'on appliquait la même méthode à l'envers, c'est-à-dire à la distribution de fréquence de la taille des parents en fonction d'enfants de taille donnée, on aboutissait à des résultats similaires : les parents aussi tendent à être « plus médiocres » que leurs enfants, autrement dit à « régresser vers la moyenne ». Aussi bien Galton renonça-t-il à voir dans « la loi de régression » l'expression de la loi fondamentale de l'hérédité, et reconnut qu'il s'agissait d'une caractéristique générale de l'outil mathématique qu'il avait utilisé pour regrouper les données : pour deux paramètres quelconques x et y, la recherche de l'équation liant les deux variables peut se faire dans les deux sens, en sorte qu'il est aussi légitime de parler de « régression de y en x », que de « régression de x en y ». La résolution de ces difficultés techniques a abouti à l'invention de l'analyse de régression et au coefficient de corrélation en statistique mathématique (Galton 1888). La corrélation entre apparentés est elle-même devenue, chez Galton et chez ses épigones, l'instrument de mesure de la force héréditaire (pour plus de détails sur cet épisode, voir Gayon 1992). Simultanément, Galton en est venu à voir dans « l'hérédité ancestrale » le concept central de la science de l'hérédité. La notion d'hérédité ancestrale signifie qu'un individu n'hérite pas seulement de ses parents mais aussi de ses ancêtres. Pour Galton, la loi mathématique en était simple : un enfant hérite pour moitié de ses parents, un quart de ses grands-parents, un huitième de ses arrière-grands-parents, et ainsi de suite. La formule de l'hérédité se résume donc à une série 1/2, 1/4, 1/8…, $1/2^n$, la somme des termes de cette série convergeant vers 1. Ce schéma de pensée revient à dire que la constitution héréditaire d'un individu inclut un élément racial, ou à tout le moins un effet de lignage que Galton aimait à exprimer par le terme de *stirpe* (en anglais *stirp*, du latin *stirps*, terme qui signifie « souche », et avait été utilisé antérieurement par des botanistes comme de Candolle) (pour plus de détail sur cette histoire, voir Cowan 1972 et 1977 ; Gayon 1998 ; Stigler 1986).

Si on laisse de côté les connotations idéologiques, la caractéristique épistémologique majeure d'une telle approche des phénomènes d'hérédité est son caractère purement descriptif, autrement dit indépendant de toute hypothèse causale sur le mécanisme de l'hérédité. Galton n'a sans doute jamais pleinement été conscient de ce point. Mais ses héritiers, en particulier le mathématicien Karl Pearson, ont pleinement revendiqué cet aspect. En 1898, deux années avant la redécouverte des lois de Mendel, Pearson a entrepris de donner une interprétation mathématiquement acceptable de la notion d'« hérédité ancestrale ». Pour Pearson, qui en toute rigueur historique fut le premier à utiliser l'expression de « *loi* d'hérédité ancestrale », il n'existait qu'une interprétation mathématique possible de cette loi : ce devait être une équation de régression multiple, liant le caractère d'un individu avec le caractère moyen de chacune des générations ancestrales. Soit : $y = b1x1 + b2x2 + \ldots + bnxn$, où y est le caractère mesuré de la génération filiale, xn est la moyenne du caractère à la génération n, et bn le coefficient de régression partielle de y en x pour la génération n (Pearson 1898, 1903). C'est d'ailleurs à cette occasion que Pearson a inventé cet outil statistique majeur.

Selon Pearson, les coefficients de régression ne pouvaient être déterminés *a priori* ; il n'avait en particulier aucune raison de retenir les valeurs 1/2, 1/4, 1/8, … $1/2^n$

avancées par Galton. Seules des mesures effectives chez un individu et ses ancêtres peuvent permettre de déterminer la valeur des coefficients, dans des situations particulières. Il en résulte qu'il n'y a aucune raison pour que la somme de ces coefficients ($b1 + b2 + ... + bn$) soit égale à un. En fait, la loi d'hérédité ancestrale résume de manière mathématique toutes les influences reçues quelles qu'en soient les causes (y compris les biais sélectifs qui ont pu affecter les ancêtres).

Une telle méthode de traitement de l'hérédité est purement descriptive, et en l'occurrence en plein accord avec la conception philosophique ouvertement phénoménaliste de la science dont Pearson, émule du physicien allemand Ernst Mach, a été l'un des pionniers, dans un livre publié en 1892 sous le titre *La Grammaire de la science* (voir Gayon 2007a). En effet, la méthode ne fait que résumer les différences observables entre les ancêtres et la progéniture. L'équation de régression n'est rien d'autre qu'une « formule de prédiction » de la valeur probable d'un individu, connaissant le caractère de ses ancêtres. Elle est en particulier indépendante de toute hypothèse sur la nature physiologique de l'hérédité : « La loi d'hérédité ancestrale dans sa forme la plus générale n'est aucunement une hypothèse biologique, c'est simplement l'énoncé d'un théorème fondamental de la théorie statistique de la corrélation multiple, appliqué à un type particulier de données statistiques. Si les statistiques de l'hérédité sont elles-mêmes correctes, alors les résultats déduits de ce théorème resteront vrais, quelle que soit la théorie biologique de l'hérédité que l'on propose. » (Pearson 1903 : 226). Pearson estimait que l'intensité plus ou moins grande de l'hérédité « était une affaire empirique et qu'il était absurde de chercher à légiférer *a priori* sur cette intensité. Étant purement descriptive, la méthode impliquait que l'intensité ainsi mesurée fût comparable à une force résultante résumant tous les facteurs d'évolution ayant affecté la lignée (Pearson 1898 : 411-412). C'est pourquoi, lorsque la conception mendélienne de l'hérédité est apparue, il a déclaré que les lois de cette théorie, comme de toute théorie possible de l'hérédité, devaient être compatibles avec sa loi de régression. C'est là une affirmation incontestable, qui garde toute sa valeur aujourd'hui, quelque réserve qu'on puisse faire sur l'utilité de la « loi d'hérédité ancestrale ».

On voit donc où le programme biométricien a conduit. Reprenant la vieille idée qualitative de l'hérédité comme force ou tendance d'intensité variable, Galton puis Pearson lui ont assurément donné l'allure d'une grandeur mesurable. Mais, faute d'avoir formulé des hypothèses sur l'hérédité, Pearson, qui représente l'aboutissement le plus accompli de ce programme de recherche, a en définitive construit un outil mathématique dépourvu de quelque pouvoir prédictif que ce soit, et seulement capable de résumer les données disponibles. Loin d'avoir construit une théorie mathématique de l'hérédité, il s'est en réalité tenu en amont de toute théorie de l'hérédité.

LA PHASE MENDÉLIENNE-CHROMOSOMIQUE (1900-1950)

En toute rigueur, l'approche mendélienne de l'hérédité n'est pas postérieure, mais antérieure à l'aventure biométricienne. Mendel a en effet écrit son mémoire sur l'hybridation en 1866, soit onze années avant l'article de Galton sur « les lois typiques de l'hérédité ». Nous laisserons cependant de côté les raisons pour lesquelles le mémoire de Mendel a été ignoré pendant plus de trente ans, ainsi que les conditions dans lesquelles ce travail a été redécouvert, et a donné lieu à l'émergence de la génétique. Je me contenterai ici de qualifier ce qui, dans la génétique mendélienne, a mis fin à la thématique de l'hérédité comme force d'intensité mesurable.

Caractérisons d'abord le changement méthodologique qui s'est produit en passant de la biométrie au mendélisme. Il y a en fait deux changements. L'un concerne le rôle des *pedigrees*, l'autre a trait à l'analyse mathématique des données.

Dans la génétique mendélienne, le *pedigree* (la généalogie des ancêtres) n'est plus un concept fondamental, mais un outil. Dans les théories antérieures fondées sur l'hérédité ancestrale, l'hérédité d'un individu est la somme totale des influences reçues de tous les ancêtres. Rigoureusement parlant, cela signifie qu'un enfant n'hérite pas seulement de ses parents, mais de la série des ancêtres inclus dans son ascendance. Dans ce contexte, l'hérédité est quasiment synonyme de « descendance » (ou en français moderne, « l'ascendance », le réseau des ancêtres), de lignée, ou encore de *pedigree*. Le parti-pris méthodologique du mendélisme est totalement différent. Un mendélien s'intéresse avant tout à la structure génotypique des individus. Une fois établie pour deux parents, cette structure suffit à déterminer en nature et en proportions les structures génotypiques des enfants. Par exemple, si deux individus homozygotes *aa* sont croisés, leur progéniture sera exclusivement *aa*, quelle qu'ait pu être l'ascendance des parents, et ce bien qu'il y ait d'autres manières d'obtenir ce génotype *aa*, par exemple à partir de deux parents homozygotes *aa*. La question de l'*origine* des caractères est non pertinente : seule importe la structure génotypique présente, et les combinaisons qu'elle autorise. Aussi le pedigree n'a-t-il plus rien à dire de la *nature* de l'hérédité ;

il n'intervient plus qu'à titre d'outil pour la mise en ordre des données. C'est pourquoi les règles mendéliennes peuvent être utiles pour faire des prédictions dans les deux directions, c'est-à-dire à la fois de la génération parentale vers les générations filiales, et des générations filiales vers les générations parentales. Elles peuvent d'ailleurs aussi s'appliquer aux collatéraux.

Cette différence peut être illustrée en comparant les représentations conventionnelles des générations en biométrie et dans la génétique mendélienne. Dans le contexte de l'hérédité ancestrale (Figure 1 ; Gayon 1992), une succession de générations parentales, notées *P3*, *P2*, *P1*, convergent vers *F* (génération filiale). Cette représentation connote une vision de l'hérédité comme ensemble d'influences dont le poids s'accumule dans l'hérédité. De plus, puisque tous les individus d'une population isolée ont les mêmes ancêtres à condition de remonter assez loin dans le passé, l'hérédité se confond à long terme avec l'héritage racial. L'hérédité ancestrale est une forme moderne de la vieille notion d'hérédité raciale. La schématisation mendélienne des générations est différente (Figure 2).

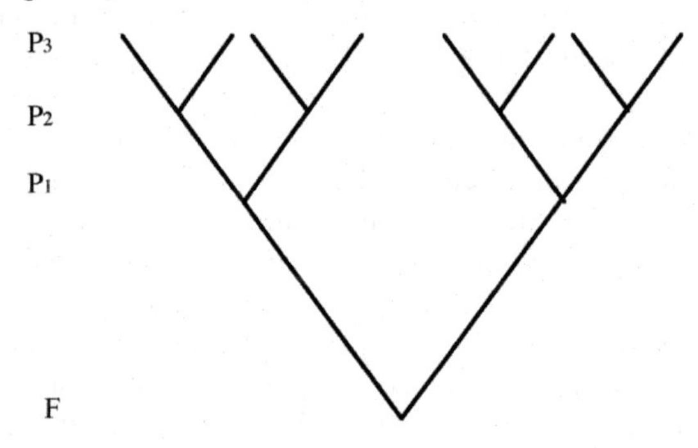

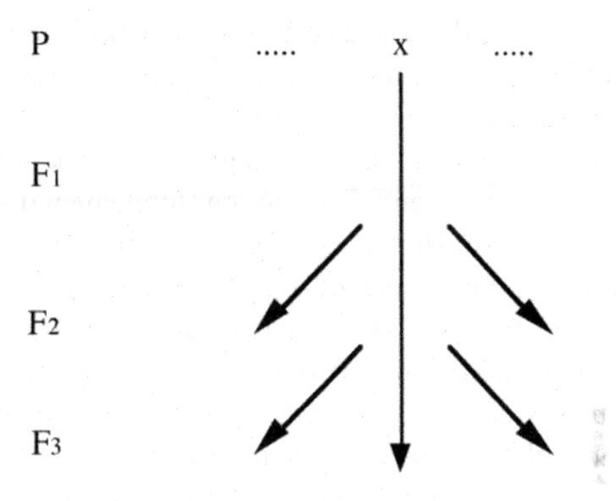

Ne reconnaissant qu'une génération parentale pour chaque prédiction élémentaire, elle ne regarde pas vers le passé, mais vers *les* générations filiales (*F1*, *F2*, *F3*). Il s'agit d'examiner comment la structure génotypique de l'hybride F_1, se disjoint dans la descendance ; cette notion de « disjonction » apparaît d'ailleurs explicitement dans le titre même de la note, publiée en 1900 dans les *Comptes Rendus de l'Académie des Sciences*, où Hugo de Vries a le premier « redécouvert » la loi de Mendel (plus tard rebaptisée « loi de pureté des gamètes »). Les mendéliens ont en réalité dissocié les concepts d'hérédité et de descendance. Pour eux, le pedigree n'est plus un ingrédient du concept d'hérédité, il n'est qu'un instrument de présentation des données. Ce qui arrive à la progéniture ne dépend pas de ce qui est arrivé aux ancêtres des parents, mais exclusivement de la structure génétique des parents. À la différence de la loi d'hérédité ancestrale de Pearson, un tel schéma théorique autorise des prédictions, et cela sur autant de générations que l'on veut. Mendel l'avait d'ailleurs très clairement vu dès 1865, lorsqu'il fournissait un modèle de la descendance d'un monohybride[1] en régime d'autofécondation. La génétique des populations s'est tout entière construite sur cette base.

Corrélativement, l'analyse mathématique des données acquiert chez les mendéliens un sens totalement différent. Pour les biométriciens, l'hérédité était une grandeur statistique. Pour les mendéliens, la fonction de l'analyse statistique est de révéler des structures génotypiques individuelles, ainsi que la dynamique de recombinaison des unités. L'algèbre utilisée joue ainsi un rôle bien différent. Les mendéliens utilisent des symboles, mais ces symboles ne désignent pas des grandeurs. Ils dénotent des unités hypothétiques autorisant un calcul qui n'est pas réductible au statut de résumé descriptif des données. Le raisonnement mendélien repose sur un calcul des différences, et requiert une algèbre de type fini. On l'a répété depuis plus d'un siècle : le genre de mathématique impliqué dans la génétique mendélienne est fondamentalement combinatoire. En réalité, les symboles que la génétique utilise pour les allèles et les génotypes reposent sur des hypothèses formées dans le contexte de la cytologie (hypothèses biologiques sur le rôle et le comportement des cellules germinales et des chromosomes dans le processus reproductif). Cette dimension théorique était déjà dans le mémoire de Mendel (voir le paragraphe sur les cellules sexuelles et les hybrides). Mais cette connexion n'est devenue pleinement effective que dans les années 1900, lorsque les mendéliens ont réinterprété les lois de Mendel en les associant aux chromosomes et au phénomène de la méiose. L'interprétation chromosomique des lois de Mendel ne fit sans doute pas

1. C'est-à-dire un croisement où l'on n'analyse qu'un caractère, par exemple pois lisse/ridé.

l'unanimité lorsqu'elle fut proposée, mais elle était en gros acquise en 1910. Particulièrement importante à cet égard est le lien entre la notion d'allèle et la doctrine cytologique selon laquelle les cellules d'un organisme diploïde contiennent un double stock de chromosomes (sauf dans le cas des chromosomes sexuels) : s'il y a deux allèles et deux seulement pour un *locus* donné, c'est parce que chaque cellule contient deux jeux de chromosomes. Cette notion était absente du mémoire de Mendel, qui raisonnait en termes de types d'*Anlagen*, et non de facteurs présents en deux exemplaires individuels et deux seulement dans chaque cellule et pour chaque caractère. Ce lien entre la génétique mendélienne, la cytologie et la théorie chromosomique de l'hérédité confirme que la génétique mendélienne ne conçoit pas l'hérédité comme une grandeur, mais comme l'expression d'un niveau défini d'organisation

Ayant décrit la rupture mendélienne, je vais maintenant caractériser le paradigme mendélien-chromosomique comme un tout, en prêtant une attention particulière au rapport qui s'y est noué entre mesure et organisation. La théorie chromosomique de l'hérédité a constitué la seconde étape du développement de la génétique. Bien que la localisation des gènes sur les chromosomes ait été conjecturée de très bonne heure (Sutton 1902), la naissance de la théorie chromosomique est située en 1915, date de la publication d'un livre intitulé *Le Mécanisme de l'hérédité mendélienne* (Morgan *et al.* 1915). Le terme de « mécanisme » était peut-être excessif. Néanmoins, avec cette théorie, les particules héréditaires ont acquis une signification topologique. Situés de manière linéaire sur les chromosomes, les gènes devenaient l'objet d'une cartographie, fondée sur l'analyse formelle des phénomènes de recombinaison génétique et chromosomique, eux-mêmes mis en relation avec l'observation des *chiasmata* (enjambements) entre chromosomes. Un nouvel univers de mesure se mit ainsi en place : grâce aux mesures de « distance génétique » (définie de manière mendélienne par un taux de recombinaison) – mesures elles-mêmes mises en relation avec l'observation cytologique fine des chromosomes – le génome acquérait une signification anatomique précise. À défaut d'être directement visible, le gène devenait une entité qu'il était possible de localiser, à la fois comme segment d'un chromosome donné, et aussi dans ses rapports topologiques avec les autres gènes. Simultanément, les travaux de Muller sur la mutation (redéfinie comme altération d'un gène), ceux de Bridges sur les altérations de l'ordre chromosomique (délétions, fusions, fissions, translocations) conduisaient à penser de manière plus dynamique la topologie du génome, et à définir à cette occasion une autre métrique, celle des taux de mutation génique, et des altérations chromosomiques.

Pour autant, les gènes n'étaient toujours pas des particules matériellement définies. Dans les années 1930, en dépit des recherches d'Herman Muller sur la taille probable des gènes, et de ses déclarations fameuses en faveur d'une « conception matérielle du gène », nul ne connaissait les caractéristiques physiques précises des gènes, ni leur constitution chimique et les modalités de leur expression physiologique (qu'on a d'ailleurs appelée « développement »). On se disputait même au sujet de leur existence physique continue, et sur celle de savoir si le gène était une authentique molécule (par exemple – option dominante – une protéine), ou une partie d'une molécule (laquelle ?), ou encore un état physiologique récurrent (conception très répandue jusqu'au milieu des années 1940). Comme le reconnaissait Thomas Hunt Morgan en

1934 dans son discours de réception du Prix Nobel (1933), la théorie chromosomique ne pouvait guère aller au delà de la localisation des déterminants héréditaires ; les gènes demeuraient des entités n'ayant ni taille, ni forme, ni composition chimique définies : « Au niveau où se situent les expériences génétiques, cela ne fait pas la moindre différence que le gène soit une unité hypothétique, ou qu'il soit une particule matérielle. Dans les deux cas, l'unité est associée à un chromosome spécifique, et peut être localisée par une analyse purement génétique » (Morgan 1934). Avant la Seconde Guerre mondiale, la majorité des généticiens partageaient cette vision opérationnaliste du gène, que Wilhelm Johannsen avait solennellement formulée en 1909 dans l'ouvrage où il avait introduit les termes de « gène », « génotype » et « phénotype ». Le botaniste danois mettait en garde contre toute conception du gène comme une structure matérielle morphologiquement caractérisée, et invitait à n'y voir qu'une « unité de calcul » intervenant dans l'interprétation mendélienne des croisements (Johannsen 1909 ; voir aussi les commentaires éclairants de Falk 1986 sur cette attitude).

Bref, ce qu'on voit se mettre en place avec la théorie chromosomique, c'est une métrique de l'organisation héréditaire (une cartographie), ce qui est tout autre chose qu'une mesure de l'hérédité.

LA PHASE MOLÉCULAIRE

Je ne m'étendrai par sur les origines et le développement de la génétique moléculaire (pour une vision d'ensemble, voir Cairns, Stent & Watson 1966 ; Judson 1979 ; Morange 1994). Nul besoin de rappeler ici les apports principaux de cette nouvelle approche de l'hérédité : élucidation de la nature physico-chimique des gènes, et de la machinerie qui permet leur réplication, leur transcription et traduction en protéine, ainsi que des mécanismes de régulation de leur expression. Je me contenterai de discuter deux stades de développement des doctrines relatives au gène, en commençant par les conceptions dogmatiques des années 1960-1970, puis en faisant quelques remarques sur l'état actuel des connaissances. Comme dans les phases antérieures de l'histoire de la science de l'hérédité, la mesure et les méthodes quantitatives ont été cruciales pour l'émergence de la génétique moléculaire. Des méthodes physiques raffinées ont été nécessaires pour élucider la constitution moléculaire, la conformation spatiale, et la physiologie des gènes. Mais, plus que jamais dans l'histoire de la génétique, la mesure est demeurée hors de la théorie proprement dite de l'hérédité. En génétique moléculaire, la mesure est omniprésente dans l'instrumentation périphérique (ultracentrifugation, spectrographie par rayons X, électrophorèse, marqueurs radioactifs, etc.), mais ces techniques fondées sur une physique avancée ne font pas partie de la théorisation de l'hérédité. La biologie moléculaire a en réalité achevé la dissolution du concept d'hérédité comme grandeur mesurable. Elle l'a fait de deux manières. En premier lieu, elle a fourni une image matérielle des structures anatomiques (en l'occurrence moléculaires) impliquées dans le stockage et l'expression de l'information génétique. Nul en vérité n'aurait pu imaginer avant les années 1950 que les macromolécules identifiées comme des gènes (mais aussi comme des protéines) avaient une structure atomique et une conformation spatiale aussi précisément définies. En second lieu, l'usage de métaphores informationnelles et linguistiques a eu de profondes implications philosophiques : elles ont signifié un retour à la « forme » au niveau le plus élémentaire de description des êtres organiques. Les gènes sont devenus en effet descriptibles à la fois dans un langage mécanistique de la figure (forme géométrique) et d'une « information » (imposition d'une forme, au sens aristotélicien). La structure en double hélice découverte en 1953 par Watson et Crick avait en effet deux caractères remarquables. D'une part, le fait que le squelette polyribose-phosphate de la molécule soit à l'extérieur, et que les quatre bases nucléotidiques soient tournées vers l'intérieur et complémentaires deux à deux, suggérait pour la première fois depuis les origines de la biologie un mécanisme physique de réplication de quelque chose : « *It has not escaped our notice that the specific pairing we have postulated immediately suggests a possible copying mechanism for the genetic material* » (« Il n'a pas échappé à notre attention que l'appariement spécifique que nous avons postulé suggère immédiatement un mécanisme possible de copie du matériel génétique »), déclaraient brièvement les auteurs en conclusion de leur article (Watson, Crick 1953 : 738). D'autre part, Watson et Crick ont mis au jour une configuration tridimensionnelle qui avait quelque chose d'exceptionnel : l'organisation tridimensionnelle de l'ADN en fait une machine à préserver et transmettre une séquence organisée en une dimension, séquence que l'on n'a pas tardé à interpréter comme un message codé ou « information ».

Au début de cette étude, j'ai dit que la phase moléculaire de la science de l'hérédité s'était développée dans une ambiance philosophique « réaliste ». Ceci est tout à fait clair dans les périodes précoces de la génétique moléculaire. Si les gènes sont des segments d'ADN chromosomique, capables à la fois de fonctionner comme unités de réplication et comme unités fonctionnelles codant des séquences d'acides aminés, il paraît raisonnable de les interpréter philosophiquement dans leur ensemble comme une classe naturelle d'objets physiques. Dans cette perspective, les gènes sont de robustes « espèces naturelles » [*natural kinds*], comme le sont les électrons, les atomes, les organismes, les tissus, les cellules ou les chromosomes. Ils sont clairement situés quelque part, ils ont une nature moléculaire (des fragments d'ADN), et ils accomplissent des fonctions définies (réplication, codage de polypeptides et d'ARN de transfert ou ribosomiques).

Un problème demeure néanmoins. Dans l'état actuel des connaissances biologiques, y a-t-il encore place pour le réalisme dans notre représentation philosophique des gènes ? Dans beaucoup de cas, notamment chez les eucaryotes, les gènes ne peuvent plus être décrits comme des fragments bien délimités d'ADN. Que l'on songe aux séquences régulatrices non traduites en protéines (séquences « opérateur » et « promoteur », pour ne pas parler des *enhancers*, qui sont des sites régulateurs distants), gènes chevauchants, gènes morcelés, gènes assemblés, épissage alternatif, altération du cadre de lecture, lecture de l'ADN dans les deux sens, utilisation des deux brins d'ADN pour coder une même protéine, et bien d'autres phénomènes découverts depuis la fin des années 1970, il semble qu'il n'y ait aucun espoir d'établir une correspondance type-type entre les gènes mendéliens et quelque entité moléculaire, ou même une liste disjonctive d'entités moléculaires. La relation entre gène mendélien est, comme disent les philosophes des sciences, une relation « plusieurs-plusieurs » [*many-to-many*]. Si l'on veut absolument préserver l'idée d'une réduction de la génétique mendélienne à la génétique moléculaire, le mieux que l'on puisse espérer est une relation *token-token*, donc une réduction au cas par cas (sur cette question, je renvoie à Kimbrough 1979 , Portin 1993 ; Gayon 2007b ; Rheinberger, Müller-Wille [2004] 2015). Toute interprétation réaliste du gène comme « entité théorique » est impossible dans ce contexte. Il est alors tentant de dire que dans le contexte de la biologie moléculaire, la qualification de quelque chose comme un gène dépend de la manière dont l'expérimentateur choisit de manipuler le génome, selon la formule lumineuse de Peter Beurton (2000). Ceci revient à dire qu'il n'y a sans doute plus aujourd'hui de « concept moléculaire » clairement défini du gène. Le génie génétique, qui a permis les découvertes déconcertantes évoquées ci-dessus, a conduit à réhabiliter une vision instrumentaliste du gène.

En dépit des positions radicales que j'ai prises ailleurs sur ce sujet (Gayon 2007b), je voudrais ici prendre la défense d'une vision réaliste limitée. Prenons d'abord acte de la situation délicate dans laquelle nous nous trouvons. Nous devons accepter que les modes de stockage de l'information génétique couvrent une vaste gamme de situations anatomiques et physiologiques (au niveau moléculaire, bien sûr). Parfois un gène sera un fragment continu d'ADN chromosomique (par exemple chez les bactéries, mais aussi dans de nombreux cas chez les eucaryotes) ; parfois la séquence codante chevauchera les séquences promoteur et/ou opérateur ; parfois le gène devra être défini comme le résultat d'un processus développemental plus ou moins complexe (qui conduira par exemple à l'ARN messager mûr qui codera effectivement un polypeptide). Comme Hans-Jörg Rheinberger le souligne, ce processus développemental peut éventuellement aller très loin dans le métabolisme de la cellule. En outre, puisqu'il y a toujours une dimension fonctionnelle dans le concept de gène, ce qui compte comme un gène variera selon les fonctions que le biologiste lui attribuera (Burian 1985).

Je ne suis pas convaincu que ces difficultés relatives au concept moléculaire de gène nous contraignent à revenir à une vision instrumentaliste du gène. Il me semble qu'on est ici de retour à une situation théorique ordinaire dans l'anatomie comparée d'autrefois, mais à une échelle d'observation totalement nouvelle. En anatomie comparée, le même organe peut se développer et être organisé de multiples manières selon les organismes considérés. De manière similaire, les processus développementaux et les formes organisationnelles qui mènent de l'ADN aux ARN messagers et aux protéines peuvent être hautement variables, dans et parmi les organismes. Parfois, nous pourrons appeler « gène » une unique séquence ADN, car elle contient toute l'information à faire une protéine. Parfois un gène ne sera identifiable qu'au terme de toute une chaîne de processus d'« édition ». L'information ne pourra alors être conçue comme stockée dans un morceau unique et permanent d'ADN. Nous devons donc renoncer à exiger qu'un gène ait ces propriétés (Burian 1995). L'entité « gène » pourra donc être, et sera donc souvent, douée d'une existence spatialement et temporellement discontinue, et requerra un processus développemental au niveau d'organisation nécessaire à son expression fonctionnelle. Ceci ne signifie pas pour autant qu'il n'y ait pas de base matérielle de ce qui fonctionne comme un gène. Il faut bien qu'une information structurale soit préservée. Même dans les cas les plus complexes d'édition génétique, la biologie moléculaire n'a pas discrédité l'idée d'une structure matérielle préservée de manière continue et transmise d'une génération à une autre. On peut ici faire une analogie avec la manière dont un texte (par exemple la présente étude) est préservé de manière morcelée dans une multitude de petits morceaux dans la mémoire d'un ordinateur. Il faut bien qu'une information structurelle de nature séquentielle soit stockée quelque part, même si en divers endroits. Une vision purement processuelle du gène me semble excessive. Au niveau du gène, comme dans tous les processus biologiques à tous niveaux, on trouve l'organisation.

UNE OBJECTION NON PERTINENTE : L'HÉRITABILITÉ

Dans les sections précédentes j'ai soutenu que l'hérédité, après avoir été théorisée comme une grandeur mesurable (biométrie), a fait place à une conception structurale et organisationnelle de l'hérédité, dans la génétique mendélienne puis dans la génétique moléculaire. Plus la génétique s'est développée, plus la notion d'hérédité comme concept quantitatif est devenue obsolète. Or il semblerait qu'il y ait une exception importante à l'analyse que nous avons proposée. La génétique des caractères quantitatifs a en effet développé sous le nom d'« héritabilité » un concept qui est explicitement celui d'une grandeur mesurable.

L'héritabilité est un index statistique qui mesure, pour un caractère donné et dans une population donnée, la part des différences observables attribuable à l'hérédité. Ce concept correspond assez bien en fait à ce que les savants du XIXe siècle avaient en tête lorsqu'ils pensaient l'hérédité comme une force ou tendance d'intensité variable. Curieusement, la solution mathématique satisfaisante du problème n'a pu être trouvée que dans le cadre méthodologique de la génétique mendélienne. Dans le cadre biométrique, en effet, la théorisation des « parts » respectives de l'hérédité et de l'environnement pour un caractère donné consistait à mettre en parallèle d'une part un coefficient de corrélation parents-enfants, et d'autre part une multitude de mesures de corrélation entre le caractère considéré et divers facteurs de l'environnement. La corrélation « héréditaire » était en général très forte par rapport aux diverses corrélations avec tel ou tel facteur du milieu. Mais la méthode ne permettait pas de dire quoi que ce soit de rigoureux quant à la part globale de l'hérédité et de l'environnement, comme le notait Fisher dans le célèbre texte de 1918 sur « la corrélation entre apparentés sous hypothèse mendélienne », article considéré comme le point de départ de la génétique quantitative (Norton, Pearson 1976). C'est dans ce texte, où Fisher a tout à la fois proposé les termes de variance et de covariance, qu'il faut chercher l'origine du concept moderne d'héritabilité (bien que toutefois le mot ne s'y trouve pas). Fisher a proposé d'analyser la variance phénotypique totale pour un caractère en quatre parts (variance génétique additive, variance génétique de dominance, variance due à l'interaction entre gènes, et variance environnementale) :

$$VP = VA + VD + VI + VE$$

On doit à Jay Lush (1940) d'avoir explicitement utilisé et défini le concept moderne d'héritabilité. Lush a distingué l'héritabilité au sens étroit et l'héritabilité au sens large. Au sens étroit, l'héritabilité est définie comme le quotient V_A / V_P. Ce rapport mesure la part des différences attribuable aux effets additifs des gènes, c'est-à-dire en faisant abstraction de tous les effets d'interaction à l'intérieur du génome, et entre le génome et l'environnement. Or il est essentiel de comprendre qu'il s'agit là d'une construction statistique qui n'autorise pas les conclusions qu'on en tire trop souvent sur « la part de l'hérédité dans tel ou tel caractère ». L'héritabilité n'est en effet pas à proprement parler une « mesure de l'hérédité », car ceci ne signifie tout simplement rien, aussi longtemps que l'on ne spécifie pas que ladite mesure n'a de sens que pour une population de structure définie, et pour un environnement défini. Supposons par exemple une population dont tous les individus seraient génétiquement identiques pour un caractère. L'héritabilité du caractère serait alors nulle par définition, car la variance génétique étant nulle, les différences observables seront toutes dues à l'environnement. De nombreux autres paradoxes sont associés au concept d'héritabilité, qui reviennent tous plus ou moins à une identification abusive de « l'héritable » au sens technique de la génétique quantitative et « l'héréditaire » (voir Hartl 1980, chap. 4). L'héritabilité d'un caractère n'a en fait que peu à voir avec la question de savoir si, d'un point de vue physiologique, il est davantage que d'autres sous la dépendance d'une causalité génétique. En réalité, comme le savent fort bien depuis longtemps les théoriciens de l'amélioration des animaux et des plantes, l'héritabilité est moins une mesure de l'hérédité qu'une mesure de l'efficacité des procédures de sélection. La sélection n'a de prise que s'il existe un potentiel de variabilité génétique affectant le phénotype.

Je ne dirai rien ici de l'héritabilité au sens large : elle est définie comme le rapport de la variance génotypique totale ($V_A + V_D + V_I$) et la variance phénotypique (donc $V_A + V_D + V_I / V_P$). Cet index renseigne sur le poids de la constitution génétique d'un individu sur son phénotype. C'est très important en psychologie en médecine, mais ce concept ne nous renseigne pas sur ce qui est héréditairement transmissible, car l'interaction interallélique et l'interaction épistatique sont par définition neutralisées à chaque épisode de reproduction, du fait de la recombinaison des gènes.

Par conséquent, le seul candidat vraisemblable que nous aurions pu trouver en matière de « mesure de l'hérédité » dans la génétique contemporaine se révèle n'en être pas un : l'héritabilité est bien une grandeur mesurable, mais il est incorrect de dire que ce serait « l'hérédité » qui y serait mesurée.

CONCLUSION

Dans cette étude, j'ai proposé de réévaluer l'histoire du concept d'hérédité à une échelle historique relativement large. Cette échelle est plus grande que celle usuellement couverte par l'histoire du champ disciplinaire qu'on appelle couramment la « génétique ». Elle est aussi restreinte par rapport à l'histoire du concept dans la science européenne. Après tout, la notion de traits héréditaires est aussi vieille que la médecine européenne, et l'on pourrait sans doute élargir l'enquête à un espace transculturel. L'échelle historique que j'ai choisie correspond à une période au cours de laquelle l'hérédité est devenue un concept biologique majeur, et où l'on a commencé à l'étudier à l'aide de méthodes expérimentales et quantitatives. Pour cette période moderne, j'ai proposé une interprétation philosophique du développement des connaissances scientifiques sur l'hérédité.

Deux conclusions ressortent de l'enquête historico-critique que j'ai présentée. L'une touche au *concept* d'hérédité, l'autre à la *science* de l'hérédité.

En ce qui concerne le concept d'hérédité, j'ai montré que les biologistes, après être demeurés quelque temps incertains quant à deux approches générales possibles de l'hérédité – force mesurable *vs.* structure matérielle –, se sont de plus en plus engagés dans la seconde voie. La théorisation de l'hérédité comme grandeur mesurable, c'est-à-dire selon un idéal inspiré de la physique, a fait place à des représentations structurales et organisationnelles de l'hérédité. La génétique mendélienne, la théorie chromosomique de l'hérédité, enfin la génétique moléculaire (dans ses versions successives) n'ont cessé d'approfondir une vision structurale et organisationnelle de l'hérédité. Quoique la génétique ait constamment été épaulée par des méthodes quantitatives, elle a toujours été dans le sens d'une conception structurale, puis organisationnelle, et enfin développementale de cette propriété fondamentale des êtres vivants qu'est l'hérédité, concept central d'une discipline quantifiée qui n'est cependant pas une grandeur. Corrélativement, la génétique, apparaît-elle aujourd'hui comme un remarquable exemple de l'autonomie des sciences de la vie : les chromosomes, les gènes, les allèles, le génotype, les introns et les exons, la transcription et la traduction des gènes, la distinction entre gènes de structure et gènes régulateurs, sont autant de concepts authentiquement biologiques.

La seconde conclusion de la présente étude porte sur le statut cognitif des théories de l'hérédité qui se sont succédé depuis la fin du XIXe siècle. Ce sont les biométriciens qui ont souligné l'urgence de traiter l'hérédité comme une grandeur mesurable. Bien qu'ils se soient appuyés sur l'idée populaire selon laquelle l'hérédité agissait comme une force cachée, ils n'ont jamais sérieusement cru qu'ils pourraient construire un concept mathématique et une théorie axiomatisée comparables à ce que les théories physiques réalisent. C'est pourquoi l'un d'entre eux, initialement professeur de mécanique, Karl Pearson, a insisté sur la signification purement descriptive et phénoménaliste du traitement de l'hérédité en termes de régression statistique et de coefficients de corrélation. Les « coefficients d'hérédité » de Pearson et des biométriciens n'étaient rien d'autre que des données abrégées. Plus tard, quand les conceptions matérialistes de l'hérédité (par exemple la pangenèse de Darwin, et les spéculations de Weismann et de Vries sur le matériau héréditaire) ont été reformulées dans le langage symbolique de la génétique mendélienne, les généticiens ont éprouvé le besoin de rendre explicite le statut cognitif de leurs théories. Dans la première moitié du XXe siècle, la majorité des généticiens ont adhéré à l'idée que leurs théories avaient une valeur essentiellement opérationnelle. Ceci signifiait que les entités théoriques et inobservables qu'ils admettaient (en particulier les gènes), leur permettaient de faire des prédictions testables, sans qu'ils soient en mesure de connaître leur signification physique. Ce n'est qu'avec la biologie moléculaire qu'une interprétation réaliste du matériau héréditaire est devenue plausible. J'ai ainsi montré ici que la périodisation de l'histoire de la science de l'hérédité peut être éclairée par l'examen des conceptions philosophiques spontanées des généticiens au sujet du statut cognitif de leurs théories. Cette périodisation n'est sans doute pas la seule possible, et mériterait d'être complétée par d'autres critères, méthodologiques, conceptuels ou sociaux, comme le font couramment les historiens des sciences spécialistes de ce domaine. Néanmoins je trouve remarquable que l'histoire de la science de l'hérédité puisse être reconstruite selon cette grille philosophique.

RÉFÉRENCES

BERGE S. (1961), « The historical development of animal breeding », *in* E. Schilling (ed.), *Scientific problems of recording systems and breeding plans of domestic animals* 11, 109-127, Max-Planck. Inst. Tierz. Tierernährung, Mariensee/Trenthorst.

BEURTON P. (2000), « A unified view of the gene, or how to overcome reductionism », *in* P. Beurton, R. Falk, H.-J. Rheinberger (eds.), *The Concept of the Gene in Development and Evolution. Historical and Epistemological Perspectives*, Cambridge, Cambridge University Press, p. 286-314.

BURIAN R. (1985), « On conceptual change in biology : The case of the gene », *in* D. J. Depew, B. H. Weber (eds.), *Evolution at a Crossroads : The New Biology and the New Philosophy of Science*, Cambridge (MA), MIT Press, p. 21-42.

BURIAN R. (1995), « Too many kinds of genes ? Some problems posed by discontinuities in gene concepts and the continuity of the genetic material », *Preprint 18 : Gene concepts and evolution*, Berlin, Max Planck Institute for the History of Science, p. 43-51.

CAIRNS J., Stent G. S., Watson J. (1966), *Phage and the Origins of Molecular Biology*, Long Island (NY), Cold Spring Harbor Laboratory of Quantitative Biology.

COWAN R. S. (1972), « Francis Galton's statistical ideas : The influence of eugenic », *Isis* 63, 509-528.

COWAN R. S. (1977), « Nature and nurture : The interplay of biology and politics in the work of Francis Galton », *Studies in the History of Biology* 1, 133-208.

DARWIN C. (1859), *On the Origin of Species by Means of Natural Selection, or the Preservation of favoured Races in the Struggle for Life*, London, Murray.

DARWIN C. ([1875] 1972), *The Variation of Animals and Plants under Domestication*, (2nd ed.), Ed. originale, London, Murray.

DAVID B. (1971), *La préhistoire de la Génétique – Conceptions sur l'hérédité et les maladies héréditaires des origines au XVIIIe siècle*, Thèse de médecine, Paris, Hôpital Broussais.

DE VRIES H. ([1889] 1910), *Intracelluläre Pangenesis*, Jena, Gustav Fischer. Cité dans *Intracellular Pangenesis*, traduction anglaise par C. S. Gager, Chicago, Open Court.

DUHEM P. ([1914], 1981), *La théorie physique. Son objet – Sa structure*, Paris, Vrin.

FALK R. (1986), « What is a gene ? », *Studies in the History and Philosophy of Science* 17, 133-173.

FISHER R. A. (1918), « The correlation between relatives on the supposition of Mendelian inheritance », *Transactions of the Royal Society of Edinburgh* 52, 399-433.

FISHER R. A. (1930), *The Genetical Theory of Natural Selection*, Oxford, Clarendon Press.

GALTON F. (1877), « Typical laws of heredity », *Nature* 15, 492-495 et 512-533.

GALTON F. (1885), « Regression towards mediocrity in hereditary stature », *Journal of the Anthropological Institute of Great Britain and Ireland* 15, 246-263.

GALTON F. (1888), « Co-relations and their measurement, chiefly from anthropological data », *Proceedings of the Royal Society of London* 45, 135-145.

GAYON J. (1992), *Darwin et l'après-Darwin. Une histoire de l'hypothèse de sélection naturelle*, Paris, Kimé.

GAYON J. (1993), « Le remède et l'hérédité », *in* J. C. Beaune (éd.), *Philosophie du remède*, Seyssel, Champvallon, p. 207-215.

GAYON J. (2006), « Hérédité des caractères acquis », *in* P. Corsi, J. Gayon, G. Gohau, S. Tirard (éds.), *Lamarck, philosophe de la nature*, Paris, Presses Universitaires de France, p. 105-163.

GAYON J. (2007a), « Karl Pearson ou les enjeux du phénoménalisme dans les sciences biologiques vers 1900 », *in* J. Gayon, R. M. Burian (éds.), *Conceptions de la science : Hier, aujourd'hui et demain. Hommage à Marjorie Grene*, Bruxelles, Ousia, p. 305-324.

GAYON J. (2007b), « The Concept of the Gene in Contemporary Biology : Continuity or Dissolution », *in* A. Fagot-Largeault, J. M. Torres, S. Rahman (eds.), *The Influence of Genetics on Contemporary Thinking*, Dordrecht, Springer, p. 81-95.

GAYON J., Zallen D. (1998), « The Role of the Vilmorin Company in the Promotion and Diffusion of the Experimental Science of Heredity in France, 1840-1920 », *Journal of the History of Biology* 31, 241-262.

HARTL D. L. (1980), *Principles of Population Genetics*, Sunderland (MA), Sinauer.

JOHANNSEN W. L. (1909), *Elemente der Exakten Erblickeitslehre*, Jena, Fischer.

JUDSON H. F. (1979), *The Eighth Day of Creation. The Makers of the Revolution in Biology*, New York, Simon and Schuster.

KIMBROUGH S. O. (1979), « On the reduction of genetics to molecular biology », *Philosophy of Science* 46, 389-406.

LÓPEZ BELTRÁN C. (1992), *The Construction of a Domain*, Unpublished PhD Dissertation, University of London.

LUCAS P. (1847-1850), *Traité philosophique et physiologique de l'hérédité naturelle dans les états de santé et de maladie du système nerveux, avec l'application méthodique des lois de la procréation au traitement général des affections dont elle est le principe ; ouvrage où la question est considérée dans ses rapports avec les lois primordiales, les théories de la génération, les causes déterminantes de la sexualité, les modifications acquises de la nature originelle des êtres et les diverses formes de névropathie et d'aliénation mentale*, Paris, J.B. Baillière, Librairie de l'Académie Royale de médecine, 2 vol.

LUSH J. L. (1940), « Intra-sire correlations or regressions of offspring on a dam as a method of estimating heritability of characteristics », *American Society of Animal Production* 24, 293-301.

MORANGE M. (1994), *Histoire de la biologie moléculaire*, Paris, La Découverte.

MORGAN T. (1934), *The relation of genetics to physiology and medicine* (Nobel lecture, given June 4, 1934), Amsterdam, Elsevier, p. 315-316.

MORGAN T., STURTEVANT A., MULLER H., BRIDGES C. (1915), *The Mechanism of Mendelian Heredity*, New York, Henry Holt.

MULLER H. J. (1926), « The Gene as The Basis of Life », *International Congress of Plant Sciences* 1, 897-921.

MÜLLER-WILLE S., RHEINBERGER H.-J. (2012), *A Cultural History of Heredity*, Chicago, The University of Chicago Press.

NORTON B. J., PEARSON E. S. (1976), « A note on the background to, and refereeing of R. A. Fisher's 1918 paper "On the correlation between relatives on the supposition of Mendelian inheritance" », *Notes and Records of the Royal Society of London* 31, 151-162.

PEARSON K. (1892, 1900), *The Grammar of Science*, (2nd ed.), London, Scott.

PEARSON K. (1898), « Mathematical contributions to the theory of evolution. On the law of ancestral heredity », *Proceedings of the Royal Society of London* 62, 386-412.

PEARSON K. (1903), « The law of ancestral heredity », *Biometrika* 2, 211-229.

PEARSON K. (1910), *Nature and nurture, the problem of the future*, London, Dulau.

PORTIN P. (1993), « The concept of the gene : Short history and present status », *The Quarterly Review of Biology* 68, 173-223.

PROVINE W. B. (1971), *The Origins of Theoretical Population Genetics*, Chicago, The University of Chicago Press.

QUÉTELET A. (1846), *Lettres à S.A.R. le Duc Régnant de Saxe-Cobourg et Gotha sur la théorie des probabilités, appliquée aux sciences morales et politiques*, Bruxelles, Hayez.

RHEINBERGER H.-J. (2000), « Gene concepts : Fragments from the perspective of molecular biology », *in* P. Beurton, R. Falk,

H.-J. Rheinberger (eds.), *The Concept of the Gene in Development and Evolution. Historical and Epistemological Perspectives*, Cambridge, Cambridge University Press, p. 219-239.

Rheinberger H.-J., Müller-Wille S., Meunier R. ([2004] 2015), « Gene », in *The Stanford Encyclopedia of Philosophy* (Spring 2015 Edition), Edward N. Zalta (ed.), URL=<https://plato.stanford.edu/archives/spr2015/entries/ gene/>.

Stigler S. M. (1986), *The History of Statistics : The Measurement of Uncertainty Before 1900*, Cambrige (MA), Harvard University Press.

Sutton W. (1902), « On the Morphology of the Chromosome Group of *Brachystola magna* », *Biological Bulletin* 4, 24-39.

Vilmorin L. (1841), *Sur un projet d'expérience ayant pour but de créer une variété d'ajonc sans épines se reproduisant par graines*, Communication lue à la Société Industrielle d'Angers le 7 juillet 1851.

Vilmorin L. (1856), « Note sur la création d'une nouvelle race de betteraves à sucre. Considérations sur l'hérédité dans les végétaux », *Comptes Rendus hebdomadaires de l'Académie des sciences* 43, 871-874.

Watson J., Crick F. (1953), « Molecular structure of nucleic acids », *Nature* 171, 737-738.

Weismann A. (1889) *Essays Upon Heredity and Kindred Biological Problems*, Oxford, Oxford, Clarendon.

Zirkle C. (1946), « The early history of the idea of the inheritance of acquired characters and of pangenesis », *Transactions of the American Philosophical Society*, New Series, vol. XXXV, Part II : 91-150.

Remerciements

Je remercie Richard Burian, Marjorie Grene et Staffan Müller-Wille pour leur attentive lecture et pour leurs suggestions.

Philip Kitcher

1953 ET TOUT CE QUI S'ENSUIT
IL ÉTAIT UNE FOIS DEUX SCIENCES [1]

> Devrons-nous, nous généticiens, devenir bactériologistes, chimistes physiologistes et physiciens, en même temps que zoologistes et botanistes ? Il faut l'espérer.
>
> (H. J. Muller 1922 : 115)

Le problème

Vers la fin de leur article annonçant la structure moléculaire de l'ADN, James Watson et Francis Crick notent, de façon quelque peu laconique, que la structure qu'ils proposent pourrait éclairer certaines questions centrales de la génétique (Watson, Crick 1953a; Watson et Crick accentuent cette remarque dans Watson, Crick 1953b). Trente années se sont écoulées depuis que Watson et Crick ont publié leur fameuse découverte. La biologie moléculaire a en effet transformé notre compréhension de l'hérédité. La reconnaissance de la structure de l'ADN, la compréhension de la réplication, de la transcription et de la traduction des gènes, le déchiffrement du code génétique,

1. P. Kitcher, « 1953 and all that. A Tale of two sciences », *Philosophical Review* 93 (3), 1984, p. 335-373. Traduit de l'anglais par François Duchesneau.

l'étude de la régulation génique, toutes ces découvertes et d'autres encore se sont combinées pour fournir réponse à maintes questions qui déjouaient les efforts des généticiens classiques. L'espoir de Muller – exprimé à l'aube de la génétique classique – a été largement comblé.

Toutefois, le succès de la biologie moléculaire et la transformation de la génétique classique en génétique moléculaire nous ont légué un problème philosophique. Le fait est que deux théories récentes ont porté sur les phénomènes d'hérédité. L'une, la *génétique classique*, issue des travaux de T. H. Morgan, de ses collègues et de ses étudiants, constitue le prolongement réussi de la théorie mendélienne de l'hérédité, redécouverte au début de ce siècle [1]. L'autre, la *génétique moléculaire*, tire son origine de l'œuvre de Watson et de Crick. Quelle relation y a-t-il entre ces deux théories ? Comment la théorie moléculaire éclaire-t-elle la théorie classique ? De quelle manière l'espoir de Muller a-t-il été comblé ?

Généralement, l'on donnait une réponse philosophique facile au problème soulevé par ces trois questions liées : la génétique classique s'est trouvée réduite à la génétique moléculaire. Les philosophes de la biologie ont hérité de la notion de réduction à partir de discussions générales de philosophie des sciences qui se concentraient habituellement sur des exemples empruntés à la physique. Par malheur, les tentatives d'appliquer cette notion au cas de la génétique ont prêté le flanc à de solides critiques. Même après maints bricolages du concept de réduction, l'on ne peut déclarer que la génétique classique a été réduite à la génétique moléculaire ou est en passe de l'être [2]. Pourtant l'argument

1. NdT : il s'agit du XXe siècle.

2. Les tentatives les plus élaborées pour produire une version soutenable du réductionnisme se trouvent dans des articles de Kenneth Schaffner (1967, 1969, 1974, 1976). Voir aussi Michael Ruse (1971) et

antiréductionniste est typiquement négatif[1]. Il conteste l'adéquation de quelque solution particulière au problème de caractériser la relation entre génétique classique et génétique moléculaire. Il n'offre pas de solution de rechange.

Mon but dans cet article est d'offrir une perspective différente sur les relations interthéoriques. Mon dessein est d'inverser la stratégie habituelle. Au lieu de tenter d'insérer la génétique de force dans un moule dont on prétend qu'il circonscrit certains traits importants des exemples tirés de la physique, ou de me contenter de nier que ce nouvel objet puisse y entrer de force, j'essaierai de parvenir à une vision des théories impliquées et des relations entre celles-ci qui rendra compte de cette idée presque universellement reçue selon laquelle la biologie moléculaire a accompli quelque chose d'important à l'égard de la génétique classique. Ce faisant, j'espère jeter quelque lumière sur les questions générales relatives à la structure des théories scientifiques et aux relations que peuvent entretenir des théories successives. Comme mon évaluation positive présuppose quelque faute dans le traitement

William R. Goosens (1978). Une série d'arguments antiréductionnistes sont présentés dans David Hull (1972 et 1974), Steven Orla Kimbrough (1979) et Ernst Mayr (1982 : 59-63).

1. C'est typiquement, mais non invariablement le cas. Dans un essai provocant, William Wimsatt (1976) présente nombre d'idées intéressantes sur les relations interthéoriques et sur le cas de la génétique. Tel est aussi le cas pour Nancy Maull (1977) et pour Lindley Darden et Nancy Maull (1977). Mon principal grief à l'encontre des études que je viens de citer est que l'on y fait appel à des notions techniques – « mécanisme », « domaine », « champ », « théorie » – sans les expliquer (et parfois de façon apparemment inconsistante) de telle sorte que l'on n'apporte aucune réponse précise au problème philosophique soulevé dans le texte. Néanmoins, j'espère que la discussion présentée dans les sections suivantes du présent article servira à articuler de façon plus complète quelques-unes des intuitions originales de ces auteurs, en particulier celles que contient le riche essai de Wimsatt.

réductionniste du cas de la génétique, je commencerai par un diagnostic des déficiences du réductionnisme.

CE QUI NE VA PAS AVEC LE RÉDUCTIONNISME

Le traitement classique de la réduction par Ernest Nagel[1] peut être schématisé pour notre propos. Les théories scientifiques sont considérées comme des ensembles d'énoncés[2]. Réduire une théorie T_2 à une théorie T_1, c'est déduire les énoncés de T_2 des énoncés de T_1. S'il y a des expressions non logiques qui apparaissent dans les énoncés de T_2, mais qui n'apparaissent pas dans les énoncés de T_1, alors nous sommes autorisés à compléter les énoncés de T_1 par quelques prémisses supplémentaires reliant le lexique de T_1 au lexique distinct de T_2 (désignées comme *principes de pont* [*bridge principles*]). La réduction interthéorique est considérée comme importante parce que les énoncés qui sont déduits de la théorie réductrice sont censés être expliqués au moyen de cette déduction.

Et pourtant, comme tous ceux qui se sont débattus avec les cas paradigmatiques empruntés à la physique ne le savent que trop bien, la réduction de la loi de Galilée à la mécanique newtonienne et celle des lois idéales des gaz à la théorie cinétique ne cadrent pas exactement avec le modèle de Nagel. L'étude de ces exemples suggère que,

1. Nagel (1961, chapitre 11). Une présentation simplifiée se trouve dans Hempel (1966, chapitre 8).

2. De façon assez évidente, ceci est une version atténuée de ce qui fut un temps la « conception reçue » des théories scientifiques, telle qu'articulée par Nagel et Hempel, cités dans la note précédente. Une présentation et une critique approfondie de cette conception se trouvent dans l'Introduction de Suppe (1973). Le fait que le modèle standard de la réduction présuppose la thèse selon laquelle les théories peuvent être à juste titre tenues pour des ensembles d'énoncés a bien été noté par Glymour (1969 : 342) et par Fodor (1975, p. 11, note 10). Glymour accepte cette thèse; Fodor la traite avec scepticisme.

pour réduire une théorie T_2 à une théorie T_1, il suffit de déduire les lois de T_2 d'une version adéquatement modifiée de T_1, qui s'est peut-être vu ajouter des prémisses supplémentaires appropriées [1]. Clairement, cette condition suffisante est dangereusement imprécise [2]. Je tolérerai cette imprécision et proposerai que nous comprenions le problème de la réduction en génétique en nous servant des exemples empruntés à la physique comme paradigmes de ce à quoi ressemblent des « modifications adéquates » et des « prémisses supplémentaires appropriées ». Les réductionnistes prétendent que la relation entre la génétique classique et la génétique moléculaire ressemble suffisamment aux relations interthéoriques que l'on trouve dans les

1. Les philosophes suggèrent souvent que, dans la réduction, l'on dérive les lois *corrigées* de la théorie réduite d'une théorie réductrice *non modifiée*. Mais ce n'est pas ainsi que les choses se passent dans les cas paradigmatiques : l'on ne corrige pas la loi de Galilée en se servant de la mécanique newtonienne ; on néglige plutôt des « termes sans importance » dans l'équation newtonienne du mouvement pour un corps tombant sous l'influence de la gravité ; de même, en dérivant la loi de Boyle-Charles de la théorie cinétique (ou de la mécanique statistique), il est courant de recourir à des hypothèses idéalisantes à propos des molécules de façon à obtenir ainsi la version exacte de la loi de Boyle-Charles ; par suite, les versions corrigées sont produites en « soustrayant » les procédures idéalisantes. Bien qu'il considère habituellement la réduction comme dérivant une version corrigée de la théorie réduite, Schaffner note que parfois la réduction pourrait opérer en modifiant la théorie réductrice (1967, p. 138 et 1969, p. 322). Or, cet argument avait déjà été présenté par (Nagel 1961).

2. En partie parce que la modification pourrait engendrer une théorie inconsistante qui permettrait de dériver n'importe quoi, et en partie en raison du problème désagréablement récurrent de la forme propre des principes de pont dans des réductions hétérogènes en physique. Le premier problème est discuté par Glymour (1969, p. 352) et par Shapere (1971). Pour la discussion du second problème, voir Sklar (1967), Causey (1972), et Enc (1976). Les préoccupations dont je fais état correspondent de façon orthogonale à ces zones de controverse.

exemples empruntés à la physique pour valoir comme chose du même type, à savoir comme relation interthéorique.

Il pourrait sembler que la thèse réductionniste est devenue aujourd'hui si amorphe qu'elle résisterait à la réfutation. Or, c'est inexact. Même lorsque nous aurons modifié le modèle classique de la réduction pour qu'il puisse intégrer les exemples qui l'ont à l'origine occasionné, l'exigence réductionniste à l'endroit de la génétique impliquera que nous acceptions trois thèses :

> (R1) : La génétique classique comprend des lois relatives à la transmission des gènes qui peuvent valoir comme les conclusions des dérivations réductrices.
> (R2) : Le lexique distinct de la génétique classique (des prédicats tels que « est un gène » ; « est dominant par rapport à ») peut être relié au lexique de la biologie moléculaire par des principes de pont.
> (R3) : Une dérivation des principes généraux relatifs à la transmission des gènes à partir de la biologie moléculaire expliquerait pourquoi les lois de la transmission génique s'appliquent (pour autant qu'elles s'appliquent).

Je soutiendrai que chacune de ces thèses est fausse, et tel sera mon diagnostic sur les maux dont souffre le réductionnisme.

Avant de présenter mes critiques, il peut s'avérer utile d'expliquer pourquoi le réductionnisme présuppose (R1)-(R3). Si la relation entre la génétique classique et la biologie moléculaire doit ressembler à celle qui prévaut (par exemple) entre la théorie des gaz parfaits et la théorie cinétique, alors il nous faudra trouver des principes généraux, susceptibles d'être reconnus comme lois centrales de la génétique classique et qui puissent valoir comme les conclusions de dérivations réductrices. (Il nous faut des pendants de la loi de Boyle-Charles). Ce seront des principes généraux relatifs aux gènes, et, comme la génétique classique paraît être une théorie relative à l'hérédité des traits, les seuls candidats vraisemblables seront des lois décrivant la transmission des gènes entre générations. [Ainsi le réductionnisme mène-t-il à (R1).] Si nous devons dériver de telles lois de la biologie moléculaire, alors il doit y avoir des principes de pont reliant le lexique spécifique figurant dans les lois de la transmission génique (présumons qu'il s'agit d'expressions telles que « est un gène » ou « est dominant par rapport à ») au lexique de la biologie moléculaire. [D'où (R2).] Enfin, si les dérivations doivent accomplir l'objectif de réduction interthéorique, alors elles doivent expliquer les lois de la transmission génique [(R3)].

Souvent, les philosophes identifient les théories à des ensembles restreints de lois générales. Toutefois, dans le cas de la génétique classique, cette identification est difficile et ceux qui discutent de la réductibilité de la génétique classique à la biologie moléculaire procèdent souvent de façon différente. David Hull se sert d'une caractérisation qu'il tire de Dobzhansky : l'objet de la génétique classique ce sont « les différences entre les gènes ; le procédé dont on se sert pour découvrir un gène est l'hybridation : l'on croise des parents qui diffèrent par quelque trait et l'on observe la distribution de ce trait dans leur progéniture » [1]. Ceci n'est pas inhabituel dans les discussions sur la réduction en génétique. Il est bien plus facile d'identifier la génétique classique en se référant à son objet et à ses méthodes de recherche que de produire quelques phrases capables de résumer le contenu de la théorie.

1. Hull (1974, p. 23), adapté de Dobzhansky (1970, p. 167). De même, la génétique moléculaire est réputée avoir pour objectif de « découvrir comment des gènes caractérisés de façon moléculaire produisent des protéines qui à leur tour se combinent pour former des traits phénotypiques » (Hull, *ibid.*) ; voir aussi Watson (1976, p. 54).

Pourquoi en est-il ainsi ? Parce que, quand nous lisons les principaux articles des grands généticiens classiques ou quand nous lisons les manuels dans lesquels leur travail est résumé, il nous apparaît difficile d'en tirer *aucune loi* relative aux gènes. Ces textes sont riches en informations. Considérés dans leur ensemble, ils nous apprennent beaucoup sur l'arrangement chromosomique de gènes particuliers dans des organismes particuliers, sur l'effet de diverses mutations sur le phénotype, sur les fréquences de recombinaisons, etc. [1]. Dans certains cas, l'on pourrait expliquer l'absence de formulation de lois générales relatives aux gènes (et même l'absence de référence à de telles lois) en suggérant que ces données sont de notoriété publique. Toutefois, cette suggestion ne rend pas compte de la nature des manuels et des articles qui ont façonné les outils de la génétique classique.

Si nous nous référons à l'ère qui a précédé Morgan, nous y trouvons en effet deux énoncés généraux relatifs aux gènes, à savoir les lois (ou « règles ») de Mendel. La deuxième loi de Mendel affirme que, dans un organisme diploïde qui produit des gamètes haploïdes, les gènes à divers locus seront transmis de façon indépendante ; par exemple, si A, a et B, b sont des paires d'allèles à différents locus, et si un organisme est hétérozygote aux deux locus, alors les probabilités sont égales qu'un gamète reçoive l'une ou l'autre des quatre combinaisons géniques possibles,

1. La distinction phénotype/génotype fut introduite pour distinguer les caractéristiques observables d'un organisme des facteurs génétiques sous-jacents. Dans les discussions qui ont suivi, la notion de phénotype a été étendue de façon à inclure des propriétés qui ne sont pas directement observables (par exemple, la capacité d'un organisme à métaboliser un acide aminé en particulier). L'extension du concept de phénotype fut l'objet de discussion dans Kitcher (1982a).

AB, *Ab*, *aB*, *ab*[1]. À partir du moment où l'on a reconnu que les gènes sont (surtout) des fragments chromosomiques (comme les biologistes le découvrirent peu après la redécouverte des lois de Mendel), l'on comprend que la loi ne s'appliquera pas de façon générale : des allèles se trouvant sur le même chromosome (ou plus précisément, proche l'un de l'autre sur le même chromosome) auront tendance à être transmis conjointement puisque (abstraction faite de la recombinaison)[2] un membre de chaque paire homologue est distribué à l'un des gamètes[3].

Certes, il peut sembler que cela n'ait guère d'importance. L'on pourrait sûrement trouver un substitut acceptable à la seconde loi de Mendel en restreignant cette loi aux cas de gènes situés sur des chromosomes non homologues.

1. Un locus est la place occupée par un gène sur un chromosome. Différents gènes qui peuvent se trouver au même locus sont dits être des *allèles*. Dans les organismes diploïdes, les chromosomes vont par paires alignées avant que ne se produise la division méiotique qui produit les gamètes. Les paires ainsi constituées sont des paires de *chromosomes homologues*. Si des allèles différents surviennent aux locus correspondants d'une paire de chromosomes homologues, l'organisme est dit *hétérozygote* pour ces locus.

2. La *recombinaison* est le processus (survenant avant la division méiotique) par lequel un chromosome échange du matériel avec le chromosome qui lui est homologue. Des allèles qui surviennent sur un chromosome peuvent être ainsi transférés sur l'autre chromosome, de telle sorte que de nouvelles recombinaisons géniques puissent se produire.

3. D'autres assertions mendéliennes centrales se révèlent également fausses. Le principe mendélien suivant lequel, si un organisme est hétérozygote à un locus, alors les probabilités sont égales que l'un ou l'autre allèle soit transmis à l'un des gamètes, se trouve mis en échec dans les cas de dérive méiotique. (Un exemple notable est l'allèle-*t* chez la souris domestique, qui est transmis à 95 % par le sperme des mâles hétérozygotes pour cet allèle et pour l'allèle du type sauvage ; voir Lewontin et Dunn (1960). Même l'idée selon laquelle les gènes seraient transmis sur plusieurs générations, sans être affectés par leur présence dans des organismes intermédiaires, doit être abandonnée dès que l'on reconnaît que des recombinaisons intra-alléliques peuvent se produire.

Malheureusement, cela ne marchera pas tout à fait. Il peut se produire quelque interférence avec les processus cytologiques normaux de telle sorte que la ségrégation des chromosomes non homologues ne soit pas forcément indépendante [1]. Toutefois, ma réserve au sujet de la seconde loi de Mendel ne vient pas de ce qu'elle serait inexacte : nombre de sciences ont recours à des lois dont le caractère approximatif est clairement reconnu. La seconde loi de Mendel, corrigée ou non, se voit simplement privée de pertinence pour toute recherche ultérieure en génétique classique.

L'on a envisagé d'amender la seconde loi de Mendel en se servant de principes élémentaires de cytologie et en identifiant les gènes à des segments de chromosome, afin de corriger ce qu'il y avait de fautif dans la loi non amendée. C'est le fait que l'application en soit si aisée et qu'elle puisse se réaliser de façon beaucoup plus générale qui rend la « loi » qu'elle engendre non pertinente. L'on peut comprendre la transmission des gènes en analysant les cas qui nous intéressent d'un point de vue cytologique – en partant de « premiers principes », pour ainsi dire. En outre, l'on peut adopter cette approche, que l'organisme soit haploïde, diploïde ou polyploïde, qu'il se reproduise sexuellement ou asexuellement, que les gènes qui nous

1. Que je sache, les mécanismes d'une telle interférence ne sont pas bien compris. Pour une brève discussion, voir Sybenga (1972, 313-314). Dans cet article-ci, je me servirai des termes « distorsion de ségrégation » pour référer aux cas où il y a propension à ce que des chromosomes non homologues s'assortissent. « Dérive méiotique » référera à des exemples dans lesquels un membre d'une paire de chromosomes homologues présente une plus forte probabilité d'être transmis à l'un des gamètes. La littérature sur la génétique offre quelque variation dans l'usage de ces termes. Je me permets de noter explicitement que la distorsion de ségrégation et la poussée méiotique diffèrent toutes deux de la *non-disjonction*, processus par lequel un chromosome est transmis à un gamète conjointement avec la totalité ou une partie du chromosome homologue.

importent soient ou non sur des chromosomes homologues, qu'il y ait ou non distorsion de la ségrégation chromosomique indépendante à la méiose. Non seulement la cytologie nous enseigne-t-elle que la seconde loi est fausse, mais elle nous apprend aussi comment régler le problème que la seconde loi visait à résoudre (le problème de déterminer des fréquences pour des paires de gènes dans les gamètes). La seconde loi amendée est un énoncé restreint de résultats que l'on peut obtenir en se servant d'une technique générale. Ce qui est largement présent dans la génétique après Morgan, c'est la technique, ce qui ne saurait surprendre lorsqu'on constate que l'un des problèmes majeurs de recherche en génétique classique a été celui de découvrir comment les gènes se répartissent *sur le même chromosome*, problème qui dépasse la portée de la loi amendée.

Tournons-nous maintenant de (R1) vers (R2) en présumant, contrairement à ce que l'on vient tout juste de soutenir, qu'il nous est possible d'assimiler le contenu de la génétique classique aux principes généraux de la transmission des gènes. (Présumons même, afin de rendre les choses concrètes, que les principes dont il s'agit sont les lois de Mendel – amendées de quelque manière que ce soit au choix du réductionniste.) Pour dériver ces principes de la biologie moléculaire, il nous faut un principe pont. Je considérerai ici en premier lieu des énoncés de la forme :

(*) (x) (x est un gène $\leftrightarrow$ Mx)

où « Mx » est une proposition ouverte (peut-être complexe) appartenant au langage de la biologie moléculaire. Or, les biologistes moléculaires n'offrent ici aucun énoncé approprié. Et ils ne semblent même pas intéressés à en fournir un. Je soutiens donc que l'on ne peut trouver aucun principe pont approprié.

La plupart des gènes sont des segments d'ADN. (Il y a certains organismes – des virus – dont le matériel génétique est de l'ARN ; je n'en tiendrai pas compte ici.) Grâce à Watson et Crick, nous connaissons la structure moléculaire de l'ADN. Le problème de fournir un énoncé de la forme ci-dessus devient donc celui d'exprimer en termes moléculaires quels segments d'ADN comptent comme gènes.

Les gènes se présentent sous des tailles différentes, et pour quelque taille que ce soit, l'on peut trouver des segments d'ADN de cette taille qui ne sont pas des gènes. Les gènes ne peuvent donc être identifiés comme des segments d'ADN comprenant un nombre particulier de paires de nucléotides. Et l'on ne réglera pas l'affaire en fournissant une caractérisation moléculaire des codons (triplets de nucléotides) qui déclenchent et terminent la transcription, et en considérant qu'un gène est un segment d'ADN borné par la séquence d'un codon initial et d'un codon terminal. D'une part, une mutation pourrait produire un *unique* allèle qui contiendrait des codons aptes à arrêter et à relancer la transcription [1]. D'autre part, ce qui est

1. Ce point soulève d'intéressantes questions. Il est de pratique courante en génétique de compter un segment d'ADN pour un seul gène s'il a été produit par la mutation d'un gène. Ainsi beaucoup d'allèles mutants sont considérés comme des segments d'ADN dans lesquels la modification de la séquence des bases a arrêté la transcription trop tôt, ce qui a pour résultat de tronquer et de rendre non fonctionnel le produit du gène. Dans le cas que j'envisage, il est simplement assumé qu'une seconde mutation se produit plus bas sur le segment de telle sorte que la transcription commence et s'arrête à deux emplacements, engendrant deux produits géniques inutiles. La connexion historique avec l'allèle d'origine sert à identifier le segment comme un gène.

À l'inverse, lorsqu'il n'y a pas de connexion historique avec quelque organisme que ce soit, l'on peut hésiter à l'idée de compter un segment d'ADN pour un gène. Supposons que, dans quelque région de l'espace, beaucoup plus important, le critère choisi n'est pas général puisque tous les gènes ne sont pas transcrits en des ARNm [1].

Ce dernier point mérite d'être développé. Les généticiens moléculaires admettent des gènes tant régulateurs que structuraux. Pour citer un exemple classique, la région opératrice de l'opéron *lac* de l'*E. coli* sert d'emplacement pour fixer des protéines, inhibant de ce fait la transcription d'ARNm et la production d'enzyme régulatrice [2]. En outre,

un caprice de la nature rassemble les atomes constitutifs de l'œil blanc mutant de *Drosophila melanogaster*, et que ces atomes se combinent de façon appropriée. A-t-on là un gène de drosophile ? Si la bonne réponse est « non », alors il semblerait qu'une structure moléculaire ne compte pour un gène que moyennant une histoire appropriée. Je m'empresse d'ajouter qu'il n'est pas requis que des « histoires appropriées » impliquent simplement les voies biologiques ordinaires par lesquelles des organismes transmettent, répliquent et modifient des gènes : l'on peut raisonnablement espérer synthétiser des gènes en laboratoire. Le cas semble analogue à celui des interrogations soulevées à propos de l'identité personnelle. Si les traits psychologiques d'une personne sont répliqués par un procédé qui établit la « bonne sorte de connexion causale » entre la personne et le produit, alors l'on est tenté de compter le produit pour la personne même survivante. De même, si une structure moléculaire est engendrée d'une façon telle que s'établit la « bonne sorte de connexion causale » entre la structure et quelque gène antécédent, alors cette structure compte pour un gène. Dans les deux cas, des connexions causales « de la bonne sorte » peuvent être établies par des voies biologiques usuelles et au moyen de tentatives délibérées en vue de répliquer une structure antécédente.

1. NdT : ARNm : ARN messager.

2. Les *gènes structuraux* dirigent la formation de protéines en codant des molécules d'ARN. Ils sont « transcrits » de façon à produire de l'ARN *messager* (ARNm) qui sert plus immédiatement de matrice pour la construction de la protéine. La transcription est amorcée et arrêtée par l'action de gènes régulateurs. Dans le système régulateur le plus simple (celui de l'opéron lactose), en l'absence d'un substrat (le lactose), une protéine « répresseur » se fixe sur un site adjacent au gène structural, et inhibe la transcription de celui-ci. Lorsque du lactose pénètre dans la cellule, une partie est isomérisée en allolactose, qui se lie à une molécule de répresseur libre, ce qui conduit indirectement à détacher le répresseur de l'ADN. (Pour plus de détails, voir Watson (1976, chapitre 14), et Strickberger (1976, chapitre 29.)

il devient de plus en plus évident que les gènes ne sont pas toujours transcrits, mais jouent divers rôles dans l'économie de la cellule [1].

Arrivé à ce point, le réductionniste peut tenter, par un coup de force, d'imposer un principe pont. Il n'y a évidemment qu'un nombre fini d'organismes (passés, présents et futurs) sur terre et seulement un nombre fini de gènes. Chaque gène est un fragment d'ADN doté d'une structure particulière ; et il serait en principe possible de fournir une description moléculaire détaillée de cette structure. L'on peut aujourd'hui fournir une caractérisation moléculaire du gène en énumérant les gènes et en les rangeant sous des descriptions moléculaires disjointes [2]. L'argument présenté ci-dessus selon lequel les segments que nous comptons comme gènes ne partagent aucune propriété de structure peut maintenant être explicité : toute instanciation de (*) où « M » se trouve remplacé par un prédicat de structure emprunté au langage de la biologie moléculaire y insérera un prédicat essentiellement disjonctif.

Pourquoi cela importe-t-il? Imaginons qu'un réductionniste se serve de la stratégie d'énumération pour déduire un principe général relatif à la transmission génique. Après un immense labeur, il s'avère que tous les gènes

1. La situation se complique du fait de l'existence des « introns » – segments internes aux gènes dont les produits lors de la transcription sont par la suite excisés – et de l'énorme quantité d'ADN répétitif que la plupart des organismes semblent contenir. De plus, les systèmes régulateurs des eucaryotes apparaissent beaucoup plus compliqués que les systèmes des procaryotes (dont l'opéron *lac* est *l'un* des paradigmes). (Pour un état de la situation il y a quelques années, voir Davidson 1976.)

2. L'explication sera encore plus compliquée si l'on se conforme à la suggestion de la note 1, p. 282, et que l'on suppose que, pour qu'une structure moléculaire puisse compter comme un gène, elle doive être produite de façon appropriée.

présents satisfont au principe. Je soutiens qu'il faut plus que cela pour réduire une *loi* relative à la transmission des gènes. Nous considérons les lois comme corroborant des contrefactuels, comme s'appliquant à des exemples qui auraient pu se produire, mais qui ne sont pas survenus en réalité. Pour réduire la loi, il faut montrer comment des gènes possibles, mais non présents, auraient pu y satisfaire. Et nous ne pourrions accomplir l'objectif du réductionniste en ajoutant davantage de disjonctions au principe pont considéré. Car, tandis qu'il n'y a qu'une pluralité finie de gènes *présents*, il y en a une pluralité indéfinie qui aurait pu survenir.

À ce point, le réductionniste pourrait protester que les dés ont été pipés. Il n'est pas nécessaire de produire un principe pont de la forme (*). Rappelons-nous que nous essayons de dériver une loi générale de transmission génique dont le paradigme est la seconde loi de Mendel. Or, la forme logique sommaire de la seconde loi de Mendel est :

$$(x)\,(y)\,((Gx\ \&\ Gy) \rightarrow Axy). \qquad (1)$$

L'on peut espérer tirer cette formule d'énoncés de la forme :

$$(x)\,(Gx \rightarrow Mx) \qquad (2)$$
$$(x)\,(y)\,((Mx\ \&\ My) \rightarrow Axy) \qquad (3)$$

dans lesquels « Mx » est une proposition ouverte dans le langage de la biologie moléculaire[1]. Or, l'on trouvera certainement des énoncés vrais de forme (2) : par exemple,

1. La seconde loi de Mendel est la loi d'assortiment indépendant des caractères. Par exemple, dans les expériences de Mendel, le caractère ridé/lisse et le caractère jaune/vert s'égrègent indépendamment. La formule (1) de Kitcher signifie donc ceci : pour tout x, pour tout y, si x est un gène et si y est un gène, alors x et y s'égrègent indépendamment (NdÉ).

l'on peut considérer « Mx » comme « x est composé d'ADN ou x est composé d'ARN ». La question est de savoir si l'on peut combiner un énoncé de ce genre avec d'autres prémisses appropriées – par exemple, quelque instance de (3) – de façon à dériver et, par le fait même, à expliquer (1). Aucun généticien ou biologiste moléculaire n'a proposé de prémisses appropriées, et cela pour de bonnes raisons. L'on trouve des énoncés vrais de forme (2) en recherchant des conditions nécessaires faibles s'appliquant aux gènes, conditions que les gènes doivent remplir, mais que remplissent tout aussi bien des hordes d'autres entités biologiques. Nous ne pouvons espérer obtenir que des conditions nécessaires *faibles* en raison du phénomène qui a précédemment retenu notre attention : du point de vue moléculaire, les gènes ne se distinguent pas par quelque structure commune que ce soit. Et les difficultés vont maintenant surgir si nous essayons de montrer que la condition nécessaire faible est conjointement une condition suffisante pour que s'applique la propriété (l'assortiment indépendant lors de la méiose) que nous attribuons aux gènes. Le problème est illustré par l'exemple que nous avons donné ci-dessus. Si l'on considère que « Mx » revient à « x est composé d'ADN ou x est composé d'ARN », le défi sera de trouver une loi générale régissant la distribution de tous les segments d'ADN et d'ARN !

J'en conclus que (R2) est faux. Les réductionnistes ne peuvent trouver les principes ponts dont ils ont besoin, et la tactique d'abandonner la forme (*) pour quelque chose de plus faible ne sert à rien. Je considérerai maintenant (R3). Concédons les deux points que j'ai niés : admettons qu'il y ait des lois générales sur la transmission des gènes et que des principes ponts soient à portée de main. Je soutiens que de montrer des dérivations des lois de transmission depuis des principes de la biologie moléculaire et des principes de pont n'expliquerait pas ces lois et donc ne remplirait pas l'objectif principal de la réduction.

Comme illustration, j'utiliserai la version amendée de la seconde loi de Mendel, telle qu'envisagée. Pourquoi les gènes sur des chromosomes homologues s'assortissent-ils de façon indépendante ? La cytologie fournit la réponse. À la méiose, les chromosomes s'alignent avec leurs homologues. Il est alors possible pour des chromosomes homologues d'échanger du matériel génétique, et de produire des paires de chromosomes recombinants. Dans la division méiotique, un membre de chaque paire recombinante revient à chaque gamète, et l'attribution d'un membre d'une paire à un gamète est indépendante en termes probabilistes de l'attribution d'un membre d'une autre paire à ce gamète. Des gènes qui se trouvent à proximité les uns des autres sur le même chromosome sont susceptibles d'être transmis ensemble (il est peu probable qu'une recombinaison se produise entre eux), mais des gènes sur des chromosomes non homologues s'assortiront indépendamment.

Ceci est une explication parfaitement satisfaisante de la raison pour laquelle la loi que nous considérons est vraie pour autant qu'elle le soit. (Nous concédons que la loi pourrait être fautive si quelque mécanisme inhabituel liait des chromosomes particuliers non homologues.) Souligner le caractère adéquat de l'explication, ce n'est pas nier qu'elle pourrait être étendue de quelques façons. Par exemple, l'on pourrait vouloir en savoir davantage sur la mécanique du processus par lequel les chromosomes sont transmis aux gamètes. En fait, la cytologie fournit ce genre d'information. Toutefois, le recours à la biologie moléculaire n'améliorerait pas notre compréhension de la loi de transmission. Imaginez une dérivation réussie de la loi à partir des principes de la chimie et un principe pont de forme (*). En cartographiant les détails des réarrangements moléculaires, la dérivation ne ferait que brouiller l'esquisse d'une simple histoire cytologique, en y ajoutant une foule de détails non pertinents. Les gènes sur des chromosomes non homologues s'assortissent indépendamment parce que les chromosomes non homologues sont transmis indépendamment à la méiose ; et, aussi longtemps que nous reconnaissons cela, nous n'avons pas besoin de savoir de quoi sont faits les chromosomes.

En expliquant une loi scientifique, L, l'on fournit souvent une déduction de L à partir d'autres principes. Il est quelquefois possible d'expliquer certains principes utilisés dans la déduction en les déduisant, à leur tour, d'autres lois. Reconnaître la possibilité d'une séquence de déductions nous incite à supposer que nous pourrions fournir une meilleure explication de L en combinant ces déductions, ce qui reviendrait à produire une dérivation plus élaborée dans le langage de nos ultimes prémisses. Mais c'est inexact. Ce qui peut être approprié aux fins de fournir une explication, peut être fort différent de ce qui est approprié aux fins d'expliquer une loi qui a servi à donner cette explication au départ. Ce point d'ordre général se trouve illustré dans le cas qui nous occupe. Nous commençons par nous demander pourquoi des gènes sur des chromosomes non homologues s'assortissent de façon indépendante. La simple histoire cytologique que nous avons reproduite ci-dessus fournit la réponse. Cette histoire engendre de nouvelles questions. Par exemple, nous pourrions nous demander pourquoi des chromosomes non homologues sont distribués de façon indépendante lors de la méiose. Pour répondre à cette question, nous décririons la formation du fuseau et la migration des chromosomes vers les pôles du fuseau juste avant la division méiotique [1]. Derechef, l'histoire pourrait engendrer encore d'autres questions. Pourquoi les chromosomes « se condensent-ils » à la prophase ? Comment le fuseau se forme-t-il ? Il se peut qu'en répondant à ces questions, nous commencions à faire intervenir les détails chimiques du processus. Toutefois, insérer simplement une explication moléculaire dans les descriptions narratives des étapes précédentes *diminuerait* le pouvoir explicatif de ces histoires. Ce qui est pertinent pour la réponse à notre question de départ, c'est le fait que les chromosomes non homologues s'assortissent de façon indépendante. Ce qui est pertinent pour la question de savoir pourquoi les chromosomes non homologues s'assortissent de façon indépendante, c'est le fait que ces chromosomes ne sont pas sélectivement orientés vers les pôles du fuseau. (Nous devons éliminer le doute sur le fait, par exemple, que les chromosomes paternels et maternels se séparent et s'alignent vers les pôles opposés du fuseau.) En aucun cas les détails moléculaires ne sont-ils pertinents. En effet, ajouter ces détails ne ferait que camoufler le facteur pertinent.

À cela il existe une réplique réductionniste naturelle. Les considérations développées dans les derniers paragraphes présupposent une vue beaucoup trop subjective de l'explication scientifique. Après tout, même si nous nous perdons dans les détails moléculaires, des êtres qui

1. Tôt dans le processus précédant la division méiotique les chromosomes deviennent plus denses. Au cours du déroulement de la méiose, le noyau en vient à contenir un système de filaments qui ressemblent à un fuseau. Les chromosomes homologues s'alignent près du centre du fuseau, et ils sont orientés de telle sorte qu'un membre de chaque paire est légèrement plus proche d'un pôle du fuseau, tandis que l'autre membre est légèrement plus proche du pôle opposé.

auraient des pouvoirs de connaissance supérieurs aux nôtres pourraient sans doute reconnaître la force explicative de la dérivation moléculaire envisagée. Toutefois, cette réplique omet un point crucial. La dérivation moléculaire fait l'impasse sur quelque chose d'important.

Souvenez-vous de l'explication cytologique de départ. Elle rendait compte de la transmission des gènes en identifiant la méiose comme un processus d'un genre particulier : un processus dans lequel une force sépare des paires d'entités (en l'occurrence, des chromosomes homologues) de telle sorte qu'un membre de chaque paire est alloué à une entité qui en découle (en l'occurrence, un gamète). Appelons les processus de ce genre *processus-PS*. Je soutiens en premier lieu que d'expliquer la loi de transmission requiert d'identifier les processus-PS comme formant une catégorie naturelle à laquelle appartiennent les processus de méiose, et je soutiens en second lieu que les processus-PS ne peuvent être identifiés comme une catégorie naturelle du point de vue moléculaire.

Si nous adoptons la conception familière de l'explication par recours à une loi de couverture, alors nous concevrons que la narration cytologique invoque une loi avec comme conséquence que les processus de méiose sont des processus-PS, et qu'elle applique des principes élémentaires de probabilité afin de calculer la distribution des gènes aux gamètes selon les lois gouvernant les processus-PS. Si l'éclairage que procure la narration doit être préservé dans une dérivation moléculaire, alors nous devrons pouvoir exprimer les lois pertinentes comme lois dans le langage de la biologie moléculaire, et cela requerra que nous soyons capables de caractériser les processus-PS comme une catégorie naturelle du point de vue moléculaire. La même conclusion, à savoir que le pouvoir explicatif de la description cytologique ne peut être préservé que si nous pouvons identifier les processus-PS comme catégorie naturelle en termes moléculaires, peut être obtenue par des voies analogues si nous adoptons des approches plutôt différentes de l'explication scientifique – si nous concevons par exemple l'explication comme spécifiant des propriétés causalement pertinentes ou comme insérant les phénomènes dans une conception unifiée de la nature.

Toutefois, les processus-PS sont hétérogènes du point de vue moléculaire. Il n'y a pas de contraintes s'exerçant sur les structures moléculaires des entités qui sont appariées ou sur les modalités suivant lesquelles les forces fondamentales se combinent pour les apparier et les séparer. Les liaisons peuvent être forgées et rompues d'innombrables façons : ce qui seul importe, c'est qu'il y ait des liaisons qui au départ apparient les entités pour être ensuite (en quelque sorte) rompues. Dans certains cas, des liaisons peuvent se former directement entre molécules constitutives des entités en question ; dans d'autres cas, des hordes de molécules accessoires peuvent être impliquées. Dans quelques cas, la séparation peut se produire à cause de l'action de forces électromagnétiques ou même nucléaires ; mais il est aisé de concevoir des exemples dans lesquels la séparation est effectuée par l'action de la gravité. Je soutiens, par conséquent, que les processus-PS se réalisent en une multitude de modalités moléculaires. (Je devrais faire explicitement remarquer que cette conclusion est indépendante de la question de savoir si le réductionniste peut trouver des principes de pont pour les concepts de la génétique classique.)

Nous obtenons ainsi une réplique à l'accusation réductionniste selon laquelle nous rejetterions le pouvoir explicatif de la dérivation moléculaire simplement parce que nous préjugerions que nos cerveaux se révéleraient trop faibles pour affronter ces complexités [1]. La conception moléculaire échoue objectivement à expliquer parce qu'elle ne peut faire ressortir cette caractéristique de la situation que l'histoire cytologique met en lumière. Elle ne peut nous montrer que les gènes sont transmis selon les modalités dans lesquelles nous les trouvons parce que la méiose est un processus-PS et que tout processus-PS donnerait lieu

1. L'argument que j'ai exposé réfère à une observation d'Hilary Putnam. Discutant d'un exemple similaire, Putnam écrit : « La même explication vaudra dans n'importe quel monde (quelle qu'en soit la microstructure) dans lequel ces *propriétés structurales de niveau supérieur* sont présentes » ; il continue en affirmant que « L'explication est supérieure non seulement de façon subjective, mais méthodologiquement [...] si elle déploie des lois pertinentes » (Putnam 1975, p. 296). Ce point est développé par Alan Garfinkel (1981). William Wimsatt a aussi soulevé des considérations analogues au sujet de l'explication en génétique.

Il est tentant de penser que l'indépendance des « propriétés structurales de niveau supérieur » dans l'exemple de Putnam et dans le mien peut être aisément établie : il suffit de noter qu'il y a des mondes dans lesquels la même propriété est présente sans aucune réalisation moléculaire. Ainsi, dans le cas discuté dans le texte, des processus-PS pourraient se dérouler dans des mondes où tous les objets seraient parfaitement continus. Mais, bien que cela montre que les processus-PS forment une catégorie naturelle qui pourrait se réaliser sans réarrangements moléculaires, nous savons que tous les processus-PS actuels impliquent de tels réarrangements. Le réductionniste peut soutenir de façon plausible que *si* l'ensemble des processus-PS avec réalisations moléculaires est lui-même une catégorie naturelle, alors le pouvoir explicatif de la conception cytologique peut être préservé en identifiant la méiose comme un processus de cette catégorie plus restreinte. La question cruciale n'est donc pas de savoir si ces processus-PS forment une catégorie sans réalisations moléculaires, mais si ces processus-PS qui impliquent des réalisations moléculaires forment une catégorie qui puisse être caractérisée du point de vue moléculaire. Par suite, la stratégie de réplique facile au réductionniste doit faire place à l'approche adoptée dans le texte. (Je suis reconnaissant aux rédacteurs de la *Philosophical Review* de m'avoir aidé à percevoir ce point.)

à des distributions analogues. Ainsi (R3) – tout comme (R1) et (R2) – est faux.

LA RACINE DU PROBLÈME

Où nous sommes-nous trompés ? Voici ce qui vient naturellement à l'esprit. La déficience la plus fondamentale du réductionnisme est la fausseté de (R1). À défaut d'une conception des théories qui puisse s'appliquer naturellement aux cas de la génétique classique et de la génétique moléculaire, toute tentative de fixer les relations entre ces théories était vouée à l'échec dès le départ. Pour mieux faire, nous devons commencer par poser cette question préliminaire : quelle est la structure de la génétique classique ?

Je suivrai cette piste naturelle, en tentant de fournir une représentation de la structure de la génétique classique qui puisse servir à comprendre les relations interthéoriques entre la génétique classique et la génétique moléculaire [1]. Comme nous l'avons vu, la principale difficulté lorsqu'on essaie d'axiomatiser la génétique classique est de déterminer quel ensemble d'énoncés l'on tente d'axiomatiser. L'histoire de la génétique établit clairement que Morgan, Muller, Sturtevant, Beadle, McClintock et d'autres ont apporté d'importantes contributions à la théorie génétique. Mais les énoncés qui figurent dans les écrits de ces chercheurs semblent beaucoup trop spécifiques pour servir d'éléments intégrés à une théorie générale. Ils concernent les gènes

1. Il serait impossible dans le cadre de cet article de rendre justice aux diverses conceptions des théories scientifiques qui ont émergé du fait que la « conception reçue » a cédé la place. La comparaison détaillée de la perspective que je favorise avec des approches plus traditionnelles (tant celles qui restent fidèles aux idées formant le cœur de la « conception reçue » que celles qui adoptent la « conception sémantique » sur les théories) devra attendre une autre occasion.

de types particuliers d'organismes – en premier lieu des organismes paradigmes, tels que les mouches du vinaigre, les levures et le maïs. L'idée que la génétique classique n'est qu'un ensemble hétérogène d'énoncés sur la dominance, la récessivité, les effets de position, la non-disjonction, etc. chez *Drosophila*, *Zea mays*, *E. coli*, *Neurospora*, etc. dément nos intuitions. Les énoncés proposés par les généticiens classiques ressemblent davantage à des *illustrations* de la théorie qu'à des *composantes* de celle-ci. (Pour connaître la génétique classique, il n'est pas nécessaire de connaître la génétique d'aucun organisme en particulier, même pas de *Drosophila melanogaster*). La seule réplique possible semble être de supposer qu'il y a des lois générales de la génétique que les généticiens n'ont jamais formulées, mais que les philosophes peuvent reconstruire. À tout le moins, cette supposition devrait-elle faire naître le soupçon que les pionniers du domaine et les auteurs de manuels aujourd'hui auraient particulièrement mal travaillé.

Cette situation embarrassante suscite deux questions principales. Premièrement, si nous nous tournons vers une phase particulière dans l'histoire de la génétique classique, il apparaîtra qu'un ensemble d'énoncés relatifs à l'hérédité chez des organismes particuliers constitue le corpus que les généticiens d'alors ont accepté : quelle relation y a-t-il entre ce corpus et la version de la théorie génétique classique alors en vigueur ? (En soulevant cette question, je présume, à l'encontre des faits, que la communauté des généticiens s'est toujours signalée par une inhabituelle harmonie des opinions ; il n'est pas difficile de nous tenir quitte de cette supposition simplificatrice). Deuxièmement, nous concevons la théorie génétique comme persistant à travers diverses versions : quelle relation y aurait-il entre les versions de la théorie génétique classique acceptées à diverses époques (les versions de 1910, 1930, 1950, par exemple) qui nous inciterait à les tenir pour autant de versions de la même théorie ?

Nous pouvons répondre à ces questions en amendant une conception dominante de la façon dont nous devrions caractériser l'état d'une science à un moment donné. Le corpus d'énoncés relatifs à l'hérédité des caractères à une époque donnée n'est que l'une des composantes d'une entité beaucoup plus complexe que j'appellerai la *pratique* de la génétique classique à cette époque. Il existe un langage commun utilisé pour parler de phénomènes héréditaires, un ensemble d'énoncés acceptés dans ce langage (le corpus des croyances relatives à l'hérédité mentionnées ci-dessus), un ensemble de questions considérées comme appropriées au sujet des phénomènes héréditaires, et un ensemble de patrons (*patterns*) de raisonnement que l'on illustre par les réponses à certaines des questions acceptées (ainsi que des procédures expérimentales et des règles de méthode, destinées dans les deux cas à servir à l'évaluation des réponses offertes, et que nous pouvons ignorer pour l'instant). La pratique de la génétique classique à une époque donnée est complètement spécifiée par l'identification de chacune des composantes dont nous venons de dresser la liste [1].

Un patron de raisonnement est une séquence d'énoncés *schématiques*, c'est-à-dire d'énoncés dans lesquels certains items du lexique non logique ont été remplacés par des

1. Ma notion de pratique doit beaucoup à quelques idées de Sylvain Bromberger et de Thomas Kuhn que l'on a négligées. Voir en particulier Bromberger (1963, 1966) et Kuhn (1962, chapitres II-V). La relation entre la notion d'une pratique et la conception kuhnienne d'un paradigme est discutée au chapitre 7 de (Kitcher 1983).

lettres vides[1], avec un ensemble de directives spécifiant comment les substitutions doivent être réalisées dans les schèmes pour produire des raisonnements qui illustrent le patron[2]. Cette notion de patron vise à expliciter l'idée d'une structure commune sous-jacente à un groupe de résolutions de problème.

Les définitions précédentes nous permettent de répondre aux deux principales questions que j'ai posées ci-dessus. Les croyances relatives aux caractéristiques génétiques particulières d'organismes particuliers illustrent ou exemplifient la version de la théorie génétique en vigueur à l'époque au sens où ces croyances figurent dans des résolutions de problème particulières engendrées par la pratique courante. Certains patrons de raisonnement s'appliquent afin de répondre aux questions acceptées et, en réalisant cette application, l'on avance certaines affirmations relatives à l'hérédité chez des organismes

1. *Dummy letters*. Terme communément utilisé en logique pour désigner des symboles susceptibles d'être remplacés par des termes précis dans une classe de référence (NdÉ).

2. Plus exactement, un patron général de raisonnement est un triplet consistant en une séquence d'énoncés schématiques (un *raisonnement schématique*), un ensemble d'instructions de remplissage (des instructions sur la manière dont les lettres vides doivent être remplacées) décrivant les caractéristiques inférentielles du raisonnement schématique (une *classification* du raisonnement schématique). Une séquence d'énoncés instancie le patron général de raisonnement seulement dans le cas où elle satisfait aux conditions suivantes : i) la séquence contient le même nombre d'éléments que le raisonnement schématique suivant le patron général de raisonnement ; ii) chaque énoncé dans la séquence s'obtient depuis l'énoncé schématique correspondant en accord avec les règles appropriées de remplissage ; iii) il est possible de construire une chaîne de raisonnement qui assigne à chaque énoncé le statut accordé à l'énoncé schématique correspondant par la classification. En guise de tentative d'explication et de motivation, voir (Kitcher 1981).

particuliers. La génétique classique persiste comme une seule théorie dotée de différentes versions à différentes époques au sens où différentes pratiques se trouvent reliées par un enchaînement de pratiques au fil duquel se produisent des modifications relativement limitées dans le langage, dans les questions acceptées, et dans les patrons de réponse aux questions. Outre cet état de connexion historique, les versions de la théorie génétique classique sont liées par une structure commune : chaque version se sert de certaines expressions pour caractériser les phénomènes héréditaires, accepte comme importantes des questions de forme particulière, et présente un style général de raisonnement en réponse à ces questions. Spécifiquement, pendant toute la carrière de la génétique classique, la théorie a été orientée vers la réponse aux questions de distribution des caractères aux générations successives d'une généalogie et s'est proposé de répondre à ces questions en se servant des probabilités de distribution de chromosomes pour calculer les probabilités d'héritage de génotypes.

La façon d'aborder la génétique classique incarnée dans ces réponses est confirmée par des réflexions sur ce que les étudiants débutants apprennent. L'on n'enseigne pas (et l'on n'a jamais enseigné) aux néophytes quelques lois théoriques fondamentales dont des « théorèmes » génétiques devraient être déduits. On les initie à une terminologie technique dont on se sert pour offrir une grande quantité d'informations sur des organismes spéciaux. On pose et on résout certaines questions concernant l'hérédité chez ces organismes. Ceux qui comprennent la théorie sont ceux qui savent quelles questions poser à propos d'exemples non encore étudiés, qui savent appliquer le langage technique aux organismes impliqués dans ces exemples, et qui peuvent appliquer les patrons de raisonnement qu'il s'agit d'instancier en construisant les réponses. Plus simplement, les étudiants qui réussissent sont ceux qui saisissent les patrons de raisonnement dont ils peuvent se servir pour résoudre de nouveaux cas.

J'ajouterai ici quelques détails à mon esquisse de la structure de la génétique classique, préparant ainsi le terrain pour une recherche sur les relations entre la génétique classique et la génétique moléculaire. La première famille de problèmes en génétique classique, à partir de laquelle le champ d'études s'est développé, est la famille des problèmes de *pedigree*. De tels problèmes surgissent lorsque l'on confronte plusieurs générations d'organismes reliés par des connexions spécifiées de descendance à une distribution donnée portant sur un ou plusieurs caractères. La question qui se pose peut être de comprendre la répartition effective des phénotypes, ou de prédire la répartition des phénotypes à la génération suivante, ou de déterminer la probabilité qu'un phénotype particulier se produira à partir d'un croisement particulier. En général, la théorie génétique classique répond à ces questions en formulant des hypothèses concernant les gènes pertinents, leurs effets phénotypiques et leur répartition entre les individus du pedigree. Chaque version de la théorie génétique classique comprend un ou plusieurs patrons de résolution de problème illustrant cette idée générale, mais les caractéristiques détaillées du patron se trouvent raffinées dans des versions ultérieures afin de prendre en compte des cas qui ne l'étaient pas dans les versions antérieures.

Chaque cas de problème de pedigree peut être caractérisé par un ensemble de *données*, un ensemble de *contraintes*, et une question. Dans tout exemple, les données sont des propositions qui décrivent la répartition des phénotypes entre les organismes d'un pedigree particulier, ou encore un diagramme fournissant cette même information. Le degré de détail dans les données peut varier considérablement : à un extrême, nous pouvons avoir une description complète des relations entre tous les individus et l'indication du sexe de tous ceux qui sont impliqués ; ou les données peuvent ne fournir que le nombre des individus avec leurs phénotypes spécifiques pour chaque génération ; ou encore, avec parcimonie de détails, l'on nous apprend qu'à la suite du croisement d'individus dotés de phénotypes spécifiés, on obtient une variété de phénotypes.

Les contraintes en regard du problème consistent en informations cytologiques d'ordre général et en descriptions de constitution chromosomique pour les membres de l'espèce. Les premières comprennent la thèse selon laquelle les gènes sont (presque toujours) [1] des segments de chromosome, et les principes qui régissent la méiose. Les secondes peuvent comprendre diverses propositions. Il peut être approprié de savoir comment l'espèce étudiée se reproduit, comment le dimorphisme sexuel se reflète sur le plan des chromosomes, quel est le nombre de chromosomes typique de l'espèce, quels *locus* sont liés, quelle est la fréquence des recombinaisons, etc. Comme dans le cas des données, le degré de détail eu égard aux contraintes (et à leur rigueur) peut varier considérablement.

Enfin, chaque problème contient une question qui s'applique aux organismes que les données décrivent. La question peut prendre diverses formes : « quelle est la répartition attendue des phénotypes à la suite du croisement de *a* et de *b* ? », (où *a*, *b* sont des individus spécifiés appartenant au pedigree que décrivent les données). « Quelle

1. Il arrive quelquefois que des particules du cytoplasme rendent compte de traits héréditaires. Voir Strickberger (1976, p. 257-265).

est la probabilité qu'un croisement entre *a* et *b* produise un individu possédant *P* ? (où *a* et *b* sont des individus spécifiés du pedigree décrit par les données et *P* est une propriété phénotypique représentée dans ce pedigree). Pourquoi obtenons-nous la répartition de phénotypes que décrivent les données ? » Et autres questions.

Les problèmes de pedigree se résolvent en proposant des arguments qui illustrent un petit nombre de patrons associés. Dans tous les cas, le raisonnement débute par une *hypothèse génétique*. La fonction d'une hypothèse génétique est de spécifier les allèles pertinents, leur expression phénotypique et leur transmission à travers le pedigree. Sur la base de la partie de l'hypothèse génétique qui spécifie les génotypes des parents dans tout croisement survenant dans le pedigree, ainsi que des contraintes en regard du problème, on calcule la répartition attendue des génotypes parmi les descendants. En fin de compte, pour tout croisement s'opérant dans le pedigree, l'on montre que la répartition attendue des génotypes entre les descendants correspond à la détermination des génotypes selon l'hypothèse génétique.

La forme du raisonnement peut facilement se reconnaître dans des exemples – exemples familiers pour tous ceux qui ont consulté un manuel ou un rapport de recherche en génétique [1]. Ce qui m'intéresse est le style de raisonnement même. Le raisonnement débute par une hypothèse génétique qui fournit quatre sortes d'informations : a) la spécification du nombre de *locus* pertinents et du nombre d'allèles à chaque *locus* ; b) la spécification des relations entre génotypes et phénotypes ; c) la spécification des relations entre gènes et chromosomes, de faits relatifs à la transmission

1. Par exemple, voir Strickberger (1976, chapitres 6-12, 14-17, notamment chapitre 11), Peters (1959) et Whitehouse (1965).

des chromosomes aux gamètes (par exemple, la résolution de la question de savoir s'il y a distorsion de ségrégation) et de faits relatifs aux détails de la formation du zygote ; d) l'attribution de génotypes aux individus du pedigree. Après avoir montré que l'hypothèse génétique est cohérente par rapport aux données et aux contraintes à l'égard du problème, les principes de la cytologie et les lois des probabilités servent à calculer la répartition attendue des génotypes à la suite des croisements. Les répartitions attendues sont ensuite comparées à celles qui se trouvaient assignées dans la partie (d) de l'hypothèse génétique [1].

Durant toute la carrière de la génétique classique, les problèmes de pedigree ont été abordés et résolus en poursuivant un raisonnement du type général de celui que nous venons d'indiquer. Chaque version de la théorie génétique classique contient un patron pour résoudre les problèmes de pedigree à l'aide d'une méthode permettant de calculer les génotypes attendus : celle-ci s'ajuste de façon à refléter la forme particulière des hypothèses génétiques auxquelles elle s'applique. Aussi une façon de pointer les différences qui distinguent les versions successives de la théorie génétique classique consiste-t-elle à comparer leurs conceptions de ce qui est possible en termes d'hypothèses génétiques. À mesure que la théorie génétique se développe, l'on assiste au changement des conditions relatives aux hypothèses génétiques admissibles. Avant la découverte de la polygénie et de la pléiotropie (par exemple), l'on considérait la partie (a) de toute hypothèse génétique adéquate comme régie par le réquisit selon lequel il y aurait correspondance terme à terme entre les

1. La comparaison emploiera les techniques statistiques habituelles, telles que le test du χ^2.

locus et les traits phénotypiques [1]. Après la découverte de la dominance incomplète et de l'épistasie, l'on a reconnu que la partie (b) d'une hypothèse adéquate pouvait prendre une forme qui n'aurait pas été admise auparavant : l'on n'est pas obligé d'attribuer à l'hétérozygote un phénotype attribué à l'un des homozygotes, et l'on est également autorisé à relativiser l'effet phénotypique d'un gène suivant son environnement génétique [2]. De même, la prise en compte de phénomènes de liaison (*linkage*), de recombinaison, de non-disjonction, de distorsion de ségrégation, de dérive méiotique, de crossing-over inégal, et de suppression de crossing-over, modifie les conditions antérieurement imposées à la partie (c) de toute hypothèse génétique. En général, nous pouvons considérer que toute version de la théorie génétique classique est associée à un ensemble de conditions (habituellement non explicitées) qui régissent les hypothèses génétiques admissibles. Alors qu'une forme générale de raisonnement persiste tout au long du développement de la génétique classique, les patrons de raisonnement dont on se sert pour résoudre des cas relevant de problèmes de pedigree sont constamment réajustés à mesure que les généticiens modifient leurs conceptions des formes admissibles d'hypothèse génétique.

Jusqu'à présent, je me suis exclusivement concentré sur la théorie génétique classique comme famille de patrons de raisonnement apparentés pour résoudre des problèmes de pedigree. Il est naturel de se demander si certaines versions de la théorie contiennent des patrons de

1. La *polygénie* survient lorsque plusieurs gènes affectent un caractère ; la *pléiotropie* survient lorsqu'un gène affecte plus d'un caractère.

2. La *dominance incomplète* survient lorsque le phénotype de l'hétérozygote est intermédiaire entre ceux des homozygotes ; l'*épistasie* survient lorsque l'effet d'une combinaison particulière d'allèles à un locus dépend des allèles présents à un autre locus.

raisonnement se rapportant à d'autres questions. Je crois que c'est le cas. Le cœur de la théorie est la théorie de la *transmission des gènes*, à savoir la famille des patrons de raisonnement qui se rapportent aux problèmes de pedigree. De cette théorie proviennent d'autres sous-théories. La théorie de la *cartographie génétique* présente un patron de raisonnement qui s'intéresse aux questions de position relative des locus sur les chromosomes. Il s'agit d'une conséquence directe de l'intuition de Sturtevant selon laquelle l'on peut investiguer systématiquement l'ensemble des problèmes de pedigree associés à une espèce particulière. À son tour, la théorie de la cartographie génétique soulève la question de savoir comment identifier les mutations, question dont la *théorie des mutations* devra traiter. Nous pouvons donc concevoir la génétique classique comme possédant une théorie centrale, la théorie de la transmission des gènes, qui se développe suivant les modalités que j'ai décrites ci-dessus, entourée d'un certain nombre de théories satellites qui s'intéressent à des questions issues des avancées de la théorie centrale. Certaines de ces théories satellites (par exemple, la théorie de la cartographie génétique) se développent de la même manière continue. D'autres, comme la théorie des mutations, sont sujettes à des changements plutôt dramatiques de leur approche.

GÉNÉTIQUE MOLÉCULAIRE ET GÉNÉTIQUE CLASSIQUE

Munis de quelque compréhension de la structure et de l'évolution de la génétique classique, nous pouvons finalement revenir à la question par laquelle nous avons commencé. Quelle relation y a-t-il entre la génétique classique et la génétique moléculaire ? En consultant les présentations que l'on trouve dans les manuels et dans les articles fondateurs de la recherche qui y sont cités, il est aisé de discerner que la biologie moléculaire a fait grandement progresser notre compréhension des phénomènes héréditaires. Nous pouvons d'emblée identifier des explications moléculaires particulières qui éclairent des questions incomplètement, voire nullement, traitées selon l'approche classique. Ce qui se révèle problématique, c'est la relation de ces explications à la théorie de la génétique classique. J'espère que l'analyse de cette dernière section nous permettra d'établir cette relation.

Je considérerai trois des réalisations les plus réputées de la génétique moléculaire. En premier lieu, ce sera la question de la *réplication*. Les généticiens classiques croyaient que les gènes peuvent se répliquer. Même avant qu'il fût expérimentalement démontré que les gènes sont transmis à toutes les cellules somatiques de l'embryon qui se développe, les généticiens s'accordaient pour reconnaître que les processus normaux de mitose et de méiose doivent impliquer la réplication des gènes. La suggestion de Muller selon laquelle le problème central de la génétique est celui de comprendre comment des allèles mutants, incapables d'accomplir les fonctions du type sauvage en produisant le phénotype, sont néanmoins capables de se répliquer, traduit ce consensus. Pourtant, la génétique classique ne rend aucunement compte de la réplication des gènes. Un dividende presque immédiat du modèle de l'ADN de Watson et Crick a été de fournir une explication moléculaire de la réplication.

Watson et Crick ont suggéré que les deux brins de la double hélice se déplient et que chaque brin sert de matrice pour la formation d'un brin complémentaire. En raison de la spécificité de l'appariement des nucléotides, la reconstruction de l'ADN peut être dirigée sans ambiguïté par un seul brin. Cette suggestion a été confirmée et développée par des recherches ultérieures en biologie moléculaire [1]. Les détails sont plus complexes que Watson et Crick ont pu le croire au départ, mais leur histoire tient dans ses grandes lignes.

Un second éclaircissement majeur produit par la génétique moléculaire concerne la caractérisation de la mutation. Quand l'on comprend le gène comme un segment d'ADN, l'on reconnaît les modalités suivant lesquelles des allèles mutants peuvent être produits. Des « erreurs de copie » durant la réplication peuvent causer l'insertion, la délétion ou la substitution de nucléotides. Ces changements aboutiront souvent à des allèles codant pour des protéines différentes et que l'on reconnaît d'emblée comme mutants dans la mesure où ils produisent des phénotypes déviants. Toutefois, la biologie moléculaire établit clairement qu'il peut y avoir des mutations *silencieuses*, des mutations qui surviennent par des substitutions de nucléotides qui ne changent pas la protéine que produit un gène structural (le code génétique est redondant) ou par des substitutions qui altèrent la forme de la protéine de façon insignifiante. La perspective moléculaire nous fournit une réponse générale à la question : « Qu'est-ce qu'une mutation ? », à savoir qu'une mutation est la modification d'un gène par insertion, délétion ou substitution de nucléotides. Cette réponse générale fournit une méthode de base pour traiter (en principe) de questions de la forme : « Est-ce que *a* est un allèle mutant ? », à savoir une démonstration selon laquelle *a* provient, par le biais de changements de nucléotide, d'allèles qui persistent dans la population présente. Cette méthode est fréquemment utilisée dans des études portant sur la génétique des bactéries et des bactériophages, et

1. Voir Watson (1976, chapitre 9) ; A. Kornberg, *DNA Synthesis* (San Francisco, W. H. Freeman, 1974).

peut quelquefois servir même dans des recherches portant sur des organismes plus complexes. Ainsi, il existe de bonnes raisons biochimiques de croire que certains allèles qui suscitent la résistance aux pesticides chez diverses espèces d'insectes sont survenus par des changements de nucléotides au sein d'allèles naturellement prédominants dans la population (Georghiou 1972).

J'ai indiqué deux façons générales selon lesquelles la biologie moléculaire répond à des questions que la génétique classique n'avait pas adéquatement résolues. De nombreuses réalisations plus spécifiques sont tout aussi évidentes. L'identification de la structure moléculaire de gènes particuliers chez des organismes particuliers nous a permis de comprendre pourquoi ces gènes se combinent pour produire les phénotypes qu'ils produisent. L'un des cas les plus célèbres est celui du gène normal pour la synthèse de l'hémoglobine humaine et de l'allèle mutant responsable de l'anémie falciforme [1]. La molécule d'hémoglobine – dont la structure est connue de façon détaillée – est construite à partir de quatre chaînes d'acides aminés (deux « chaînes-α » et deux « chaînes-β »). L'allèle mutant provient de la substitution d'un seul nucléotide avec comme conséquence qu'un acide aminé est différent (le sixième dans les chaînes-β). Cette légère modification provoque un changement dans les interactions des molécules d'hémoglobine : les molécules d'hémoglobine mutantes désoxygénées se combinent pour former de longues fibres. Les cellules contenant la molécule anormale se déforment après avoir abandonné leur oxygène, et parce qu'elles deviennent rigides, elles peuvent se bloquer dans des capillaires étroits, si elles ont abandonné leur oxygène trop tôt. Les individus qui sont homozygotes pour le gène

1. Voir Watson (1976, p. 189-193) et Maugh (1981).

mutant sont sujets à éprouver des blocages du flux sanguin. Toutefois, chez les individus hétérozygotes, il y a suffisamment d'hémoglobine normale dans les cellules sanguines pour retarder le moment où se constitueront les fibres déformantes, de telle sorte que l'individu est physiologiquement normal.

Cet exemple est typique d'un vaste éventail de cas, parmi lesquels figurent certaines des réalisations les plus remarquables de la génétique moléculaire. Dans tous les cas, nous remplaçons une simple assertion sur certains allèles qui engendrent divers phénotypes, par une caractérisation moléculaire de ces allèles dont nous pouvons dériver des descriptions des phénotypes précédemment attribués.

Je soutiens que les succès de la génétique moléculaire que j'ai brièvement décrits – et qui figurent parmi les réalisations les plus soulignées dans la littérature biologique – peuvent se comprendre suivant le point de vue sur les théories que j'ai développé ci-dessus. Les trois exemples reflètent trois relations différentes entre théories successives, qui toutes diffèrent de la notion classique de réduction (et des modifications qu'on y apporte d'habitude). Considérons-les à tour de rôle.

L'assertion selon laquelle les gènes peuvent se répliquer n'a pas le statut d'une loi centrale de la théorie génétique classique [1]. Ce n'est pas quelque chose qui figure de façon

1. Toutefois, l'on pourrait soutenir que l'assertion « Les gènes peuvent se répliquer » est une loi de la génétique, du fait qu'elle est générale, similaire à une loi et vraie. Cela n'altère pas mon assertion selon laquelle l'on ne doit pas chercher la structure de la génétique classique sous la forme d'un ensemble de lois générales, car la loi en question est si faible qu'il y a peu de chance que l'on trouve des principes supplémentaires qu'on puisse y joindre afin d'obtenir une représentation de la théorie génétique. Je suggère que « Les gènes peuvent se répliquer » est analogue

prédominante dans les explications que fournit la théorie (à l'instar par exemple de la loi de Boyle-Charles qui est une prémisse prédominante dans quelques-unes des explications fournies par la thermodynamique phénoménologique). Il s'agit plutôt d'une assertion que les généticiens classiques ont tenue pour acquise, une assertion présupposée par leurs explications, plutôt qu'une partie de celles-ci. Avant le développement de la génétique moléculaire, cette assertion en était venue à apparaître de plus en plus problématique. Si les gènes peuvent se répliquer, comment s'y prennent-ils pour le faire ? La génétique moléculaire a répondu à cette question embarrassante. Elle a fourni une démonstration théorique de la possibilité d'une présupposition antérieurement problématique de la génétique classique.

Nous pouvons affirmer qu'une théorie présuppose une proposition *p* s'il y a quelque patron de résolution de problème dans la théorie, tel que toute instance du patron contienne des propositions qui ensemble impliquent la vérité de *p*. Supposons qu'à une certaine étape du développement de la théorie, les scientifiques acceptent un raisonnement issu de prémisses par ailleurs admissibles qui conclut à l'impossibilité de *p*. Alors la présupposition *p* est problématique pour ces scientifiques. Ce qu'ils souhaiteraient, c'est un raisonnement établissant la possibilité de *p* et expliquant ce qu'il y a d'erroné dans le raisonnement qui semble contester la possibilité de *p*. Si une nouvelle théorie engendre un argument de la sorte, alors nous pouvons

à la « loi » de thermodynamique « Les gaz peuvent se dilater », ou la « loi » newtonienne « Les forces peuvent se combiner ». Si les seules lois que nous puissions trouver en thermodynamique et en mécanique étaient des énoncés faibles de cette sorte nous pourrions difficilement concevoir ces sciences comme des ensembles de lois. Je crois que le même argument vaut pour la génétique.

affirmer que cette nouvelle théorie fournit une démonstration théorique de la possibilité d'une présupposition antérieurement problématique de l'ancienne théorie.

Une explication moins abstraite nous aidera à voir ce qui se passe dans le cas de la réplication génique. Très souvent, les scientifiques prennent pour acquis dans leurs explications quelque propriété générale des entités auxquelles ils ont recours. Leur présupposition peut en venir à sembler problématique si les entités en question sont présumées appartenir à une catégorie, et si un doute légitime surgit concernant le fait que des représentants de la catégorie puissent posséder la propriété qu'on leur attribue. Une version atténuée du problème se produit dans tous les cas où il n'est pas possible de résoudre par recours à la théorie d'arrière-plan la question de savoir si les choses relevant de la catégorie générale ont ou non la propriété. Dans ces circonstances, les scientifiques sont forcés de considérer leurs entités favorites comme différentes des choses ressortissant à une catégorie susceptible d'étude théorique, eu égard à la propriété, objet de discussion. La situation est pire si la théorie d'arrière-plan fournit un argument justifiant de croire qu'*aucune* chose de la sorte ne peut avoir cette propriété.

Considérons maintenant le cas de la réplication génique. Pour toute résolution de problème offerte par quelque version de la théorie de la transmission des gènes (la sous-théorie centrale de la théorie génétique classique), cette résolution de problème comprendra des énoncés impliquant que les allèles, objet de la discussion, sont capables de réplication. La génétique classique présuppose qu'un nombre considérable de gènes identifiables peuvent se répliquer. Cette présupposition a toujours été légèrement problématique, parce que les gènes étaient tenus pour des molécules complexes et que, toutes les fois où l'on pouvait recourir à la biochimie pour résoudre la question de savoir si une structure moléculaire était susceptible de réplication, la question était tranchée par la négative. Muller a exacerbé le problème en suggérant que les allèles mutants seraient des molécules endommagées (après tout, nombre d'entre eux ont été produits par de fortes radiations de rayons X, une forme extrême de torture moléculaire). Ainsi semblait-il y avoir un argument fort contre la possibilité que n'importe quel allèle mutant puisse se répliquer. À la suite des travaux de Watson, Crick, Kornberg et autres, il y avait une démonstration théorique de cette possibilité qu'on avait alléguée problématique. L'on peut montrer que les gènes sont aptes à se répliquer en montrant que tout segment d'ADN (ou d'ARN) peut se répliquer. (L'ADN et l'ARN sont les matériaux génétiques. Établir la capacité du matériau génétique de se répliquer élude le problème de déterminer quels segments sont des gènes. Ainsi évite-t-on les difficultés engendrées par la fausseté de [R2]). Le modèle de Watson et Crick fournit une caractérisation du (principal) matériau génétique, et lorsque cette description est insérée dans les patrons standards de raisonnement chimique l'on peut produire un argument dont la conclusion assure que, dans des conditions spécifiées, l'ADN se réplique. De plus, étant donné la caractérisation moléculaire de l'ADN et de la mutation, il est possible de constater que, même si les allèles mutants sont des molécules « endommagées », la sorte de dommage (insertion, délétion ou substitution de nucléotides) n'affecte pas la capacité de la molécule résultante à se répliquer.

Parce que les démonstrations théoriques établissant la possibilité de présuppositions antérieurement problématiques impliquent que l'on dérive les conclusions d'une théorie des prémisses fournies par la théorie d'arrière-plan, il est aisé de les assimiler à la notion classique de réduction. Toutefois, suivant l'exposé que j'ai présenté, il y a là deux différences importantes. Premièrement, il n'y a pas d'engagement à accepter la thèse selon laquelle la théorie génétique pourrait être formulée comme (l'implication déductive d')une conjonction de lois. Deuxièmement, il n'est pas présumé que toutes les propositions générales relatives aux gènes ont également besoin de dérivation moléculaire. Plutôt, une thèse particulière, thèse qui sous-tend toutes les explications fournies par la génétique classique, est considérée comme spécialement problématique, et la dérivation moléculaire est considérée comme la prise en compte d'un problème que les généticiens classiques avaient déjà aperçu. Alors que le réductionniste identifie comme avantage général le fait de dériver tous les axiomes de la théorie réduite, je me concentre sur une dérivation particulière, celle d'une assertion qui n'a aucun titre à figurer comme axiome de la génétique classique, mais cette dérivation correspond à une difficulté particulière d'explication dont les généticiens classiques étaient pleinement conscients. La relation globale entre théories que soutient le réductionniste ne tient pas entre la génétique classique et la génétique moléculaire, mais quelque chose de cette nature s'applique à des fragments spécifiques de ces théories [1].

1. Un argument similaire est présenté par Kenneth Schaffner dans un livre à paraître sur la structure des théories dans les sciences biomédicales (NdÉ : Il s'agit de Schaffner [1993]). La terminologie de Schaffner est différente de la mienne, et il continue à s'intéresser aux possibilités de réduction globale. Néanmoins, il y a une forte convergence entre les conclusions auxquelles il parvient et celles que je soutiens dans la présente section.

Le second résultat principal de la génétique moléculaire est l'explication de la mutation, qui implique un raffinement conceptuel de la théorie antérieure. L'on peut dire que les théories ultérieures raffinent les concepts des théories antérieures lorsqu'elles fournissent une spécification d'entités qui relèvent de l'extension des prédicats dans le langage de la théorie antérieure : il en résulte que les modalités suivant lesquelles les référents de ces prédicats sont fixés se trouvent altérées conformément aux nouvelles spécifications. Le raffinement conceptuel peut se produire de diverses façons. Une nouvelle théorie peut fournir une caractérisation descriptive de l'extension d'un prédicat pour lequel aucune caractérisation descriptive n'était auparavant disponible ; ou elle peut présenter une nouvelle description qui fait en sorte qu'il soit raisonnable de changer les caractérisations précédemment acceptées [1]. Dans le cas présent, le référent de nombre d'instances d'« allèle mutant » a été d'abord fixé au moyen de la description « fragment chromosomique produisant un phénotype déviant héritable ». Après la découverte par Bridge du crossing-over inégal au locus *Bar* de *Drosophila*, il devenait évident pour les généticiens classiques que cette spécification descriptive représentait des cas où la structure interne d'un gène était altérée et des cas où les gènes avoisinants étaient transposés. Aussi était-il nécessaire de se rabattre sur la description moins pratique « segment chromosomique produisant un phénotype déviant héritable comme résultant d'un changement interne à un allèle ». La génétique moléculaire rend compte avec précision des changements internes avec comme conséquence que la description peut

1. Il y a de nombreux exemples de telles modifications dans l'histoire de la chimie. Je tente de rendre compte de ce type de cas dans (Kitcher 1978) et (Kitcher 1982a).

fournir plus d'informations : les allèles mutants sont des segments d'ADN qui proviennent d'allèles antérieurs par délétion, insertion ou substitution de nucléotides. Ce réajustement du référent d'« allèle mutant » permet en principe de distinguer les cas de mutation des cas de recombinaison et de régler ainsi les controverses qui surgissent fréquemment de l'usage d'« allèle mutant » dans la génétique classique tardive [1].

Pour finir, considérons le recours à la génétique moléculaire pour éclairer l'action de gènes particuliers. Ici de nouveau, il nous semble trouver une relation qui de prime abord apparaît proche de l'idéal réductionniste. Les propositions qui sont invoquées comme prémisses de résolutions de problèmes particulières – propositions qui attribuent des phénotypes particuliers à des génotypes particuliers – sont dérivées de caractérisations moléculaires des allèles impliqués. Dans l'exposé de la génétique classique présenté dans la section 3, chaque version de la théorie génétique classique inclut dans son schème de construction d'hypothèses génétiques une clause qui relie les génotypes aux phénotypes (la clause [b] dans la description d'une hypothèse génétique à la page 300 ci-dessus). En généralisant à partir de l'exemple de l'hémoglobine, nous pourrions espérer découvrir un patron de raisonnement à l'intérieur de la génétique moléculaire qui engendrerait comme conclusion le schème permettant d'assigner des phénotypes à des génotypes.

Il n'est pas difficile de caractériser la relation que nous venons de considérer. Disons qu'une théorie T' fournit une *extension explicative* à une théorie T, seulement s'il y a

1. La biologie moléculaire a aussi opéré un raffinement significatif des termes « gène » et « allèle ». Voir Kitcher (1982a).

quelque patron de résolution de problème en T dont l'une des prémisses schématiques puisse être produite comme conclusion d'un patron de résolution de problème en T'. Quand une nouvelle théorie fournit une extension explicative à une théorie ancienne, alors des prémisses particulières survenant dans des dérivations explicatives engendrées par l'ancienne théorie peuvent être elles-mêmes expliquées en se servant d'arguments offerts par la nouvelle théorie. Toutefois, il ne s'ensuit pas que les explications fournies par l'ancienne théorie puissent être améliorées en remplaçant les prémisses en question par les dérivations pertinentes. Ce qui est approprié afin d'expliquer quelque proposition S, peut ne pas être approprié afin d'expliquer une proposition S' qui figure dans une dérivation explicative de S.

Même si le réductionnisme échoue, il peut sembler que l'on puisse saisir quelque chose de l'esprit du réductionnisme en déployant la notion d'extension explicative. La thèse selon laquelle la génétique moléculaire fournit une extension explicative de la génétique classique incarne l'idée d'une relation globale entre les deux théories, tout en évitant deux des trois difficultés qui se sont trouvées affliger le réductionnisme. Cette thèse n'affirme pas simplement que quelque présupposition spécifique de la génétique classique (par exemple, l'assertion selon laquelle les gènes sont aptes à se répliquer) peut être dérivée comme conclusion d'une argumentation moléculaire, mais elle propose une connexion générale entre les prémisses des dérivations explicatives en génétique classique et les arguments explicatifs provenant de la génétique moléculaire. Elle est formulée de façon à tenir compte de l'échec de (R1) et à faire droit à la représentation de la génétique classique développée dans la section 3. De plus, l'échec de (R2) ne l'affecte pas. Si nous prenons l'exemple de l'hémoglobine comme paradigme, nous pouvons à juste titre soutenir que l'extension explicative ne requiert aucune caractérisation générale des gènes en termes moléculaires. Ce qui est seulement requis, c'est la possibilité de dériver les descriptions phénotypiques de caractérisations moléculaires des structures de gènes *particuliers*. Ainsi, pour avoir surmonté deux obstacles, notre thèse réductionniste modifiée est apparemment sur le point de réussir.

Néanmoins, pour le réductionnisme, même rebaptisé, point de salut ! Même s'il est vrai que la génétique moléculaire appartient à un groupe de théories qui, prises ensemble, fournissent une extension explicative de la génétique classique, la génétique moléculaire par elle-même ne peut s'acquitter de la tâche. Il se trouve des cas où les théories ancillaires ne contribuent pas à l'explication d'une assertion classique relative à l'action des gènes. Dans de tels cas, l'assertion classique peut être dérivée et expliquée en instanciant un patron tiré de la génétique moléculaire. L'exemple de l'hémoglobine humaine nous fournit l'un de ces cas. Mais cet exemple est atypique.

Considérons la façon dont l'exemple de l'hémoglobine fonctionne. La spécification de la structure des allèles normal et mutant, jointe à une description du code génétique, nous permet de dériver la composition de l'hémoglobine normale et mutante. Le recours à la chimie fournit ensuite des descriptions des interactions de protéines. En s'appuyant sur quelques faits relatifs aux cellules sanguines humaines, l'on peut alors déduire que l'effet falciforme se produira dans des cellules anormales et, étant donné certains faits relatifs à la physiologie humaine, il devient possible de dériver la description des phénotypes. Il y a ici une nette analogie avec certains cas de la physique. Les présuppositions concernant les cellules sanguines et les besoins physiologiques semblent jouer le même rôle que les conditions aux limites de figure, de position relative et de vitesse des planètes qui prévalent dans la dérivation newtonienne des lois de Kepler. Dans l'explication newtonienne, nous constatons l'application d'un patron général de raisonnement – la dérivation d'équations explicites de mouvement à partir de la spécification des forces en jeu – qui engendre comme résultat général la proposition selon laquelle un corps sous l'influence d'une force centripète et de carré inverse se déplacera suivant une section conique ; le résultat général est ensuite appliqué aux mouvements des planètes en y intégrant des éléments d'information astronomique. De même, la dérivation des assertions classiques relatives à l'action des gènes normal et mutant d'hémoglobine peut être vue comme une pure dérivation chimique de la génération de certaines structures moléculaires et des interactions qu'elles ont entre elles. Les conclusions chimiques sont alors appliquées au système biologique considéré en y introduisant trois « conditions aux limites » : premièrement, l'assertion selon laquelle les structures moléculaires altérées n'affectent le développement que dans la mesure où elles substituent une molécule différente dans les érythrocytes (les cellules sanguines qui transportent l'hémoglobine) ; deuxièmement, une description des conditions chimiques dans les capillaires ; et troisièmement, une description des effets sur l'organisme du blocage des capillaires.

Cet exemple est susceptible de conforter le réductionnisme précisément grâce à une caractéristique atypique. En effet, l'on se concentre sur les *différences* entre phénotypes, l'on tient pour acquis le fait que dans tous les cas le développement s'accomplira normalement pour autant qu'il s'agisse de fabriquer des érythrocytes

– lesquels ne sont, à toutes fins utiles, que des sacs destinés à contenir les molécules d'hémoglobine – et l'on compare la différence en effet chimique que représentent les cas où les érythrocytes contiennent des molécules différentes. *Les détails du processus de développement peuvent être ignorés*. Toutefois, il arrive rarement que l'effet d'une mutation soit aussi simple. La plupart des gènes structuraux codent pour des molécules dont la présence ou l'absence produisent de subtiles différences. Ainsi, de façon typique, une mutation affectera-t-elle la distribution des ingrédients chimiques dans les cellules de l'embryon en développement. Un résultat vraisemblable sera quelque changement dans le moment où se produisent les réactions intracellulaires, changement qui peut à son tour altérer la forme de la cellule. À cause du changement de forme, la géométrie des cellules embryonnaires peut être modifiée. Des cellules qui habituellement entrent en contact, peuvent ne plus réussir à se toucher. C'est pourquoi certaines cellules peuvent ne pas recevoir les molécules nécessaires pour actionner certaines batteries de gènes. Il s'ensuivra que la composition chimique de ces cellules sera altérée. Et c'est ce qui advient [1].

Bien évidemment, dans des exemples comme celui-là (qui incluent la plupart des cas dans lesquels des considérations moléculaires peuvent être introduites en embryologie), le raisonnement qui nous mène à une description du phénotype associé à un génotype sera beaucoup plus complexe que celui que l'on trouve dans le cas de l'hémoglobine. Il ne consistera pas simplement en une dérivation chimique ajustée par recours à des conditions

1. Pour des exemples, voir Wessels (1977, particulièrement les chapitres 6, 7, 13-15) ; et Ede (1978, en particulier chapitre 13).

aux limites fournies par la biologie. Nous rencontrerons plutôt une séquence de sous-arguments : les descriptions moléculaires mènent à des spécifications de propriétés cellulaires ; de ces spécifications, nous tirons des conclusions relatives aux interactions cellulaires ; et, en partant de ces conclusions, nous parvenons à d'autres descriptions moléculaires. Il y a clairement ici un patron de raisonnement qui implique la biologie moléculaire et qui étend les explications fournies par la génétique classique en montrant comment les phénotypes dépendent des génotypes – mais je pense que ce serait folie de suggérer que l'extension serait fournie par la génétique moléculaire seule.

Dans la section 2, nous avons découvert que la réponse traditionnelle à la question philosophique de comprendre la relation qu'il y a entre génétique moléculaire et génétique classique, à savoir la réponse réductionniste, ne marche pas. La section 3 a tenté de se fonder sur le diagnostic des maux affligeant le réductionnisme et d'offrir une explication de la structure et de l'évolution de la génétique classique qui fût meilleure que la représentation de ceux qui favorisent les approches traditionnelles concernant la nature des théories scientifiques. Dans la présente section, j'ai tenté de me servir du cadre élaboré dans la section 3 pour comprendre les relations entre génétique moléculaire et génétique classique. La génétique moléculaire a accompli quelque chose d'important à l'égard de la génétique classique, et ses réalisations peuvent être reconnues si on les considère comme des instances des relations inter-théoriques que j'ai décrites. Ainsi je prétends que le problème dont nous sommes partis est résolu.

Alors ? N'avons-nous ici qu'une étude portant sur un cas particulier – un cas qui s'est certes révélé embarrassant pour les conceptions traditionnelles des théories scientifiques et du changement en science ? J'espère que non. Même si les approches traditionnelles ont pu se révéler utiles pour comprendre quelques-uns des exemples éculés qui ont constitué le fonds de commerce de la philosophie des sciences au XXe siècle, je crois quc la notion de pratique scientifique esquissée dans la section 3 et les relations inter-théoriques brièvement caractérisées ici se révéleront, celles-ci comme celle-là, utiles pour l'analyse de la structure de la science et de la croissance de la connaissance scientifique *même dans ces domaines de la science où les vues traditionnelles ont semblé réussir le mieux*[1]. Par conséquent, l'histoire des deux sciences que j'ai racontée ne répondait pas simplement à l'intention de produire une œuvre d'histoire locale qui pût combler une lacune, certes petite, mais embarrassante, dans les chroniques de l'orthodoxie. J'espère qu'elle offre des concepts de portée générale comme contribution au projet de comprendre la croissance de la science.

L'ANTIRÉDUCTIONNISME
ET L'ORGANISATION DE LA NATURE

Il reste un fil à nouer. L'histoire de la biologie a été marquée par l'opposition continue entre réductionnistes et antiréductionnistes. Le réductionnisme prospère en exploitant l'argument selon lequel il fournirait la seule contrepartie à l'incompréhensibilité trouble du vitalisme. Les antiréductionnistes répliquent que leurs opposants ont ignoré la complexité organismique de la nature. Compte

1. Je tente de montrer comment la même perspective peut être appliquée avec profit à d'autres exemples dans (Kitcher 1981, Sections 3 et 4), (Kitcher 1982b, chapitre 2) et Kitcher (1985).

tenu du tableau que j'ai peint ci-dessus, qu'en est-il maintenant de cette controverse traditionnelle ?

Je suggère que la conception de la génétique que j'ai proposée permettra aux réductionnistes de fournir une explication plus exacte de ce qu'ils soutiennent, et qu'elle permettra aux antiréductionnistes d'être plus spécifiques sur ce qu'ils refusent. Les réductionnistes et les antiréductionnistes s'accordent sur un certain physicalisme minimal. À ma connaissance, aucune des figures dominantes de la biologie contemporaine ne contestera que tout événement, état ou processus biologique soit un événement, état ou processus physique complexe. La partie la plus complexe de l'ontogénie ou de la phylogénie implique d'innombrables changements d'état physique. Ce que soulignent les antiréductionnistes, c'est l'organisation de la nature et les « interactions de phénomènes à différents paliers ». L'évocation de l'organisation prend deux formes différentes. Quand le sujet de la controverse est la forme particulière de la théorie de l'évolution, alors les antiréductionnistes soutiennent qu'il est impossible de considérer que toute sélection opère sur le plan du gène [1]. Ce qui m'intéresse ici, ce n'est pas cette zone de conflit entre les réductionnistes et leurs adversaires, mais la tentative de bloquer la prétention à l'hégémonie des études moléculaires pour la compréhension de la physiologie, de la génétique et du développement des organismes [2].

1. La version extrême du réductionnisme est soutenue par Dawkins (1976, 1982). Pour une excellente critique, voir (Sober et Lewontin 1982). Des formes plus ambitieuses d'antiréductionnisme en regard de la théorie de l'évolution sont proposées par Gould (1980), Eldredge et Cracraft (1980) et Stanley (1979). Une source antérieure reconnue de quelques-uns des thèmes antiréductionnistes ultérieurs (mais non de tous) est (Mayr 1963, particulièrement le chapitre 10).

2. Gould (1977) fournit un éclairage historique sur les deux zones de débat au sujet du réductionnisme. Les arguments antiréductionnistes

Un réductionniste raffiné devrait admettre que, dans la pratique courante de la biologie, la nature est divisée en paliers qui forment les provinces propres de domaines d'études biologiques : biologie moléculaire, cytologie, physiologie, etc. Chacune de ces sciences peut être conçue comme utilisant un certain langage pour formuler les questions qu'elle estime importantes et comme fournissant des patrons de raisonnement pour résoudre ces questions. Les réductionnistes peuvent maintenant avancer l'une ou l'autre de deux assertions principales. Selon la thèse forte, les explications fournies par toute théorie biologique peuvent être reformulées dans le langage de la biologie moléculaire et remodelées de façon à instancier les patrons de raisonnement fournis par la biologie moléculaire. Selon la thèse faible, la biologie moléculaire assure une extension explicative aux autres sciences biologiques.

Le réductionnisme fort est victime des considérations qui ont été avancées contre (R3). La distribution des gènes aux gamètes doit être expliquée non pas en répétant les horribles détails de la recombinaison des molécules, mais en s'appuyant sur l'observation selon laquelle les chromosomes sont alignés par paires juste avant la division méiotique et qu'un chromosome de chaque paire appariée est transmis à chaque gamète. Nous pouvons reformuler ce point dans l'idiome préféré des biologistes en disant que l'assortiment des allèles doit être compris sur le plan cytologique. Ce que cette description veut dire, c'est qu'il y a un patron de raisonnement qui sert à dériver la description de l'assortiment des allèles et implique des prédicats qui caractérisent les cellules et leurs structures internes à grande échelle. Ce patron de raisonnement doit être objectivement

contemporains au sujet de l'embryologie sont formulés par Wessels (1977) et par Ede (1978). Voir aussi Oster et Alberch (1982).

préféré au patron moléculaire qui serait instancié par la dérivation qui consiste à cartographier ces réarrangements complexes de molécules individuelles, parce qu'il peut s'appliquer à un éventail de cas qui sembleraient hétérogènes d'un point de vue moléculaire. De façon intuitive, le patron cytologique établit des relations qui se perdent sur le plan moléculaire et c'est pourquoi il doit être préféré.

Jusqu'à présent, l'antiréductionnisme se révèle comme la thèse selon laquelle il existerait des *niveaux autonomes d'explication biologique*. L'antiréductionnisme se représente la division actuelle de la biologie non simplement comme une caractéristique provisoire de notre science qui résulte de l'imperfection de nos connaissances, mais comme le reflet de niveaux d'organisation dans la nature. Les patrons explicatifs qui déploient les concepts de la cytologie persisteraient dans notre science parce que nous renoncerions à une unification significative (ou nous échouerions à employer les lois appropriées ou nous échouerions à identifier les propriétés causalement pertinentes), si nous tentions de dériver les conclusions auxquelles ils s'appliquent en nous servant du vocabulaire et des patrons de raisonnement de la biologie moléculaire. Mais la thèse de l'autonomie n'est que le début de l'antiréductionnisme. Il peut engendrer une doctrine plus forte, s'il s'oppose à la version faible du réductionnisme raffiné.

Dans la section 4, j'ai évoqué la possibilité que la génétique moléculaire puisse sembler fournir une extension explicative à la génétique classique du fait qu'on en dériverait l'énoncé schématique qui assigne des phénotypes à des génotypes à partir d'un patron de raisonnement moléculaire. Cette possibilité apparente échoue de façon significative. Les antiréductionnistes ne sont pas seulement capables de soutenir qu'il y a des niveaux autonomes de l'explication biologique. Ils peuvent aussi résister à la conception réductionniste faible selon laquelle l'explication se déploie toujours en s'élevant du niveau moléculaire. Même si les réductionnistes se rabattent sur l'affirmation modeste selon laquelle, bien qu'il y ait des niveaux autonomes d'explication, les descriptions de cellules et de leurs constituants s'expliqueraient toujours en termes de descriptions de gènes, les descriptions de géométrie tissulaire toujours en termes de descriptions de cellules, etc., les antiréductionnistes peuvent résister à cette représentation d'un flux unidirectionnel de l'explication. Pour comprendre l'expression phénotypique d'un gène, il faut, soutiennent-ils, faire de constants allers et retours entre les niveaux. Parce que les processus développementaux sont complexes et que des changements dans le déroulement temporel des événements embryologiques peuvent produire des effets en chaîne à plusieurs niveaux différents, l'on se sert parfois de descriptions à des niveaux plus élevés pour expliquer ce qui se produit à un niveau plus fondamental.

Par exemple, pour comprendre le phénotype associé à un allèle mutant de bourgeon de membre, l'on peut commencer par rattacher la géométrie tissulaire à une structure moléculaire sous-jacente. La constitution moléculaire de l'allèle mutant donne naissance à une protéine non fonctionnelle, ce qui cause une certaine anomalie de la structure interne des cellules. L'anomalie se reflète dans les particularités de la forme cellulaire qui, à son tour, affecte les relations spatiales des cellules de l'embryon les unes par rapport aux autres. Jusqu'à ce point, nous obtenons le flux unidirectionnel d'explication que conçoit le réductionniste. Toutefois, le cours ultérieur de l'explication en diffère. En raison de la géométrie tissulaire anormale, des cellules qui sont normalement en contact les unes avec les autres ne parviennent plus à se toucher ; parce qu'elles ne se touchent plus, certaines molécules importantes qui activent certaines batteries de gènes n'atteignent pas certaines cellules cruciales ; parce que les gènes en question ne sont pas activés, un morphogène indispensable n'est pas produit ; il en résulte une morphologie anormale du membre.

Les réductionnistes peuvent signaler, tout à fait correctement, qu'il existe une description moléculaire très complexe de la situation dans son entier. La géométrie tissulaire est, après tout, une configuration de molécules. Mais cet argument n'est pas plus pertinent que l'assertion comparable relative au processus de division méiotique durant lequel les allèles sont distribués aux gamètes. Certains gènes ne sont pas exprimés à cause de la structure géométrique des cellules dans le tissu : *les cellules pertinentes sont trop distantes les unes des autres*. De quelque manière que cela se produise au niveau moléculaire, notre explication doit faire ressortir qu'en fait, de façon évidente, c'est la présence d'une lacune entre cellules normalement adjacentes qui explique la non-expression des gènes. Comme dans l'exemple de la transmission des allèles lors de la méiose, nous perdons de vue les connexions qui importent en tentant de considérer la situation d'un point de vue moléculaire. Comme précédemment, ce point peut être mis en valeur si l'on considère des situations où des configurations moléculaires différentes suscitent le trait crucial de cette géométrie tissulaire, à savoir des situations dans lesquelles des structures moléculaires hétérogènes provoquent la rupture de communication entre cellules.

De la sorte, l'embryologie apporte son soutien à la thèse antiréductionniste forte. Non seulement y a-t-il des justifications à la thèse des niveaux autonomes d'explication, mais nous découvrons des exemples dans lesquels des assertions relatives à un niveau plus fondamental (en l'occurrence, des assertions concernant l'expression des gènes) doivent s'expliquer en termes d'assertions relatives à un niveau moins fondamental (en l'occurrence, des descriptions portant sur les positions respectives de cellules pertinentes). Deux biologistes antiréductionnistes ont présenté cet argument de façon succincte :

> […] un programme développemental ne doit pas être considéré comme une chaîne causale linéaire entre génome et phénotype. La morphologie émerge plutôt comme une conséquence d'un dialogue de plus en plus complexe entre des populations de cellules, caractérisées par leur continuité géométrique, et des génomes de cellules, caractérisés par leurs états d'activité génique [1].

Un corollaire de cet argument est que les explications fournies par les sciences biologiques « moins fondamentales » n'acquièrent pas d'extension grâce à la seule biologie moléculaire.

Il serait prématuré de prétendre que j'ai montré comment reformuler de façon très précise les recours antiréductionnistes à l'organisation de la nature. Ma conclusion est que, dans la mesure où nous pouvons comprendre la structure actuelle des explications en biologie – à savoir la division du domaine en des sous-domaines correspondant à des niveaux d'organisation dans la nature – nous pouvons aussi

1. Oster et Albrech (1982, p. 454). Le diagramme p. 452 rend compte de façon également claire de leur position antiréductionniste.

comprendre la doctrine antiréductionniste. Sous sa forme minimale, il s'agit de soutenir que l'adhésion à plusieurs niveaux d'explication ne reflète pas simplement nos limites cognitives ; en un sens fort, il s'agit de la thèse selon laquelle certaines explications contreviennent à l'orientation de l'explication réductionniste privilégiée. Les réductionnistes ne devraient pas écarter ces doctrines comme s'il s'agissait d'incompréhensibles galimatias, à moins qu'ils ne fussent prêts à rejeter comme inintelligible la stratégie biologique consistant à diviser le domaine (stratégie qui me semble bien comprise à défaut d'avoir été analysée).

Les exemples que j'ai donnés semblent corroborer les deux doctrines antiréductionnistes. Pour un règlement final de la question, il faudrait poursuivre l'analyse. La notion de niveaux d'explication requiert à l'évidence d'être expliquée, et il serait éclairant de substituer à l'argument informel selon lequel l'unification de nos croyances s'accomplirait au mieux en préservant de multiples niveaux d'explication avec un argument fondé sur un critère d'unification plus exact. Néanmoins, j'espère en avoir dit suffisamment pour rendre plausible l'idée selon laquelle, en dépit de l'immense valeur de la biologie moléculaire que Watson et Crick ont lancée en 1953, les études moléculaires ne sauraient cannibaliser le reste de la biologie. Même si les généticiens doivent devenir des « chimistes physiologistes » ils ne devraient pas renoncer à être des embryologistes, des physiologistes et des cytologistes.

Références

Bromberger S. (1963), « A theory about the theory of theory and about the theory of theories », *in* W. L. Reese (ed.), *Philosophy of Science*, New York, Wiley, p. 79-105.

Bromberger S. (1966), « Questions », *Journal of Philosophy* 53, 597-606.

Causey R. (1972), « Attribute identities in microreductions », *Journal of Philosophy* 69, 407-422.

Darden L., Maull N. (1977), « Interfield theories », *Philosophy of Science* 44, 43-64.

Davidson E.H. (1976), « *Gene Expression in Early Development* », New York, Academic Press.

Dawkins R. (1976), *The Selfish Gene*, New York, Oxford University Press.

Dawkins R. (1982), *The Extended Phenotype*, San Francisco, W. H. Freeman.

Dobzhansky T. (1970), *Genetics of the Evolutionary Process*, New York, Columbia University Press.

Ede D. (1978), *An Introduction to Developmental Biology*, London, Blackie.

Eldredge N., Cracraft J. (1980), *Phylogenetic Patterns and Evolutionary Process*, New York, Columbia University Press.

Enc B. (1976), « Identity statements and micro-reductions », *Journal of Philosophy* 73, 285-306.

Fodor J. (1975), *The Language of Thought*, New York, Crowell.

Garfinkel A. (1981) *Forms of Explanation*, New Haven, Yale University Press.

Georghiou G. P. (1972), « The evolution of resistance to pesticides », *Annual Review of Ecology and Systematics* 3, 133-168.

Glymour C. (1969), « On some patterns of reduction », *Philosophy of Science* 36, 340-353.

Goosens W. R. (1978), « Reduction by molecular genetics », *Philosophy of Science* 45, 78-95.

GOULD S. J. (1977), *Ontogeny and Phylogeny*, Cambridge (MA), Harvard University Press.

GOULD S. J. (1980), « Is a new and general theory of evolution emerging ? », *Paleobiology* 6, 119-130.

HEMPEL C. G. (1966), *Philosophy of Natural Science*, Englewood Cliffs (N. J.), Prentice-Hall.

HULL D. (1972), « Reduction in genetics – Biology or philosophy ? », *Philosophy of Science* 39, 491-499.

HULL D. (1974), *Philosophy of Biological Science*, Englewood Cliffs (N. J.), Prentice-Hall.

KIMBROUGH S. O. (1979), « On the reduction of genetics to molecular biology », *Philosophy of Science* 46, 389-406.

KITCHER P. (1978), « Theories, theorists, and theoretical change », *The Philosophical Review* 87, 519-547

KITCHER P. (1981), « Explanatory unification », *Philosophy of Science* 48, 507-531.

KITCHER P. (1982a), « Genes », *British Journal for the Philosophy of Science* 33, 337-359.

KITCHER P. (1982b), *Abusing Science*, Cambridge (MA), MIT Press.

KITCHER P. (1983), *The Nature of Mathematical Knowledge*, New York, Oxford University Press.

KITCHER P. (1985), « Darwin's achievement », *in* N. Rescher (ed.), *Reason and Rationality in Natural Science : A Group of Essays*, Pittsburgh, University Press of America, p. 127-189.

KORNBERG A. (1974), *DNA Synthesis*, San Francisco, W. H. Freeman.

KUHN T. (1962), *The Structure of Scientific Revolutions*, Chicago, University of Chicago Press.

LEWONTIN R. C., DUNN L. C. (1960), « The evolutionary dynamics of a polymorphism in the house mouse », *Genetics* 45, 705-722.

MAUGH II T. H. (1981), « A new understanding of sickle-cell emerges », *Science* 211, 265-267

MAULL N. (1977), « Unifying science without reduction », *Studies in the History and Philosophy of Science* 8, 143-171.

MAYR E. (1963), *Animal Species and Evolution*, Cambridge (MA), Harvard University Press.

MAYR E. (1982), *The Growth of Biological Thought*, Cambridgc (MA), Harvard University Press.

MÜLLER H. J. (1922), « Variation due to change in the individual gene », réédité dans J. A. Peters, *Classic Papers in Genetics*, Englewood Cliffs (N. J.), Prentice-Hall, 1959, p. 104-116.

NAGEL E. (1961), *The Structure of Science*, New York, Harcourt Brace.

OSTER G., ALBERCH P. (1982), « Evolution and bifurcation of developmental programs », *Evolution* 36, 444-459.

PETERS J. A. (1959), *Classic Papers in Genetics*, Englewood Cliffs (N. J.), Prentice-Hall.

PUTNAM H. (1975), « Philosophy and our mental life », in *Mind, Language and Reality*, Cambridge, Cambridge University Press, p. 291-303.

RUSE M. (1971), « Reduction, replacemernt, and molecular biology », *Dialectica* 25, 38-72.

SCHAFFNER K. (1967), « Approaches to reduction », *Philosophy of Science* 34, 137-147.

SCHAFFNER K. (1969), « The Watson-Crick model and reductionism », *British Journal for the Philosophy of Science* 20, 325-348.

SCHAFFNER K. (1974), « The peripherality of reductionism in the development of molecular biology », *Journal of the History of Biology* 7, 111-139

SCHAFFNER K. (1976), « Reductionism in biology : prospects and problems », *in* R. S. Cohen *et al.* (eds.), *PSA 1974*, Boston, D. Reidel, p. 613-632.

SCHAFFNER K. F. (1993), *Discovery and explanation in biology and medicine*, Chicago, University of Chicago Press.

SHAPERE D. (1971), « Notes towards a post-positivist interpretation of science », *in* P. Achinstein, S. Barker (eds.), *The Legacy of Logical Positivism*, Baltimore, Johns Hopkins University Press, p. 115-160.

SKLAR L. (1967), « Types of inter-theoretical reduction », *Bristish Journal for the Philosophy of Science* 18, 109-124.

SOBER E., LEWONTIN R. (1982), « Artifact, cause, and genic selection », *Philosophy of Science* 49, 157-180.

STANLEY S.M. (1979), *Macroevolution*, San Francisco W. H. Freeman.

STRICKBERGER M. W. (1976), *Genetics*, New York, Macmillan.

SUPPE F. (1973) (ed.), *The Structure of Scientific Theories*, Urbana, University of Illinois Press.

SYBENGA J. (1972), *General Cytogenetics*, North-Holland, American Elsevier Pub. Co.

WATSON J. D. (1976), *Molecular Biology of the Gene*, Menlo Park (CA), W. A. Benjamin.

WATSON J., CRICK F. (1953a), « Molecular structure of nucleic acids », *Nature* 171, 737-738, réédité dans J. A. Peters, *Classic Papers in Genetics*, Englewood Cliffs (N. J.), Prentice-Hall, 1959, p. 241-243.

WATSON J., CRICK F. (1953b), « Genetic implications of the structure of deoxyribonucleic acid », *Nature* 171, 934-937.

WESSELS N. K. (1977), *Tissue Interactions and Development*, Menlo Park (CA), W. A. Benjamin.

WHITEHOUSE H. L. K. (1965), *Towards an Understanding of the Mechanism of Heredity*, London, Arnold.

WIMSATT W. (1976), « Reductive explanation : a functional account », *in* R. S. Cohen *et al.* (eds.), *PSA 1974*, Boston, D. Reidel, p. 671-710.

PAUL E. GRIFFITHS

L'INFORMATION GÉNÉTIQUE : UNE MÉTAPHORE EN QUÊTE D'UNE THÉORIE[1]

INTRODUCTION : LE DISCOURS INFORMATIONNEL EN BIOLOGIE

La physiologie et le comportement d'un organisme sont en grande partie dictés par ses gènes. Et ces gènes sont simplement le réceptacle d'informations écrites de manière étonnamment similaire à celle que les informaticiens ont conçue pour le stockage et la transmission d'autres informations… (*The Economist*, 1999 : 97)

Le seul aspect controversé de cet énoncé est l'affirmation que le comportement est essentiellement génétique. C'est une idée reçue que, dans la mesure où les traits d'un organisme sont susceptibles d'une explication biologique, ces traits expriment l'information codée dans les gènes de l'organisme. L'idée reçue a récemment été défendue dans ce journal par l'éminent biologiste John Maynard Smith (2000a, b). Cependant, je soutiendrai que la seule vérité

1. P. E. Griffiths, « Genetic Information : A metaphor in search of a theory », *Philosophy of Science* 68(3), 2000, p. 394-412. Traduit de l'anglais par Pierre-Alain Braillard.

que reflète cette vision reçue est qu'il existe un code génétique selon lequel la séquence des bases d'ADN dans les régions codantes d'un gène correspond aux séquences d'acides aminés dans la structure primaire d'une ou de plusieurs protéines. Le reste du « discours informationnel » en biologie, et l'affirmation que la biologie « est, elle-même, une technologie de l'information » (*The Economist*, 1999 : 97), équivaut à l'affirmation que les planètes calculent leurs orbites autour du soleil ou que l'économie calcule une allocation efficace des biens et des ressources. Il s'agit d'une manière de parler qui renvoie à une corrélation qui, dans certains cas, permet une application utile de la théorie mathématique de la communication, et qui, dans d'autres, ne joue aucun rôle théorique, mais reflète simplement l'importance culturelle de la technologie de l'information aujourd'hui. Prendre le « discours informationnel » en biologie au pied de la lettre n'est pas seulement une erreur de journaliste. De nombreux biologistes, si on leur demande de parler de leur discipline en termes généraux et philosophiques, la représenteraient sous le même angle. Cependant, ainsi que l'a noté Sahotra Sarkar :

> Il n'y a pas de notion d'information claire et technique en biologie moléculaire. Ce n'est guère plus qu'une métaphore qui se fait passer pour un concept théorique et (…) conduit à une image trompeuse des explications possibles en biologie moléculaire. (Sarkar 1996 : 187)

Corriger les idées reçues est important en soi, mais cela pourrait également préparer le terrain pour une nouvelle approche importante du débat sur le « déterminisme génétique ». Développant une remarque de Susan Oyama (2000a), Philip Kitcher a plaisanté sur le fait qu'argumenter contre le déterminisme génétique était comme « combattre un mort-vivant » (2001). Le « consensus interactionniste » selon lequel tous les traits dépendent à la fois de facteurs génétiques et environnementaux a été réaffirmé maintes fois, mais la découverte que des gènes sont impliqués dans le développement d'un trait continue de servir à inférer que le trait ne peut être facilement modifié en manipulant l'environnement. Cette inférence persiste malgré une large reconnaissance du fait qu'il y a toujours d'autres facteurs causaux impliqués dans le développement de traits « génétiques », ainsi que de nombreux exemples de traits « génétiques » modifiés par ces facteurs. Par exemple, les maladies génétiques peuvent être traitées par des interventions sur l'environnement (médicaments, diète, etc.). « Mais alors pourquoi, demande l'interactionniste frustré mis en scène par Kitcher, finit-on toujours par discuter la question de savoir si le génotype est tout-puissant dans le développement ? » (Kitcher 2001 : 404) À mon avis, une partie importante de la réponse a été donnée par Susan Oyama (2000 a, b). La causalité génétique est interprétée de manière déterministe parce que les gènes sont considérés comme un type spécial de cause. Les gènes sont des instructions – ils fournissent de l'information – alors que les autres facteurs causaux sont simplement matériels. La notion intuitive d'information est une notion sémantique, avec pour conséquence que les gènes, contrairement aux autres facteurs causaux, concernent (*are about*), ou visent (*directed at*) les résultats qu'ils contribuent à produire. Il n'est ainsi pas étonnant que la relation gène-trait semble intuitivement plus indépendante du contexte que la relation entre les traits et d'autres causes. La température du nid détermine le sexe d'un crocodile, les œufs donnent des mâles à des températures intermédiaires et des femelles à des températures extrêmes, mais en dehors de ce contexte très particulier, la cause – un monticule de végétation en putréfaction à une température entre n et m degrés – ne conserve aucun lien avec la masculinité. En revanche, même lorsque le gène informationnel échoue à produire son effet, il reste dirigé vers (*directed at*) cet effet. Un « gène homosexuel » est une instruction pour devenir homosexuel, même lorsque le porteur est hétérosexuel.

Si Oyama a raison, alors trouver une nouvelle manière de penser la causalité génétique est un préalable nécessaire pour exorciser le fantôme de la controverse inné-acquis (*nature-nurture*) et pour apprendre à penser clairement l'interaction entre les facteurs génétiques et les autres facteurs du développement. Mais la déflation du discours informationnel constituerait une clarification de la vraie nature de l'explication en biologie moléculaire, même si la thèse plus générale d'Oyama à propos des causes du déterminisme génétique était incorrecte, ainsi que Kitcher (2001) l'a affirmé. Ainsi, la position que je vais soutenir ici est une position faible, que j'ai appelée ailleurs la « thèse de la parité » (Griffiths et Knight 1998). Toute définition acceptable de l'information en biologie du développement est pareillement applicable aux facteurs causaux génétiques et non-génétiques du développement. Les définitions de l'information selon lesquelles les gènes contiennent de l'information développementale, mais pas les patrons de méthylation ou les températures d'incubation, ne sont pas légitimes, car elles ne peuvent être naturalisées – elles attribuent aux gènes des propriétés qui ne peuvent pas être fondées sur des faits physiques ou biologiques. L'idée selon laquelle les gènes se distinguent des autres facteurs par le fait d'être le lieu de l'information développementale est biologiquement illégitime. Quant à savoir si cette vue illégitime est une cause importante de la persistance du déterminisme génétique, c'est là une question qui sera traitée ailleurs (Griffiths 2006).

DEUX CONCEPTS D'INFORMATION

Les concepts d'information peuvent être divisés sommairement en deux catégories : les concepts causaux d'information et les concepts intentionnels d'information. Les conceptions causales d'information dérivent de la théorie mathématique de la communication (Shannon et Weaver 1949). La théorie mathématique de l'information étudie uniquement la quantité d'information dans un système physique. La quantité d'information dans un système peut approximativement être comprise comme la quantité d'ordre dans ce système, ou l'inverse de l'entropie (désordre) que tous les systèmes physiques clos accumulent avec le temps. Cette mesure ne dit rien du contenu en information. Cependant, il existe une notion causale connexe de contenu informationnel (Dretske 1981). L'information circule à travers un canal reliant deux systèmes, un récepteur qui contient l'information et un émetteur, le système sur lequel porte l'information. Il existe un canal entre deux systèmes lorsque l'état de l'un est causalement lié de manière systématique à l'autre, de telle manière que l'état de l'émetteur puisse être découvert en observant l'état du récepteur. Au sens causal, le contenu en information d'un signal est simplement l'état à l'autre bout du canal avec lequel il est corrélé de manière fiable. Ainsi, la fumée contient de l'information sur le feu et les phénotypes pathologiques contiennent de l'information sur des gènes de maladie.

La seconde catégorie du concept d'information a trait à l'information intentionnelle ou information « sémantique » (Godfrey-Smith 1999a, b). C'est de l'information prise en ce sens que les pensées et les paroles humaines sont censées contenir. S'il existe une relation entre l'information intentionnelle et l'information causale, elle est complexe et distante. Nous pensons à des choses avec lesquelles nous n'avons que la plus faible connexion causale (par exemple des galaxies non encore découvertes) ainsi qu'à des choses qui n'existent pas (par exemple le phlogistique ou la papesse Jeanne). La relation entre les pensées et ces différents objets de pensée est « l'intentionnalité », et la question de savoir comment des systèmes physiques tels que des cerveaux peuvent manifester de l'intentionnalité est l'un des problèmes les plus débattus en philosophie de l'esprit. L'une des propriétés distinctives de l'information intentionnelle est qu'elle peut être fausse – elle peut donner une image inexacte de la manière dont sont les choses (Godfrey-Smith 1989). Il est difficile de produire l'équivalent des phénomènes de représentation erronée en utilisant une notion causale d'information. Un signal ne peut à la fois être corrélé avec une source et ne pas être corrélé avec elle, pas plus qu'un signal ne peut être corrélé avec une source qui n'existe pas. Les tentatives les plus prometteuses de produire une explication naturaliste de l'information intentionnelle sont ce qu'on appelle les théories « téléo-sémantiques », qui seront discutées plus loin, et selon lesquelles un signe représente ce que l'évolution l'a conduit à représenter. L'information génétique est habituellement décrite comme s'il était possible de parler d'un phénotype interprétant de manière erronée le message contenu dans les gènes, et elle apparaît ainsi comme de l'information intentionnelle. Il est par exemple couramment admis parmi les psychologues évolutionnistes contemporains que le génome contient un « programme disjonctif » ou un « programme ouvert » pour le développement psychologique. Le message génétique prend la forme « se développer comme *ceci* dans telles circonstances, comme *cela* dans telles autres circonstances ». Les psychologues évolutionnistes cherchent à expliquer les différences culturelles entre esprits humains précisément comme ce type de réponse disjonctive du programme développemental humain à divers facteurs environnementaux (Cosmides, Tooby, et Barkow 1992). En revanche, personne ne dit que le génome humain encode l'instruction « si exposé à la substance thalidomide, développer seulement des membres rudimentaires ». Mais cela serait pourtant une branche du programme disjonctif si l'on parlait de l'information causale contenue dans le génome humain. Lorsque le canal pertinent est contaminé par la thalidomide, les gènes humains envoient cette information causale. Le fait que l'idée d'un programme disjonctif n'est pas appliquée à des résultats qui sont considérés comme pathologiques, accidentels, ou pour quelque autre raison « non voulus » suggère que l'information dans le programme est conçue comme de l'information intentionnelle.

MAYNARD SMITH
À PROPOS DE L'INFORMATION GÉNÉTIQUE

Le moyen évident de défendre le discours informationnel en biologie est de soutenir qu'il est exactement pareil aux autres utilisations, scientifiquement respectables, de l'information causale. Telle a été la stratégie traditionnelle. Dans une intervention au Cinquième Congrès International de Biologie Evolutive et Systématique en 1996, John Maynard Smith a recouru à cette défense conventionnelle. Le discours informationnel en biologie doit être interprété « plus ou moins dans l'esprit de la théorie de l'information » (Notes de l'auteur). Le désavantage de cette thèse est qu'elle implique la parité entre les causes génétiques et non génétiques dans le développement. L'information dans le sens que légitime la théorie de l'information est la dépendance systématique d'un signal par rapport à une source, une dépendance qui est créée par un ensemble de conditions de canal. Dans le cas du développement, les gènes peuvent être considérés comme la source, le cycle de vie de l'organisme comme le signal, et les conditions de canal correspondent à toutes les autres ressources nécessaires au déroulement du cycle de vie. Toutefois, l'un des aspects fondamentaux de la théorie de l'information est que les rôles de la source et des conditions de canal peuvent être inversés. L'ancienne mire de télévision consistait exactement en cela, maintenir la transmission constante en sorte que l'ingénieur de télévision pouvait mesurer l'état de ce qu'étaient auparavant les conditions de canal. La distinction source/canal est imposée au système causal naturel par l'observateur. Une source est simplement une condition de canal dont on étudie l'état actuel en utilisant le signal. Si toutes les autres ressources sont maintenues constantes, un cycle de vie peut nous fournir des informations sur les gènes, mais si les gènes sont maintenus constants, un cycle de vie peut nous fournir des informations sur toute autre ressource que l'on a décidé de laisser varier. Pour autant que l'information causale est concernée, toute ressource dont l'état affecte le développement est une source d'information développementale (Johnston 1987 ; Gray 1992 ; Griffiths et Gray 1994 ; Oyama 2000a).

Le fait que l'information causale se conforme à cette « thèse de la parité » a été accepté par beaucoup des participants au débat actuel relatif à l'interprétation de l'information génétique (Godfrey-Smith 1999a ; Sterelny et Griffiths 1999 ; Maynard Smith 2000a, b ; Kitcher 2001). Dans sa discussion la plus récente de l'information causale, Maynard Smith note que :

> Avec cette définition, il n'y a pas de difficulté à dire qu'un gène porte de l'information sur la forme adulte ; un individu avec le gène pour l'achondroplasie aura des bras et des jambes courtes. Mais l'on peut tout aussi bien dire que l'environnement d'un bébé contient de l'information sur la croissance ; s'il est mal nourri, il sera maigre. (Maynard Smith 2000a, 189)

En réponse à la menace que représente la parité, Maynard Smith a abandonné l'idée que l'information biologique est de l'information causale. Il poursuit :

> Le langage informationnel a été utilisé pour caractériser les causes génétiques par opposition aux causes environnementales. J'aimerais maintenant tenter de justifier cet usage. Je soutiendrai que la distinction peut être justifiée uniquement si le concept d'information est utilisé en biologie pour les seules causes qui ont la propriété d'intentionnalité (...) Une molécule d'ADN a une séquence particulière parce qu'elle spécifie une protéine particulière, mais un nuage n'est pas noir parce qu'il prédit la pluie. Cet élément d'intentionnalité trouve son origine dans la sélection naturelle (Maynard Smith 2000a, 189-190).

Maynard Smith propose d'analyser l'intentionnalité de l'information génétique en recourant à la téléosémantique, le programme philosophique visant à réduire le sens à la fonction biologique (téléologie) et ensuite à réduire la téléologie à la sélection naturelle (Millikan 1984 ; Papineau 1987). Bien qu'il existe une considérable controverse sur la question de savoir si une telle réduction peut être menée à bien, la téléosémantique demeure l'un des programmes les plus populaires pour naturaliser l'intentionnalité.

Maynard Smith commence par soutenir que la sélection naturelle est fortement analogue à la programmation informatique utilisant la technique des « algorithmes génétiques ». Le programmeur d'algorithmes génétiques modifie aléatoirement le code d'un programme informatique et sélectionne les variantes qui réalisent le mieux la tâche désirée. Pareillement, la mutation modifie aléatoirement les gènes des organismes et la sélection naturelle choisit les organismes qui ont la plus haute fitness. De la même manière que la fonction du programme informatique sélectionné est de réaliser la tâche pour laquelle il a été sélectionné, la fonction biologique des gènes retenus est de produire les résultats développementaux en vertu desquels ils ont été sélectionnés. De tels gènes sont en un sens intentionnel dirigés vers ces effets ou ils les concernent. Dans certaines populations humaines, le gène défectueux de l'hémoglobine, qui a été sélectionné parce qu'il confère parfois la résistance à la malaria, contient de l'information téléosémantique sur la résistance à la malaria.

Cependant, l'information téléosémantique est fondamentalement inappropriée au but de Maynard Smith d'éviter la parité. La version la plus élaborée de la théorie téléosémantique de l'information génétique est celle de « la théorie du réplicateur étendu » de Sterelny, Dickison et Smith (1996). Sterelny et ses collaborateurs reconnaissent d'emblée que l'information téléosémantique existe aussi bien dans les causes développementales génétiques que dans certaines causes non génétiques. Sterelny (2000) réaffirme ce point de vue dans sa réponse à Maynard Smith. Russell Gray et moi-même avons défendu l'idée que l'information téléosémantique existe dans un bien plus large éventail de causes développementales que Sterelny *et al.* ne le suggèrent (Griffiths, Gray 1997), mais ici mon argument peut être dérivé même du point de vue le plus conservateur. L'information téléosémantique existe dans tout système d'hérédité qui est un produit de l'évolution, y compris les systèmes d'hérédité épigénétiques. L'expression « système d'hérédité épigénétique » est utilisée pour désigner tout mécanisme biologique qui produit des ressemblances entre parents et progéniture et qui fonctionne en parallèle avec l'hérédité de l'ADN nucléaire et mitochondrial (Jablonka, Lamb 1995 ; Jablonka, Szathmáry 1995). Tout organisme hérite de beaucoup de choses en plus de son ADN. Pour se développer normalement, la cellule œuf doit contenir des éléments comme les corps basaux et les centres d'organisation des microtubules, les bons gradients chimiques cytoplasmiques, les patrons de méthylation de l'ADN, les membranes et les organites. Des changements dans ces autres ressources peuvent causer des variations héritables qui apparaîtront dans toutes les cellules issues de cette cellule œuf.

Un de ces mécanismes les mieux compris est le système d'hérédité de la méthylation de l'ADN. Un patron de méthylation est une série de groupements chimiques additionnels attachés à la séquence d'ADN. Les patrons de méthylation bloquent la transcription de tous les gènes qu'ils recouvrent, et ils sont répliqués par le système de copie de la méthylation dans toutes les cellules issues d'une cellule donnée. Les différences de méthylation sont importantes dans la différenciation des tissus durant la vie d'un seul organisme, mais ils peuvent aussi être transmis d'une génération à l'autre. Les patrons de méthylation sont souvent appliqués à l'ADN d'un spermatozoïde ou d'un œuf par l'organisme parent, dans ce que l'on considère habituellement comme un mécanisme influençant le développement de la progéniture. Cette forme d'hérédité de méthylation a suscité un grand intérêt parce qu'il est aisé de voir en quoi elle pourrait jouer un rôle dans les

changements micro-évolutifs conventionnels. On en trouve un exemple typique dans une recherche britannique controversée sur les différences comportementales entre les enfants des deux sexes. Le mécanisme proposé pour la transmission de ces différences comportementales est que les femmes méthylent une séquence du chromosome X dans leurs gamètes, de telle manière que les hommes, qui ne reçoivent qu'un seul chromosome X, et qui le reçoivent de leur mère, ne peuvent transcrire les gènes dans cette région. Ainsi, certains produits de gènes sont refusés à tous les hommes. Les mâles déméthylent cette séquence dans leurs spermatozoïdes, ainsi les femmes reçoivent une copie lisible de ces gènes sur le chromosome X qu'elles héritent de leurs pères (Skuse *et al.* 1997). Naturellement, lorsque cette recherche fut rapportée dans les médias, on l'annonça comme la découverte que les différences entre sexes sont dans les gènes : « les gènes disent que les garçons restent des garçons et que les filles seront sensibles » (Radford 1997).

La recherche sur l'hérédité épigénétique s'est concentrée sur les mécanismes internes à la cellule. Les penseurs des systèmes développementaux ont mis en avant une plus large gamme de mécanismes épigénétiques (Gray 1992; Griffiths, Gray 1994, 2001). Les caractéristiques des systèmes d'hérédité épigénétique à l'intérieur de la cellule sont partagées avec de nombreuses structures extra-cellulaires. Certaines castes de l'aphidien *Colophina arma* ont besoin d'une poussée de croissance comme partie de leur cycle de vie. Ces castes, et uniquement elles, héritent des micro-organismes qui produisent les substances dont dépend cette poussée de croissance (Moran, Baumann 1994). La morphologie des reines et la structure des colonies de la fourmi de feu *Solenopsis invicta* sont radicalement différentes parmi des lignées génétiques similaires de l'espèce, à cause de « cultures » de nid phéromonales répliquées de manière stable (Keller, Ross 1993). Toute reine élevée dans une colonie dotée d'une culture particulière va fonder une colonie possédant la même culture, comme le montre le déplacement des œufs d'une culture à l'autre. De nombreux parasites, aussi bien vertébrés qu'invertébrés, maintiennent des associations avec des espèces d'hôtes particulières à l'échelle du temps évolutif par « empreinte de l'hôte » (*host-imprinting*). Ainsi, certains insectes pondent leurs œufs sur la plante dont ils ont goûté les feuilles à l'état de larves. Certains passereaux parasitaires pondent leurs œufs dans le nid de l'espèce hôte par laquelle ils ont été imprégnés alors qu'ils étaient des oisillons (Immelmann 1975). Le « changement d'hôte » se produit en de rares occasions, lorsque ce mécanisme dysfonctionne et que la mère pond ses œufs sur la mauvaise plante ou dans le mauvais nid. Dans les cas encore plus rares où ces œufs mal placés éclosent, le mécanisme d'empreinte assurera que cette nouvelle forme de mutant épigénétique se reproduira de manière fiable. Clairement, tous les mécanismes discutés ici sont candidats à une explication adaptative. Cela signifie que les traces physiques par lesquelles ces mécanismes opèrent sont tout aussi susceptibles d'avoir des fonctions biologiques que toute autre adaptation potentielle, et ainsi, d'après l'approche téléosémantique recommandée par Maynard Smith, ces traces contiennent de l'information. Ainsi, exactement comme l'information causale, l'information téléosémantique se conforme à la thèse de la parité et ne constitue pas la différence de principe que Maynard Smith recherche entre les causes génétiques et les autres.

Le mécanisme d'hérédité épigénétique qui nous éloigne le plus du noyau est ce qu'on appelle la « construction de niche » (Odling-Smee 1988 ; Odling-Smee, Laland, Feldman 1996 ; Laland, Odling-Smee, Feldman 2001). De nombreux aspects de la niche d'un organisme n'existent que par les effets des générations antérieures de cette espèce sur l'environnement local. Un des premiers exemples de ce phénomène à avoir été clairement reconnu est la coévolution des eucalyptus avec les patrons courants de feux de brousse en Australie (Mount 1964). Il n'est toutefois pas évident de savoir si les propriétés collectivement construites de la niche d'une espèce peuvent être vues comme une partie de chaque organisme *individuel*, et si l'on peut donc leur attribuer des fonctions biologiques et un contenu d'information téléosémantique. Davantage de recherches théoriques sur l'interprétation de cette forme d'hérédité sont nécessaires.

STABILITÉ ET HÉRÉDITÉ

Les opposants à la thèse de la parité, tel que Maynard Smith, sont tout à fait conscients du rôle des facteurs non génétiques dans le développement et ont une stratégie habituelle pour ne pas en tenir compte. Cette stratégie consiste à douter de la stabilité intergénérationnelle des facteurs non génétiques, et/ou de leur capacité à produire le genre de variation sur lequel la sélection naturelle peut agir. Ainsi :

> Les différences innées (*due to nature*) sont très probablement héritées, alors que les différences acquises (*due to nurture*) ne le sont pas ; les changements évolutifs sont des changements innés (*in nature*), et non acquis (*not nurture*) ; les traits qui adaptent un organisme à son

> environnement sont probablement innés (*due to nature*) (Maynard Smith 2000a : 189).
>
> Les facteurs génétiques méritent un statut spécial pour une seule raison : les facteurs génétiques se répliquent, les imperfections comme le reste, mais pas les facteurs non génétiques (Dawkins 1982 : 99).

De toute évidence, le phénomène d'hérédité épigénétique disqualifie la version la plus simple de cette thèse. Les théoriciens des systèmes développementaux ont soutenu que l'on devrait définir « l'hérédité » de telle sorte qu'une chose n'est héritée que si elle passe de génération en génération de telle manière que l'évolution puisse agir sur ses formes variantes. Ainsi, chaque élément de la matrice développementale qui est fidèlement répliqué à chaque génération et qui joue un rôle dans la production du cycle de vie de l'organisme compte pour quelque chose d'hérité (Griffiths, Gray 1994, 2001). La conception plus conservatrice du « réplicateur étendu » va un peu dans le même sens (Sterelny, Dickison, Smith 1996).

Il en découle que les gènes ne peuvent être identifiés comme les sources de l'information développementale pour la raison qu'eux, et eux seuls, se maintiennent à travers les lignées suffisamment longtemps pour que la sélection cumulative agisse sur eux. Des lignées peuvent être sélectionnées parce qu'elles possèdent de bons patrons de méthylation, ou de bons symbiontes, ou parce qu'elles sont fixées sur un bon hôte. Ces caractéristiques peuvent se maintenir pendant des périodes significatives d'un point de vue évolutif (Gray 2001 ; Griffiths, Gray 2001). Il faut ajouter un autre facteur à l'insistance sur l'hérédité stable si l'on veut défendre le statut informationnel spécial des gènes. Un tel facteur pourra être l'idée que les causes génétiques sont uniques en ce qu'elles sont « symboliques » ou « sémiotiques ». Dans sa plus récente discussion, Maynard Smith affirme que les gènes sont symboliques et que les autres facteurs développementaux ne le sont pas, parce qu'il n'y a pas de lien intrinsèque entre la nature du gène et le résultat développemental qu'il produit (Maynard Smith 2000a : 185). Dans son commentaire de Maynard Smith, Peter Godfrey-Smith fait remarquer que la différence apparente est créée parce que l'on regarde les effets *distaux* des causes génétiques, qui dépendent de tout un ensemble d'autres facteurs causaux, tout en se concentrant sur les effets *proximaux* des causes non génétiques, qui, de la même manière que les effets proximaux de l'ADN, sont exclusivement déterminés par les lois physiques (Godfrey-Smith 2000 : 203). En réponse à cette critique, Maynard Smith introduit un second rôle pour la téléologie biologique dans son explication de l'information. Une cause est sémiotique ou symbolique lorsqu'elle induit ses effets par le biais d'un « récepteur évolué » qui a été sélectionné pour conférer au signal une « interprétation » causale parmi beaucoup d'autres possibles (Maynard Smith 2000b : 215). Quelles qu'en soit les vertus en tant qu'analyse de la nature de l'information biologique, cette nouvelle suggestion échoue à produire une différence de principe entre les causes génétiques et épigénétiques. Par exemple, les mécanismes d'empreinte de l'habitat et d'empreinte de l'hôte décrits plus haut sont clairement des « récepteurs évolués » dans le sens de Maynard Smith. Ils ont été sélectionnés pour donner une « interprétation » hautement spécifique d'une source chimique qui serait autrement dénuée de sens, mais dans de tels cas le signal ne prend pas la forme d'une séquence d'ADN.

Il y a quelque chose de fondamentalement surprenant dans la décision de Maynard Smith de défendre une interprétation téléosémantique du discours informationnel en biologie. Si l'information génétique est de l'information téléosémantique, alors elle ne peut entretenir qu'une relation distante avec le code génétique lui-même. Le code génétique ne dérive clairement pas son aspcct sémantique de la téléologie. Le codon CCC code pour la proline, même si c'est un morceau d'ADN poubelle sans histoire sélective ou qu'il a été inséré par un biotechnologue incompétent qui pensait qu'il signifie leucine. Ce problème ne peut être réglé en considérant que les fonctions biologiques de ces codons d'ADN individuels seraient dérivées des fonctions générales de ce type de codon, puisque les paires codon/acide aminé ne sont pas toutes des adaptations. Bien que nous ayons un nombre croissant de preuves que certains appariements sont le résultat de la sélection, d'autres sont le résultat très probable d'affinités chimiques directes entre les ARN ancestraux et les acides aminés (Knight, Freeland, Landweber, 1999). La conclusion précise des débats actuels sur la signification du code génétique n'est cependant pas déterminante. Aucun résultat imaginable ne pourrait conduire à une révision des tableaux du code standard, et des variantes que l'on trouve dans la littérature actuelle. Les codes sont fondés sur des relations causales réelles, pas sur des jugements relatifs à la fonction adaptative.

Plus prudemment, je suggérerais que, dans la mesure où le discours informationnel en biologie du développement plus généralement est lié à des concepts de fonction biologique, il l'est à la notion anhistorique de fonction comme contribution causale, plutôt qu'au concept évolutif de fonction adaptative. Dans une importante étude sur le langage fonctionnel en biologie, Ronald Amundson et George Lauder ont suggéré que la notion de fonction au sens de contribution causale prédomine dans les sciences telles que la physiologie ou l'anatomie (Amundson, Lauder 1994). Comme les physiologistes et les anatomistes, les biologistes du développement s'intéressent avant tout aux explications prochaines (comment les mécanismes fonctionnent actuellement) plutôt qu'aux explications ultimes (pourquoi ils ont évolué).

EVOLVABILITÉ ET INFORMATION

Je laisserai maintenant de côté l'analyse la plus récente – téléosémantique – de Maynard Smith et je me tournerai vers ce qui me semble une approche plus prometteuse et que l'on trouve dans ses travaux plus anciens. Maynard Smith et Eörs Szathmáry ont soutenu que le système d'hérédité génétique et la transmission culturelle chez l'homme sont les deux seuls systèmes qui possèdent ce qu'ils appellent « hérédité illimitée » (Maynard Smith, Szathmáry 1995). Seuls ces systèmes d'hérédité « illimitée » devraient, selon eux, être considérés comme « codant » quelque chose. Pour établir leur distinction, Maynard Smith et Szathmáry soutiennent que la plupart des systèmes d'hérédité ne peuvent muter qu'entre un nombre restreint d'états héritables, qui peuvent être spécifiés à l'avance. L'empreinte de l'habitat, par exemple, peut uniquement conduire les animaux à choisir différents habitats et la méthylation de l'ADN ne peut que choisir si des gènes existants seront activés ou désactivés. Le génome et le langage, en revanche, ont tous deux une structure syntactique récursive. Leurs éléments de base peuvent être assemblés en de nombreuses combinaisons et ces combinaisons peuvent être d'une quelconque longueur. Ainsi, ces systèmes d'hérédité possèdent un nombre illimité d'états héritables possibles. À première vue, on ne voit pas forcément pourquoi cela justifie de considérer ces systèmes, à l'exclusion de tout autre, comme transmettant de l'information. Une manière de saisir l'idée sous-jacente à la proposition de Maynard Smith et Szathmáry est de considérer qu'ils proposent une justification objective pour fixer la distinction source/canal, de sorte que soit le génome soit la culture devienne la source d'information. Les autres causes de variation héritable sont de simples conditions de canal parce qu'elles n'ont que relativement peu de configurations alternatives. Ce n'est que dans les gènes (ou la culture) que l'on trouve un signal source avec suffisamment d'états possibles pour exprimer le vaste champ de possibilités dont a besoin l'évolution.

La distinction entre systèmes d'hérédité limitée et illimitée est importante, et pourrait permettre de mieux comprendre l'une des innovations clés qui a permis la diversification de la vie primitive en ce vaste éventail de formes que l'on voit aujourd'hui. Je soutiendrai pourtant que c'est accorder trop d'importance à cette distinction que de l'utiliser, ainsi que semblent le vouloir Maynard Smith et Szathmáry, comme fondement à l'affirmation selon laquelle l'information développementale réside dans les gènes et que les autres facteurs causaux ne fournissent qu'une aide matérielle pour décoder cette information. Une interprétation du point de vue de la théorie des systèmes développementaux, selon laquelle l'information développementale existe dans la matrice entière des ressources matérielles nécessaires pour reconstruire le résultat développemental, est également compatible avec la distinction entre systèmes d'hérédité limitée et illimitée et avec la compréhension des processus évolutifs qu'elle amène.

La distinction limité/illimité semble soutenir l'idée que les gènes sont le signal et que le reste du système développemental est un canal, parce qu'elle suggère que les gènes ont une nettement plus grande capacité à « exprimer » des produits alternatifs. En fait, Maynard Smith et Szathmáry proposent de diviser le nombre total de produits développementaux qui peuvent être générés par un système développemental entre les différents systèmes d'hérédité qui composent ce système. Le nombre de produits attribué à un système d'hérédité mesure ses « limites » (*limitedness*) et le système d'hérédité génétique se voit attribuer bien plus de produits que tout autre système. Mais comment cette division doit-elle se faire ? Maynard Smith et Szathmáry partent du principe que le nombre de permutations des codons d'ADN, ou éventuellement de gènes entiers, est la mesure pertinente pour le système d'hérédité génétique et qu'une mesure équivalente du nombre de permutations des parties physiques est la mesure appropriée pour les autres systèmes d'hérédité.

Or ce ne sont pas là des mesures appropriées. Pour tout système d'hérédité, le domaine des changements physiques qui comptent comme changements évolutifs est limité à ceux qui peuvent être utilisés par le reste du système existant. Ce point est familier concernant la notion de « structure syntactique » pour les langues humaines. Les différences physiques entre des objets syntactiques ne sont pas toutes des différences *syntactiques*. Les différences de graphie ou d'accent avec lequel on parle ne sont, par exemple, pas des différences syntactiques.

La principale leçon des transitions évolutives majeures qui sont au centre du travail de Maynard Smith et Szathmáry est que l'évolution crée des types de systèmes développementaux complètement nouveaux, qui étendent considérablement les interprétations possibles des ressources développementales existantes, y compris les gènes. Une manière de voir cela est de considérer le nombre de possibilités évolutives qui apparaissent lorsqu'un système d'hérédité « limitée » subit un changement. Considérez, par exemple, les possibilités évolutives qui peuvent être « exprimées » par une substitution de paire de base dans l'ADN d'une cellule eucaryote et qui ne peuvent être exprimées par ces substitutions dans une cellule procaryote. Comme Maynard Smith et Szathmáry le décrivent eux-mêmes, le vaste domaine des possibilités évolutives vint au jour par les changements évolutifs produits par un système d'hérédité limité. Des membranes ne peuvent être construites sans un patron de membrane déjà existant dans lequel insérer des protéines nouvellement synthétisées. Ainsi, des changements majeurs dans le système de division de la cellule nécessitent l'apparition de variations produites par le système d'hérédité de la membrane, pas par des mutations de l'ADN.

En réalité, la mesure des « limites » (*limitedness*) qu'adoptent Maynard Smith et Szathmáry attribue au système d'hérédité génétique tous les produits qui peuvent être générés en opérant des changements dans ce système étant donné la totalité des possibilités pour les autres systèmes, tandis qu'elle n'attribue aux autres systèmes que les produits qu'ils peuvent produire étant donné un génome possible. C'est pourquoi ce n'est pas une mesure adéquate si la distinction limité/illimité doit servir à juger de la capacité des systèmes d'hérédité à « exprimer » (causer) des possibilités évolutives. Cela n'aurait pas plus (ni moins) de sens de n'attribuer au système d'hérédité génétique que l'ensemble des possibilités qu'il pourrait générer étant donné un seul état des autres systèmes d'hérédité. Les autres systèmes d'hérédité se verraient attribuer tous les produits qui pourraient être générés en permutant le système génétique en présence des autres états de ce système d'hérédité.

Un point connexe est que l'énorme potentiel qu'ont des différences dans les gènes, le langage et peut-être les phéromones chez les insectes sociaux de causer de nouvelles possibilités évolutives trouve sa source dans le fait que ces différences « ont un sens » pour le reste du système développemental. Si le reste du système entourant les gènes était tel qu'un nombre indéfiniment grand de combinaisons de paires de base se réduisait à un petit nombre de produits développementaux, alors le système d'hérédité génétique ne serait pas illimité. Il n'est pas difficile d'imaginer une machinerie cellulaire produisant ce résultat – le code génétique existant est substantiellement redondant exactement de cette manière, avec plusieurs codons correspondant au même acide aminé. Par conséquent, la nature illimitée du système d'hérédité génétique est plus justement considérée comme une propriété du système développemental dans son ensemble, et pas du génome isolément. Parler de « systèmes d'hérédité » séparés peut être en soi extrêmement trompeur dans certains contextes biologiques. L'hérédité de la méthylation, par exemple, est un mécanisme de régulation génique, ce qui fait qu'il est bizarre de la décrire comme un « système » séparé du « système » génétique. Du point de vue d'un « réplicateur égoïste », un gène et les groupes méthyles qui y sont attachés sont des réplicateurs séparés, mais pas plus qu'une quelconque paire de gènes. Du point de vue des systèmes développementaux, les gènes et les patrons de méthylation sont des ressources développementales séparées, mais ce sont des composantes d'un seul système (Griffiths, Gray 2001).

La tradition des systèmes développementaux n'a jamais cherché à nier que les acides nucléiques et les langues naturelles sont des éléments distinctifs des systèmes développementaux. L'idée de la « thèse de la parité » est d'empêcher ces différences empiriques de se transformer en une sorte de métaphysique scientifique, comme c'est le cas lorsque les gènes sont identifiés à l'information (voire à la « forme ») et tout le reste dans le développement comme à la simple matière. Cela détourne l'attention des nombreuses manières dont les ressources non génétiques jouent parfois des rôles plus généralement associés aux gènes. Cela mène également à mettre sur le même plan, de manière empiriquement inappropriée, des ressources non génétiques très différentes (« l'environnement »). Dans une perspective de systèmes développementaux, l'hérédité illimitée est simplement une autre propriété empirique importante de l'ADN, et peut-être d'autres ressources, telles que les phéromones dans leur rôle de création de différences de caste, morphologiques et comportementales, chez les insectes sociaux [1].

1. Une autre interprétation légèrement différente de la distinction entre l'hérédité limitée et illimitée serait de dire que seuls les gènes ont la capacité de générer des réponses fines à la sélection et ainsi d'engendrer l'adaptation. Ce point pourrait être combiné avec l'approche téléosémantique décrite plus haut pour mener à la conclusion que, puisque seuls les gènes permettent l'adaptation, eux seuls possèdent l'information (téléo-information). Comme l'a fait remarquer Russell Gray, cela suppose implicitement que les systèmes d'hérédité épigénétiques doivent posséder un potentiel évolutif séparément les uns des autres et que seules les variations discrètes, par opposition aux variations continues, comptent comme des états alternatifs d'un système d'hérédité. Les dés ont été pipés aux dépens de l'hérédité extragénétique à de nombreux égards. Toutefois :

Les changements extragénétiques peuvent aussi être graduels et progressifs. De la même manière que la sélection naturelle peut favoriser des combinaisons de gènes à différents locus, la sélection pourrait favoriser

CHANGEMENTS DÉVELOPPEMENTAUX ET BIOINFORMATIQUE

Il est clair qu'une analyse de « l'information » selon laquelle les gènes sont les seuls ou les principaux porteurs de l'information développementale n'a pas encore été convenablement défendue. Moins claire est la raison pour laquelle une telle analyse est requise. Les théoriciens des systèmes développementaux et d'autres critiques du « discours informationnel » ne nient pas le rôle unique des gènes en tant que patrons (*templates*) pour les protéines, pas plus que le rôle central des produits de gènes dans le développement, et ils ne nient pas non plus le « weismannisme moléculaire » – l'interdiction de l'hérédité des caractères acquis à travers le matériel génétique (à l'exception d'un petit nombre de phénomènes de rétro-copie acceptés par tous). À l'inverse, les défenseurs du programme génétique ne nient pas l'existence, voire l'importance évolutive, de l'hérédité épigénétique. Il existe de vrais désaccords parmi les commentateurs de la biologie contemporaine du développement concernant les promesses relatives de modèles plutôt de type programme et plutôt dynamiciste de la régulation des gènes, mais les lignes de partage entre les participants au débat ne correspondent pas à celles du débat sur l'information génétique, comme le remarque Maynard Smith lui-même (Maynard Smith 2000b : 218). De toute manière, le désaccord ne porte pas sur la question

des combinaisons d'endosymbiontes. Des variations quantitatives dans les facteurs cytoplasmiques, la conception des nids, et les préférences d'habitat pourraient également être transmises de manière extragénétique. Ainsi, bien que les combinaisons de ces facteurs ne soient pas illimitées, elles peuvent être suffisamment grandes pour permettre une réponse fine à la sélection (Gray 2001, 197).

de savoir si toute l'information traitée dans un programme de développement provient de facteurs génétiques.

Si l'idée que « la biologie est une technologie de l'information » n'est ni manifestement vraie, ni un « choix forcé » sur lequel les biologistes doivent prendre position s'ils veulent faire de la recherche, pourquoi cette idée est-elle si largement acceptée ? En partie, bien sûr, à cause du rôle central de l'information dans la vision scientifique contemporaine du monde (Keller 1995 ; Oyama 2000a). Un autre facteur largement reconnu est l'interprétation erronée des diagrammes de Weismann (Griesemer, Wimsatt 1989 ; Sterelny, Griffiths 1999 : 64 ; Sterelny 2000). La représentation schématique de l'évolution, maintenant standard, montre une flèche causale des gènes aux phénotypes et une flèche causale des gènes d'une génération à ceux de la suivante (par exemple Maynard Smith 1993, figure 8). Il n'y a pas de flèches causales représentant l'influence des organismes sur la reproduction de leurs gènes, ni les nombreuses influences que les organismes exercent sur leur progéniture en plus de reproduire leurs gènes. Aussi bien l'enthousiasme culturel général pour l'information que le diagramme weismannien moderne ont clairement contribué à donner au programme génétique son apparence de bon sens.

Mais il y a un autre facteur lié de près aux thèmes de cet article et qui a été moins largement reconnu. Ce facteur peut être représenté par un (très mauvais) argument :

> (1) Il existe un code génétique
> (2) Il existe en biologie moléculaire un discours en termes de signaux, commutateurs, gènes maîtres de contrôle, et ainsi de suite.
> (3) Par conséquent, l'information circulant en (2) est l'information encodée dans le sens de (1).

Sous cette forme brute l'argument paraît peu sérieux. Mais de nombreuses discussions en biologie moléculaire, particulièrement celles destinées à un public de non-initiés, suggèrent quelque chose d'étonnamment proche de cela. Dans son récent article, Maynard Smith présente quelque chose de très proche de cet argument dans une section précédant immédiatement son analyse de l'information biologique et intitulée « Le génome est-il un programme développemental ? » Voici la première et la dernière phrase de cette section, ainsi qu'un passage représentatif pris entre les deux :

> Il n'y a, je pense, aucune objection sérieuse à parler d'un code génétique, ou à affirmer que le gène code pour la séquence d'acides aminés dans une protéine.
> Cependant, un organisme est plus qu'un sac de protéines spécifiques. Le développement nécessite que différentes protéines soient produites à différents moments et à différents endroits. Une révolution est en train de se produire dans notre compréhension de ce processus. Le tableau qui s'en dégage est celui d'une hiérarchie complexe de gènes régulant l'activité d'autres gènes. Aujourd'hui, la notion de gènes envoyant des signaux à d'autres gènes est aussi centrale que l'était la notion de code génétique il y a quarante ans.
> La terminologie informationnelle envahit la biologie du développement, comme elle a envahi autrefois la biologie moléculaire. Dans la section suivante j'essaie de justifier cet usage (Maynard Smith 2000a : 187-189).

Bien qu'elle ne soit pas tout à fait le très mauvais argument présenté plus haut, cette série de points est clairement destinée à suggérer que puisque le code génétique est « de la vraie science » et pas une simple métaphore, ce n'est qu'une question de temps avant que d'autres discours informationnels en biologie ne deviennent également de la vraie science. Au mieux, il s'agit là d'un argument inductif très faible, au pire il s'agit d'une équivoque du mot « information ». Il vaut la peine de souligner qu'un certain nombre d'historiens des sciences ont suggéré exactement le contraire : que l'histoire du discours informationnel en biologie moléculaire du développement décrit une retraite constante du littéral vers le métaphorique, à la lumière d'une meilleure compréhension des processus moléculaires (Sarkar 1996 ; Chadarevian 1998).

Le très mauvais argument (« TMA » ci-après) est un aspect de ce que Sarkar veut dire lorsqu'il déclare qu'un discours informationnel vague « mène à une image trompeuse des explications possibles en biologie moléculaire » (Sarkar 1996 : 187). La métaphore de l'information suggère une stratégie explicative ascendante (« *bottom-up* ») en biologie moléculaire, plutôt qu'une stratégie descendante (« *top-down* »). Une stratégie ascendante tente d'inférer l'importance développementale d'une séquence d'ADN à partir de la séquence elle-même, en observant la séquence pour déterminer son produit et en observant ce produit et d'autres produits de gènes afin de déterminer la manière dont ils vont interagir dans le développement. La stratégie alternative descendante commence en étudiant le processus développemental, détermine quels produits de gènes sont impliqués et utilise la séquence de ces produits pour localiser la séquence d'ADN à partir de laquelle ils sont faits. Une image réaliste de la recherche en biologie contemporaine du développement la présente comme tout aussi descendante qu'ascendante. Il faut aussi remarquer que la stratégie descendante isole et prend en compte des facteurs causaux épigénétiques dans le développement, alors que la stratégie ascendante considère leur implication dans les processus développementaux comme un obstacle au progrès.

Je suis récemment tombé sur un exemple frappant de l'utilisation du TMA pour suggérer que la biologie moléculaire du développement procède selon une stratégie purement ascendante. Une fois de plus, des citations successives peuvent être mises en correspondance avec le cadre du TMA :

> Une grande découverte fut qu'une séquence de trois acides nucléiques contient l'information pour faire un acide aminé. Ainsi, le triplet AAA fera un acide aminé, tandis que le triplet ACG fera un acide aminé différent.
> À la suite du [projet du génome humain] il est possible de chercher de petites sections d'ADN qui contiennent les instructions pour construire un nouveau bras. (…) les biologistes moléculaires qui étudient la mouche du vinaigre ont trouvé la section d'ADN qui contrôle le développement de ses yeux. Ils ont appris à déclencher le développement des yeux (…)
> Mais même une fois que nous avons cartographié la totalité de l'ADN humain, il y a un autre obstacle à franchir avant de pouvoir faire pousser des bras. L'ADN est immense ! (…) C'est pourquoi la science de la bioinformatique a été inventée. (Kruszelnicki 1998)

Ces citations sont extraites d'une brochure publiée pour convaincre des étudiants de s'inscrire dans une formation de bioinformatique. La bioinformatique est conçue pour produire des diplômés ayant une culture biologique et formés aux techniques computationnelles qui leur permettront de gérer les grandes quantités d'information *sur* les gènes actuellement générées par la biologie moléculaire.

Mais une utilisation habile du TMA suggère que la bioinformatique porte sur l'information développementale *encodée dans* les gènes – les plans de construction de la vie, et sur une perspective bien plus excitante pour des jeunes à la sortie du lycée que de l'informatique appliquée.

CONCLUSION : LE CODE, LE CODE ET RIEN QUE LE CODE

L'existence du code génétique – l'appariement standard des codons et des acides aminés et ses quelque soixante-dix variantes mineures – n'est pas en question. Cependant, au-delà de cela, le « discours informationnel » en biologie n'a rien à voir avec le code génétique. Le discours informationnel sous les différentes formes liées à la théorie mathématique de la communication est tout aussi applicable aux facteurs développementaux non génétiques. C'est aussi le cas des expressions cybernétiques que l'on trouve en biologie moléculaire du développement. On peut parler des gènes en termes de leurs propriétés téléosémantiques, mais c'est également le cas de nombreux facteurs non génétiques. Il est également peu probable que ce sens téléosémantique soit ce que vise la plus grande partie du discours informationnel en biologie moléculaire du développement, qui est une science des mécanismes proximaux, pas des origines ultimes. Il y a de nombreuses différences importantes entre ce que fait l'ADN dans le développement et les rôles joués par d'autres facteurs causaux, mais ces différences ne correspondent pas à la distinction entre causalité informationnelle et matérielle. Le climat actuel, dans lequel le discours informationnel n'est appliqué qu'aux gènes, rend cette manière de parler extrêmement trompeuse. J'ai suggéré ici que cela trompe les gens sur les formes d'explication en biologie moléculaire.

Je pense aussi que l'utilisation asymétrique du discours informationnel explique en partie la persistance du déterminisme génétique, mais c'est un argument qui devra être traité ailleurs.

Références

AMUNDSON R., LAUDER G.V. (1994), « Function without Purpose : The Uses of Causal Role Function in Evolutionary Biology », *Biology and Philosophy* 9(4), 443-470.

CHADAREVIAN S. de (1998), « Of Worms and Programs : Caenorhabitis elegans and the Study of Development », *Studies in History and Philosophy of the Biological and Biomedical Sciences* 29(1), 81-105.

COSMIDES L., TOOBY J., BARKOW J. H. (1992), « Introduction : Evolutionary Psychology and Conceptual Integration », *in* J. H. Barkow, L. Cosmides, J. Tooby (eds.), *The Adapted Mind : Evolutionary Psychology and the Generation of Culture*, Oxford & New York, Oxford University Press, p. 3-15.

DAWKINS R. (1982), *The Extended Phenotype*, New York, W. H. Freeman.

DRETSKE F. (1981), *Knowledge and the Flow of Information*, Oxford, Blackwells.

GODFREY-SMITH P. (1989), « Misinformation », *Canadian Journal of Philosophy* 19 (5), 533-550.

GODFREY-SMITH P. (1999a), « Genes and Codes : Lessons from the Philosophy of Mind ? », *in* V. G. Hardcastle (ed.), *Biology Meets Psychology : Constraints, Conjectures, Connections*, Cambridge (MA), MIT Press, p. 305-331.

GODFREY-SMITH P. (1999b), The Semantic Gene, Manuscript.

GODFREY-SMITH P. (2000), « Information, Arbitrariness, and Selection : Comments on Maynard Smith », *Philosophy of Science* 67(2), 202-207.

GRAY R. D. (1992), « Death of the Gene : Developmental Systems Strike Back », *in* P. E. Griffiths (ed.), *Trees of Life : Essays in the Philosophy of Biology*, Kluwer, Dordrecht, p. 165-210.

GRAY R. D. (2001), « Selfish Genes or Developmental Systems ? », *in* R. S. Singh, C. B. Krimbas, D. B. Paul, J. Beatty (eds.), *Thinking about Evolution : Historical, Philosophical and Political Perspectives*, Cambridge, Cambridge University Press, p. 184-207.

GRIESEMER J. R., WIMSATT W. C. (1989), « Picturing Weismannism : A Case Study of Conceptual Evolution », *in* M. Ruse (ed.), *What the Philosophy of Biology Is*, Dordecht, Kluwer Academic Publishers, p. 75-137.

GRIFFITHS P. E. (2006), « The Fearless Vampire Conservator : Philip Kitcher on Genetic Determinism », *in* C. Rehmann-Sutter, E. M. Neumann-Held (eds.), *Genes in Development : re-reading the molecular paradigm*, Durham (NC), Duke University Press, p. 175-198.

GRIFFITHS P. E., GRAY R. D. (1994), « Developmental Systems and Evolutionary Explanation », *Journal of Philosophy* XCI (6), 277-304.

GRIFFITHS P. E., Gray R. D. (1997), « Replicator II : Judgment Day ? », *Biology and Philosophy* 12(4), 471-492.

GRIFFITHS P. E., Gray R. D. (2001), « Darwinism and Developmental Systems », *in* S. Oyama, P. E. Griffiths, R. D. Gray (eds.), *Cycles of Contingency : Developmental Systems and Evolution*, Cambridge (MA), MIT Press, p. 195-218.

GRIFFITHS P. E., Knight R. D. (1998), « What is the Developmentalist Challenge ? » *Philosophy of Science* 65(2), 253-258.

IMMELMANN K. (1975), « Ecological Significance of Imprinting and Early Learning », *Annual Review of Ecology and Systematics* 6, 15-37.

JABLONKA E., Lamb M. J. (1995), « *Epigenetic Inheritance and Evolution : The Lamarkian Dimension* », Oxford, New York & Tokyo, Oxford University Press.

JABLONKA E., SZATHMARY E. (1995), « The Evolution of Information Storage and Heredity », *Trends in Ecology and Evolution* 10(5), 206-211.

JOHNSTON T. D. (1987), « The Persistence of Dichotomies in the Study of Behavioural Development », *Developmental Review* 7, 149-182.

KELLER E. F. (1995), *Refiguring Life : Metaphors of Twentieth Century Biology*, New York, Columbia University Press.

KELLER L., ROSS K. G. (1993), « Phenotypic Plasticity and "Cultural Transmission" of Alternative Social Organisations in the Fire Ant Solenopsis invicta », *Behavioural Ecology and Sociobiology* 33, 121-129.

KITCHER P. (2001), « Battling the Undead : How (and How Not) to Resist Genetic Determinism », *in* R. S. Singh, C. B. Krimbas, D. B. Paul, J. Beatty (eds.), *Thinking about Evolution : Historical, Philosophical and Political Perspectives*, Cambridge, Cambridge University Press, p. 396-414.

KNIGHT R. D., FREELAND S. J., LANDWEBER L. F. (1999), « Selection, History and Chemistry : The Three Faces of the Genetic Code », *Trends in Biochemical Science* 24(6), 241-247.

KRUSZELNICKI K. (1998), « Why You Should Study Bioinformatics », University of Sydney Science Faculty publicity material.

LALAND K. N., Odling-Smee F. J., Feldman M. W. (2001), « Niche Construction, Ecological Inheritance, and Cycles of Contingency in Evolution », *in* S. Oyama, P. E. Griffiths, R. D. Gray (eds.), *Cycles of Contingency : Developmental Systems and Evolution*, Cambridge (MA), MIT Press, p. 117-126.

MAYNARD SMITH J. (1993), *The Theory of Evolution*, Cambridge, Cambridge University Press.

MAYNARD SMITH J. (2000a), « The Concept of Information in Biology », *Philosophy of Science* 67(2), 177-194.

MAYNARD SMITH J. (2000b), « Reply to Commentaries », *Philosophy of Science* 67(2), 214-218.

MAYNARD SMITH J., SZATHMÁRY E. (1995), *The Major Transitions in Evolution*, Oxford, New York & Heidelberg, W. H. Freeman.

MILLIKAN R. G. (1984), *Language, Thought and Other Biological Categories*, Cambridge (MA), MIT Press.

MORAN N., BAUMANN P. (1994), « Phylogenetics of Cytoplasmically Inherited Microorganisms of Arthropods », *Trends in Ecology and Evolution* 9, 15-20.

MOUNT A. B. (1964), « The Interdependence of the Eucalpyts and Forest Fires in Southern Australia », *Australian Forestry* 28, 166-172.

ODLING-SMEE F. J. (1988), « Niche-Constructing Phenotypes », *in* H. C. Plotkin (ed.), *The Role of Behavior in Evolution*, Cambridge (MA), MIT Press, p. 73-132.

ODLING-SMEE F. J., Laland K. N., Feldman M. W. (1996), « Niche Construction », *American Naturalist* 147(4), 641-648.

OYAMA S. (2000a), *The Ontogeny of Information*, 2nd ed. Durham (NC), Duke University Press.

OYAMA S. (2000b), *Evolution's Eye : A Systems View of the Biology-Culture Divide*, Durham (NC), Duke University Press.

PAPINEAU D. (1987), *Reality and Representation*, New York, Blackwells.

RADFORD T. (1997), « Genes Say Boys Will Be Boys and Girls Will Be Sensitive », *The Guardian* (June 12) : 1.

SARKAR S. (1996), « Biological Information : A Sceptical Look at Some Central Dogmas of Molecular Biology », *in* S. Sarkar (ed.), *The Philosophy and History of Molecular Biology : New Perspectives*, Dordrecht, Kluwer Academic Publishers, p. 187-232.

SHANNON C. E., WEAVER W. (1949), *The Mathematical Theory of Communication*, Urbana (IL), University of Illinois Press.

SKUSE D. H. *et al.* (1997), « Evidence from Turner's Syndrome of an Imprinted X-Linked Locus Affecting Cognitive Function », *Nature* 387, 705-708.

STERELNY K. (2000), « The "Genetic Program" Program : A Commentary on Maynard Smith on Information in Biology », *Philosophy of Science* 67(2), 195-201.

STERELNY K., SMITH K. C., DICKISON M. (1996), « The Extended Replicator », *Biology and Philosophy* 11(3), 377-403.

STERELNY K., GRIFFITHS P. E. (1999), *Sex and Death : An Introduction to the Philosophy of Biology*, Chicago, University of Chicago Press.

The Economist (1999), « Drowning in Data », June 26, 97-98.

PRÉSENTATION

BIOLOGIE MOLÉCULAIRE

Qu'est-ce que la biologie moléculaire et quelle est sa place dans la philosophie de la biologie contemporaine? La biologie moléculaire est une discipline qu'il n'est pas aisé de définir. Il est en particulier difficile de la distinguer des domaines dont elle est issue, principalement la biochimie [1] et la génétique [2]. La biologie moléculaire s'intéresse principalement aux « macromolécules » (typiquement l'ADN, l'ARN, les protéines) et l'une de ses réalisations principales est d'avoir mis en relation gènes et protéines. Historiquement, le développement remarquable de la biologie moléculaire au XX e siècle est en grande partie lié à l'essor de nombreuses techniques nouvelles qui – de l'ultracentrifugation à la diffraction des rayons X, en passant par l'électrophorèse, la microscopie électronique, et bien d'autres – ont permis de comprendre la structure des macromolécules impliquées dans le fonctionnement

1. La biochimie s'intéresse à la chimie des phénomènes vivants, dans tous leurs aspects structuraux et métaboliques; la biologie moléculaire s'intéresse principalement aux macromolécules et repose sur les découvertes fondamentales relatives à la réplication de l'ADN et l'expression des gènes.

2. M. Morange, *Histoire de La Biologie Moléculaire*, Paris, La Découverte, 1994; M. Morange, *Histoire de La Biologie*, Paris, Points-Seuil, 2016.

des êtres vivants[1]. La description de la nature chimique des gènes et la mise en évidence de la structure de l'ADN (que l'on doit aux travaux d'Oswald Avery, Francis Crick, James Watson, Rosalind Franklin et plusieurs autres) constituent des résultats marquants de la biologie moléculaire. Peu à peu émerge une « nouvelle vision de la vie »[2]. La biologie moléculaire est alors considérée par certains comme la « véritable » science biologique, capable d'importer dans le domaine du vivant le sérieux scientifique de la physique, en ayant recours à l'expérimentation et aux mathématiques et en proposant de décrire des « lois » du vivant[3]. Les thématiques principales explorées par la biologie moléculaire passée et présente sont la structure de l'ADN, la réplication, la réparation et la recombinaison de l'ADN, la transcription de l'ADN, la traduction des ARN messagers en protéines ou encore la régulation de l'expression des gènes[4].

1. M. Morange, *Histoire de La Biologie Moléculaire*, *op. cit.* ; R. C. Olby, *The Path to the Double Helix : The Discovery of DNA*, New York, Dover Publications, 1994 ; H. F. Judson, *The Eighth Day of Creation : Makers of the Revolution in Biology*, Plainview (N.Y), Cold Spring Harbor Laboratory Press, 1996 ; L. E. Kay, « Life as Technology : Representing, Intervening, and Molecularizing », in S. Sarkar (ed.) *The Philosophy and History of Molecular Biology : New Perspectives*, Dordrecht-Boston-London, Kluwer Academic Publishers, 1996, p. 87-100 ; S. de Chadarevian, *Designs for Life : Molecular Biology after World War II*, Cambridge (UK-New York), Cambridge University Press, 2002.

2. L. E. Kay, *The Molecular Vision of Life : Caltech, the Rockefeller Foundation and the Rise of the New Biology*, New York, Oxford University Press, 1993 ; L. E. Kay, *Who Wrote the Book of Life ? : A History of the Genetic Code*, Stanford, Stanford University Press, 2000.

3. Ce point de vue a suscité de nombreuses résistances chez d'autres biologistes, comme l'illustre par exemple le texte d'Ernst Mayr (1961) traduit dans ce volume.

4. B. Alberts *et al.*, *Molecular Biology of the Cell*, New York, Garland Science, Taylor and Francis Group, 2015, 6e éd.

La biologie moléculaire est peu présente dans la philosophie de la biologie telle qu'elle s'est construite des années 1960 à nos jours. Elle n'apparaît pas dans la plupart des manuels de philosophie de la biologie, et n'est mentionnée que très exceptionnellement dans la revue *Biology & Philosophy*[1].

Pourtant, les questions posées par la biologie moléculaire sont souvent cruciales d'un double point de vue philosophique et scientifique[2]. Il est d'ailleurs intéressant de noter que certains de ceux reconnus aujourd'hui comme des « fondateurs » de la discipline de la philosophie de la biologie, à la fin des années 1960 et au début des années 1970, se sont intéressés à la biologie moléculaire. On peut penser ici notamment à Kenneth Schaffner[3], David Hull[4] et Richard Burian[5], puis, un peu plus tard, à Alexander

1. J. Gayon, « Philosophy of Biology : An Historico-Critical Characterization », *in* A. Brenner, J. Gayon (ed.), *French Studies in the Philosophy of Science : Contemporary Research in France*, Dordrecht, Springer, 2009, p. 201-212 ; T. Pradeu, « Thirty Years of Biology & Philosophy : Philosophy of Which Biology ? », *Biology & Philosophy* 32, no. 2, 2017, p. 149-167.

2. J. Tabery, M. Piotrowska, L. Darden, « Molecular Biology », *in* E. N. Zalta (ed.), *The Stanford Encyclopedia of Philosophy*, Stanford, Metaphysics Research Lab, Stanford University, 2017 : https://plato.stanford.edu/archives/spr2017/entries/molecular-biology/.

3. K. Schaffner, « Approaches to Reduction », *Philosophy of Science* 34, no. 2, 1967, p. 137-147 ; K. Schaffner, « The Watson-Crick Model and Reductionism », *The British Journal for the Philosophy of Science* 20, 1969, p. 325-348.

4. D. Hull, *Philosophy of Biological Science*, Englewood Cliffs (N.J.), Prentice-Hall, 1974.

5. R. M. Burian, « On Conceptual Change in Biology : The Case of the Gene », *in* D. Depew, B. H. Weber (ed.), *Evolution at a Crossroads : The New Biology and the New Philosophy of Science*, Cambridge (Mass.), The MIT Press, 1985, p. 21–42.

Rosenberg[1] et Sahotra Sarkar[2]. Ces auteurs ont surtout exploré la question du réductionnisme, et tout particulièrement la question de savoir si le gène évolutionnaire pouvait être réduit au gène moléculaire.

Outre le réductionnisme, qui est resté jusqu'à nos jours l'une des principales questions posées par la philosophie de la biologie moléculaire[3], ce domaine s'interroge sur plusieurs concepts fondamentaux, au premier rang desquels ceux de gène et d'information. Concernant le gène, la principale question a été de savoir s'il était possible d'offrir une définition à la fois précise et unificatrice de ce terme[4].

1. A. Rosenberg, *The Structure of Biological Science*, Cambridge-New York, Cambridge University Press, 1985 ; A. Rosenberg, *Darwinian Reductionism : Or, How to Stop Worrying and Love Molecular Biology*, Chicago, The University of Chicago Press, 2006.

2. S. Sarkar, « Reductionism and Functional Explanation in Molecular Biology », *Uroboros* 1, 1991, p. 67-94.

3. L. Darden, N. Maull, « Interfield Theories », *Philosophy of Science* 44, no. 1, 1977, p. 43-64 ; Ph. Kitcher, « 1953 and All That. A Tale of Two Sciences », *The Philosophical Review* 93, no. 3, 1984, p. 335-373 ; C. Kenneth Waters, « Why the Anti-Reductionist Consensus Won't Survive : The Case of Classical Mendelian Genetics », *PSA : Proceedings of the Biennial Meeting of the Philosophy of Science Association* 1990, p. 125-139 ; C. Kenneth Waters, « Genes Made Molecular », *Philosophy of Science* 61, no. 2, 1994, p. 163-185 ; K. F. Schaffner, *Discovery and Explanation in Biology and Medicine*, Science and Its Conceptual Foundations, Chicago, University of Chicago Press, 1993 ; S. Sarkar, *Molecular Models of Life : Philosophical Papers on Molecular Biology*, Cambridge (Mass.), The MIT Press, 2005.

4. Ph. Kitcher, « Genes », *The British Journal for the Philosophy of Science* 33, no. 4, 1982, p. 337-359 ; C. K. Waters, « Genes Made Molecular », *op. cit.* ; P. J. Beurton, R. Falk, H.-J. Rheinberger (eds.), *The Concept of the Gene in Development and Evolution : Historical and Epistemological Perspectives*, Cambridge-New York, Cambridge University Press, 2000 ; E. Fox Keller, *The Century of the Gene*, Cambridge (Mass.), Harvard University Press, 2000 ; L. Moss, *What Genes Can't Do*, Cambridge (Mass.), The MIT Press, 2003 ; J. Gayon, « The Concept

Quant au concept d'information, il est omniprésent en génétique et en biologie moléculaire depuis des décennies, où il a été importé de la cybernétique et de l'informatique [1]. De nombreux philosophes se sont interrogés sur la signification exacte du terme d'« information » en biologie, sur sa valeur heuristique, et sur la question de savoir s'il était davantage qu'une simple métaphore [2]. Un troisième concept important est celui de « mécanisme », que plusieurs philosophes de la biologie se sont efforcés d'appliquer à différents domaines de la biologie, et de façon prioritaire à la biologie moléculaire. Selon ces philosophes, les biologistes, dans leurs pratiques scientifiques quotidiennes, chercheraient à représenter et à comprendre les phénomènes biologiques à l'aune de mécanismes, plutôt que de théories [3].

of the Gene in Contemporary Biology : Continuity or Dissolution ? », *in* A. Fagot-Largeault, Sh. Rahman, J. M. Torres (ed.), *The Influence of Genetics on Contemporary Thinking* (*Logic, Epistemology and The Unity of Science* 6), Springer Netherlands, 2007, p. 81–95 ; P. Griffiths, K. Stotz, *Genetics and Philosophy : An Introduction*, Cambridge, Cambridge University Press, 2013.

1. M. Morange, *Histoire de La Biologie Moléculaire*, *op. cit.*

2. S. Oyama, *The Ontogeny of Information : Developmental Systems and Evolution*, Durham (N.C.), Duke University Press, 2000, 2nd ed. ; P. Godfrey-Smith, « On the Theoretical Role of "Genetic Coding" », *Philosophy of Science* 67, no. 1, 2000, p. 26-44 ; P. Godfrey-Smith, « Information in Biology », *in* D. L. Hull, M. Ruse (ed.), *The Philosophy of Biology*, Cambridge, Cambridge University Press, 2007, p. 103-119 ; P. E. Griffiths, « Genetic Information : A Metaphor in Search of a Theory », *Philosophy of Science* 68, no. 3, 2001, p. 394-412.

3. W. Bechtel, R. C. Richardson, *Discovering Complexity : Decomposition and Localization as Strategies in Scientific Research*, Princeton, Princeton University Press, 1993 ; P. Machamer, L. Darden, C. F. Craver, « Thinking about Mechanisms », *Philosophy of Science* 67, no. 1, 2000, 1-25 (ce texte est traduit dans le présent volume) ; C. F. Craver, L. Darden, *In Search of Mechanisms : Discoveries across the Life Sciences*, Chicago-London, University of Chicago Press, 2013.

Dans le texte choisi ici, Michel Morange revient sur le rôle du concept d'information dans la biologie moléculaire récente. Il montre comment l'approche informationnelle a eu tendance à éclipser une autre approche, pourtant majeure, en biologie moléculaire, à savoir l'approche structurale.

Avant d'aller plus loin, il importe de souligner que la position de Michel Morange dans le champ de l'histoire et de la philosophie de la biologie est singulière : biologiste de métier (dans le domaine de la biologie moléculaire et cellulaire et celui de la biologie du développement), il est également philosophe (il a soutenu une thèse de philosophie sous la direction de Jacques Merleau-Ponty) et historien des sciences. Ses ouvrages ont joué un rôle majeur dans le domaine de l'histoire et de la philosophie des sciences du vivant, tout particulièrement son *Histoire de la biologie moléculaire* [1]. Il est donc à la fois un observateur et un acteur du domaine de la biologie moléculaire.

Dans la contribution traduite ici, Michel Morange montre que la biologie moléculaire structurale, qui cherche à établir les structures de certaines macromolécules (particulièrement les protéines) pour en déduire les fonctions, a joué un rôle essentiel dans le développement de la biologie moléculaire en général, mais que ce rôle n'a généralement pas été reconnu, notamment par les historiens des sciences. Il souligne que, au moment même où la vision informationnelle de la biologie moléculaire est critiquée de toutes parts, le versant structural de la discipline, qui s'est construit beaucoup plus lentement que le versant informationnel,

1. M. Morange, *Histoire de La Biologie Moléculaire*, *op. cit.*; M. Morange, *La Part Des Gènes*, Paris, Odile Jacob, 1998 ; M. Morange, *La Vie Expliquée ? : 50 Ans Après La Double Hélice*, Paris, Odile Jacob, 2003.

est extrêmement dynamique – une interprétation que partage l'un des plus grands généticiens des populations actuels, Richard Lewontin [1]. Morange explore en détail les raisons et les conséquences de cette négligence du versant structural, qui a conduit à cette situation paradoxale celle, écrit-il, d'« *un décalage croissant entre les nombreuses discussions actuelles entre philosophes sur les difficultés dans lesquelles se débattrait la biologie moléculaire et le sentiment des chercheurs travaillant dans ce domaine de progresser à pas de plus en plus rapides vers l'explication des fonctions du vivant* ».

Thomas PRADEU

1. R. C. Lewontin, *The Triple Helix : Gene, Organism and Environment*, Cambridge (Mass.) Harvard University Press, 2000.

MICHEL MORANGE

LA PLACE AMBIGUË DE LA BIOLOGIE MOLÉCULAIRE STRUCTURALE DANS L'HISTORIOGRAPHIE DE LA BIOLOGIE MOLÉCULAIRE [1]

La biologie moléculaire structurale cherche à caractériser la structure des macromolécules, ADN, ARN et surtout protéines, afin d'en expliquer les fonctions. Elle est un domaine de recherche très actif : ses résultats occupent une place importante dans les ouvrages présentant les avancées récentes de la biologie. La valeur esthétique des modèles macromoléculaires et la précision avec laquelle les fonctions des machines macromoléculaires sont décrites contribuent largement au pouvoir de séduction de la biologie contemporaine.

Il existe un contraste marquant entre l'abondance et la complexité des travaux de biologie moléculaire structurale et l'absence presque complète d'études historiques et philosophiques sur ce domaine de recherche. La contribution de la biologie moléculaire structurale a toujours été sous-

1. M. Morange, « The ambiguous place of structural biology in the historiography of molecular biology », *in* H.-J. Rheinberger, S. de Chadarevian (eds.), *History and Epistemology of Molecular Biology and Beyond : Problems and Perspectives*, Preprint of the Max Planck Institute for the History of Science, 2006.

évaluée dans l'historiographie de la biologie moléculaire, pour les raisons que je décrirai.

Cette contribution trouve son origine dans les avis émis par de nombreux historiens et philosophes des sciences sur la signification des transformations actuelles de la biologie, et en particulier l'émergence de la biologie dite « post-génomique » : ces évolutions seraient le signe que la biologie émergerait difficilement d'une longue phase de réductionnisme dur. Un tel discours s'accorde mal avec la place actuelle des structures macromoléculaires dans les articles et ouvrages de biologie, et plus encore avec la croissance de plus en plus rapide de ces connaissances structurales.

Pourquoi cette face structurale de la biologie moléculaire est-elle si peu visible, alors que sa face informationnelle, l'étude des gènes et de leur rôle, a reçu tant d'attention ? Quelle est l'origine de cette absence de reconnaissance ? En quoi une meilleure prise en compte de la biologie moléculaire structurale changerait-elle notre vision de la biologie moléculaire ? En quoi demanderait-elle de modifier son historiographie ?

Comme je le rappelle dans la première partie, la caractérisation des premières structures de macromolécules a été étroitement associée à la naissance de la biologie moléculaire. Pour les fondateurs de la biologie moléculaire, les fonctions cellulaires seraient expliquées par la description de la structure des macromolécules impliquées dans leur réalisation. Le meilleur exemple est l'ADN dont la structure révéla immédiatement comment cette molécule pouvait être aisément dupliquée, et jouer ainsi son rôle génétique.

Dans la deuxième partie, je montrerai que, dès le départ, les rythmes de développement de la biologie structurale et de la biologie informationnelle ont été très différents, ce qui explique la situation présente décrite dans la troisième partie. J'approfondirai dans la quatrième partie les raisons de ce manque de reconnaissance de la biologie moléculaire structurale. Je montrerai enfin en quoi il altère notre vision de ce qu'est, et de ce qu'a été, la biologie moléculaire.

La détermination des premières structures de macromolécules coïncida avec l'essor de la biologie moléculaire

Plusieurs historiens associent l'essor de la biologie moléculaire à la mise au point des techniques permettant l'étude des macromolécules (Kay 1993) : mise au point des premiers appareils d'électrophorèse, de sources puissantes de rayons-X pour leur diffraction sur des cristaux de protéines, des ultracentrifugeuses, de microscopes électroniques, etc. Une décennie plus tard, entre les années 1940 et le début des années 1960, l'établissement des grands principes de la biologie moléculaire – de la relation un gène-une enzyme au décryptage du code génétique – fut parallèle à l'obtention des premières descriptions précises de structures macromoléculaires – structures secondaires (hélices α et feuillets β) des protéines par Linus Pauling en 1951, structure de l'ADN en 1953, de la myoglobine en 1959, de l'hémoglobine peu après, de la première enzyme, le lysozyme, par David Phillips en 1965, de la chymotrypsine par David Blow en 1969. Comme cela a été bien montré par l'historienne Soraya de Chadarevian (2002, 2004), les premiers modèles de structure apportaient l'explication tant attendue des fonctions des macromolécules. Par exemple, les modèles du lysozyme et de la chymotrypsine permirent de proposer des mécanismes réactionnels, et d'expliquer comment ces enzymes favorisaient, c'est-à-dire catalysaient, l'accomplissement de ces réactions.

Les rythmes de développement de la biologie moléculaire structurale et de la biologie moléculaire informationnelle furent très différents

Il y a ainsi un parallèle apparent entre le développement des faces structurale et informationnelle de la biologie moléculaire. Mais ce parallèle est en partie illusoire car les études structurales ne reçurent pas la même attention que les spéculations sur l'information. J'ai déjà mentionné le rôle majeur que joua Linus Pauling dans la caractérisation des structures secondaires des protéines. Il est aussi célèbre pour son étude de l'hémoglobine, et le modèle erroné de structure de l'ADN qu'il proposa peu de temps avant celui de Jim Watson et de Francis Crick. Les efforts déployés par Linus Pauling confortèrent ces derniers dans la conviction que l'enjeu était important, et les stimulèrent dans leurs recherches. Mais la contribution majeure de Linus Pauling, dont l'importance est loin d'être reconnue à sa juste valeur, est autre : c'est d'avoir caractérisé les liaisons dites « faibles », et d'avoir montré leur importance dans la structure des macromolécules.

Quelles sont les raisons qui empêchèrent cette reconnaissance de la face structurale de la biologie moléculaire ? Au début des années 1960, les progrès faits dans les deux branches de la biologie moléculaire n'étaient pas comparables. L'espoir des premiers biologistes moléculaires de découvrir des règles simples contrôlant les relations entre les gènes et les protéines avait été comblé, et même dépassé : le passage de l'information de l'ADN aux protéines par l'ARN, et le code génétique étaient des règles simples et universelles au sein du monde vivant.

La situation était tout autre du côté structural. Le premier modèle de la myoglobine fut qualifié de « viscéral », et comparé à une saucisse (Chadarevian 2004) : la protéine contenait bien des éléments de structure secondaire, mais ceux-ci ne jouaient pas le rôle qu'on leur avait attribué jusque-là, d'être les briques permettant directement la construction de la structure tridimensionnelle. En outre, les premières structures qui furent déterminées se révélèrent toutes différentes, à l'exception de la myoglobine et de l'hémoglobine, proches par la structure car dérivant d'une protéine ancestrale commune. Certaines étaient riches en hélices α, d'autres n'en contenaient pas ; certaines contenaient des feuillets β, d'autres non ; certaines protéines ne contenaient aucun élément de structure secondaire.

La déception est clairement sensible dans la première description de la myoglobine que donna John Kendrew : « Peut-être les traits les plus remarquables de la molécule sont-ils sa complexité et son absence de symétrie. L'arrangement (de la chaîne polypeptidique) semble totalement manquer du type de régularité que l'on attendait instinctivement, et il est plus compliqué que tout ce qui avait été prédit par les théories sur la structure des protéines » Kendrew (1958).

La pauvreté des données, et l'absence de toute règle simple se dégageant de l'étude de ces premières structures, pouvaient jeter un doute sur l'ambition des biologistes moléculaires d'expliquer simplement les fonctions par les structures (en dépit de ce qui pouvait être expliqué par ces premières structures, comme les mécanismes catalytiques). Ces doutes furent exprimés avec vigueur par le mathématicien français René Thom, lauréat de la médaille Fields, opposant énergique à la biologie moléculaire réductionniste, et auteur d'un modèle mathématique de la morphogenèse (Thom 1983).

Le plus important est que ces doutes étaient partagés par de nombreux biologistes moléculaires. Le niveau de résolution atteint par la diffraction des rayons-X n'était peut-être pas suffisant pour pouvoir expliquer les « pouvoirs » des macromolécules. Le niveau électronique serait celui auquel les extraordinaires capacités des protéines trouveraient leur explication : la biochimie quantique se présentait, dans ces années, comme une discipline émergente (Pullman 1963). L'utilisation de cristaux de protéines pour déterminer la structure était aussi critiquée. Les structures rigides ainsi dévoilées n'avaient peut-être rien à voir avec la vraie structure active des protéines. Je pense que l'on ne peut pas comprendre l'émergence, ni l'intérêt accordé au modèle allostérique (Buc 2010), si l'on n'y voit pas un avatar de cette recherche désespérée de règles simples d'organisation de la structure des protéines qui, contre toute attente, n'avaient pas émergé « naturellement » de l'étude des premières protéines.

Tandis que les biologistes moléculaires avaient réussi à découvrir les règles simples réglant le flux des informations à l'intérieur des organismes, les études structurales avaient échoué à faire de même pour l'organisation des protéines, et plus encore pour celle des ARN.

Depuis le milieu des années 1960, les faces informationnelles et structurales de la biologie moléculaire ont évolué de manière bien différente de ce qui s'était passé pendant la période antérieure. Les schémas de circulation de l'information sont devenus de plus en plus complexes avec la découverte des processus d'épissage et d'édition, et un d'ensemble d'exceptions, au moins apparentes, au dogme central de la biologie moléculaire. Les règles sont devenues floues, et ne sont plus universelles (comme, par exemple, le code génétique). La face informationnelle de la biologie moléculaire est entrée dans une période de crise, dont elle n'est pas encore sortie, et sur laquelle se sont beaucoup penchés les historiens et les philosophes.

La face structurale de la biologie moléculaire a connu une évolution diamétralement opposée : une augmentation rapide du nombre de structures connues. De cette abondance de données, les règles simples, tant recherchées, d'organisation des structures protéiques émergèrent peu à peu. Ces transformations s'opérèrent sans crise. Les limites de la technique de diffraction des rayons-X, qui avaient reçu tant d'attention dans les années 1980, ne furent plus considérées comme un problème. La mise au point de techniques alternatives permettant de se passer de l'étape de cristallisation, comme la Résonance Magnétique Nucléaire, fut poursuivie, mais elle ne fut plus la priorité qu'elle avait pu être auparavant.

Je souhaite décrire rapidement ces développements de la biologie moléculaire structurale, car ils n'ont pas été assez mis en valeur. Des progrès technologiques ont été réalisés depuis les années 1960. Une des limites majeures au développement de la biologie structurale était alors la « résistance » de nombreuses protéines à la cristallisation. Encore aujourd'hui, il n'existe pas de recette universelle de cristallisation. Ceci n'a pas empêché la mise au point d'une méthode plus rationnelle de cristallisation dans laquelle de nombreuses conditions physico-chimiques sont systématiquement explorées. Différentes molécules, dont des détergents, furent ajoutées pour favoriser le processus de cristallisation. Grâce en particulier à l'utilisation du rayonnement synchrotron produit par les accélérateurs de particules, les sources de rayons-X sont devenues plus puissantes, ce qui a permis de réduire la taille des cristaux requis, et le temps nécessaire à la collecte des données. Grâce à cet ensemble de progrès discrets, l'obtention de cristaux n'est pratiquement plus jamais aujourd'hui un obstacle à la détermination de la structure des protéines. Les étapes d'acquisition et de traitement des données furent automatisées et accélérées. Les structures moléculaires ne sont pas seulement visualisées, mais aussi manipulées et affinées sur l'écran d'ordinateur. Les premières étapes de cette révolution informatique ont été bien décrites par Éric Francœur et Jérôme Ségal (2004). Le génie génétique a aussi joué un rôle majeur dans ces évolutions. Il a permis la préparation de grandes quantités de protéines à l'état pur, ou celle de formes modifiées de ces protéines dans lesquelles des remplacements ciblés d'acides aminés permettaient la résolution du problème de la phase qui avait obsédé les premiers cristallographes des protéines.

La conséquence de ces changements apparemment mineurs, mais essentiels par leur accumulation, ne fut pas seulement une croissance exponentielle du nombre des structures connues, mais aussi l'extension des travaux à de nouvelles familles de protéines, tels les récepteurs et les canaux présents dans les membranes cellulaires, les complexes macromoléculaires formés d'un grand nombre de sous-unités différentes comme l'ARN polymérase, des particules comme les ribosomes, des complexes associant ADN et protéines, des virus, etc. Toutes les machines macromoléculaires étaient désormais accessibles aux études structurales.

En parallèle à cette accumulation de données, une nouvelle manière de représenter la structure des protéines émergea et fut rapidement adoptée, en liaison avec la mise au point d'une classification structurale des protéines. Dans la description qu'elle donne de l'élaboration des premiers modèles de protéines, Soraya de Chadarevian (2004) insiste sur l'importance d'un livre, *La Structure et l'action des protéines* de Dickerson et Geis, dont la première édition fut publiée en 1969, et qui devint rapidement un classique pour la représentation des protéines (Dickerson, Geis 1969). Cette dernière fut encore plus renouvelée par les modèles élaborés par Jane Richardson à la fin des années 1970. La valeur esthétique de ces modèles, le choix des couleurs, l'excellente visibilité des structures secondaires contribuèrent à leur rapide succès (Morange 2011). Un deuxième ouvrage, *Introduction à la structure des protéines*, publié en 1991 par Carl Branden et John Tooze, contribua à faire connaître cette nouvelle représentation, les nombreuses structures protéiques récemment décrites, et les règles qui, en associant les structures secondaires, engendraient les principales familles de protéines. La préface du livre indiquait clairement les objectifs de ses auteurs, et le contexte de publication de l'ouvrage :

> Notre but, en écrivant ce livre, a donc été de révéler la logique structurale et fonctionnelle qui a émergé des données accumulées sur la structure des protéines. (…) La biologie moléculaire a commencé il y a quelque quarante ans quand on a réalisé que la structure était cruciale pour une compréhension correcte de la fonction. De manière paradoxale, les retentissantes réalisations de la génétique moléculaire et de la biochimie ont conduit à une éclipse des études structurales. Nous croyons que la roue a fait maintenant un tour complet, et que ces succès ont accru le besoin d'une analyse structurale, en même temps qu'ils en fournissaient les moyens. (Branden et Tooze 1991, Préface).

Ce livre eut une grande influence. Il popularisa la nouvelle représentation des protéines proposée par Jane Richardson. Elle n'a rien de « réaliste », et pourtant elle est depuis privilégiée pour décrire les principales caractéristiques structurales des protéines et expliquer comment celles-ci accomplissent leurs fonctions. Si nécessaire, il est toujours possible de « zoomer » sur une partie de la structure et de faire ainsi apparaître toutes les liaisons entre atomes. La principale originalité de cette représentation est de placer au cœur de l'architecture des protéines les éléments de structure secondaire, et la manière dont ils s'assemblent pour engendrer des motifs protéiques. L'existence de motifs structuraux dans les protéines, l'organisation de ces motifs en domaines et l'existence de classes de protéines – tout α, car ne contenant que des hélices α, tout β car ne contenant que des feuillets β, $\alpha\beta$, etc. – étaient des résultats nouveaux que l'ouvrage de Branden et Tooze popularisa, et qui éclairaient la question, jusqu'alors extraordinairement obscure, de la structure et du repliement des protéines. Une deuxième édition du livre fut publiée huit ans plus tard, en 1999. Les changements entre les deux éditions montraient que la première avait atteint ses objectifs. La préface était bien plus courte : il n'était plus nécessaire de souligner l'importance des nouvelles descriptions et représentations. La structure illustrant la couverture était celle du canal potassium déterminée par le groupe de MacKinnon, qui lui valut, quelques années plus tard, l'attribution du prix Nobel. Cette structure était emblématique de la manière dont la biologie moléculaire structurale pouvait apporter des réponses à des questions posées depuis cinquante ans ou plus, dans ce cas sur les mécanismes de propagation de l'influx nerveux. Cette deuxième édition était aussi beaucoup plus orientée que la première vers les applications des connaissances nouvellement acquises : comment, par exemple, dessiner de nouveaux agents pharmacologiques.

La situation actuelle

Ainsi, les progrès gigantesques faits dans la détermination de la structure tridimensionnelle des protéines, et l'adoption progressive d'une nouvelle description et d'un nouveau langage – en termes de motifs, de domaines – pour décrire ces structures, contrastent avec les difficultés rencontrées dans la description informationnelle du vivant.

La description molécularo-mécaniste des événements intracellulaires a été un succès au-delà de toute attente. L'idée que le niveau moléculaire de description n'était pas le plus important, et qu'un autre niveau, par exemple le niveau électronique, serait le plus adéquat pour décrire comment fonctionnent les macromolécules a totalement disparu. L'analogie entre les protéines et des nanomachines a été fermement établie. Un événement marquant pour cela a été la découverte que le mouvement relatif des deux parties de l'ATPase, l'enzyme qui synthétise l'ATP dans la membrane interne des mitochondries, était identique à celui d'un rotor et d'un stator. Cette aptitude des protéines à fonctionner comme des nanomachines vient de leur organisation en parties rigides et en parties mobiles, les premières correspondant *grosso modo* aux motifs précédemment décrits.

Ainsi, niveau de description et niveau d'explication sont à nouveau confondus : l'importance accordée dans les représentations aux structures secondaires et à leur association en motifs est parallèle à l'importance que ces motifs ont dans l'organisation structurale de ces protéines et leur mécanisme de repliement, mais aussi dans leur fonctionnement comme nanomachines. Les motifs constituent la partie rigide de ces nanomachines. Les mouvements internes associés à l'activité de ces nanomachines correspondent au déplacement relatif de ces motifs par glissement ou effet de levier.

Le problème de la représentation en deux dimensions d'une structure tridimensionnelle explique le petit nombre de représentations structurales dans les années 1960, et au début des années 1970. Il a été résolu de deux manières opposées : par la nouvelle représentation simplifiée décrite précédemment et par l'usage croissant de l'informatique, avec la possibilité de mimer sur l'écran d'ordinateur un déplacement dans un espace à trois dimensions. Des protéines, dont la fonction restait encore mystérieuse il y a peu de temps, comme les protéines membranaires, ont été aussi réduites à des nanomachines au fonctionnement remarquablement précis, tel le canal potassium décrit précédemment.

L'historiographie des transformations récentes de la biologie moléculaire a largement ignoré ces avancées de la biologie moléculaire structurale pour se concentrer sur les difficultés croissantes à définir ce qu'est un gène, et ce que sont ses « fonctions ».

Le résultat est un décalage croissant entre les nombreuses discussions actuelles entre philosophes sur les difficultés dans lesquelles se débattrait la biologie moléculaire, et le sentiment des chercheurs travaillant dans ce domaine de progresser à pas de plus en plus rapides vers l'explication des fonctions du vivant.

J'ai été très heureux de trouver une constatation semblable dans les écrits d'un généticien, Richard Lewontin, car les généticiens ont été souvent plus intéressés par les changements de l'environnement et les stratégies évolutives des organismes que par les conséquences des variations génétiques sur la structure et la fonction des macromolécules : « Ces explications (de la forme des molécules et de leurs interactions), cependant, n'ont pas trouvé leur juste place parmi les explications les plus couramment avancées en biologie. Il n'est pas possible de lire la littérature sur, disons, la génétique du développement sans remarquer que de telles observations sur les changements de structure restent marginales dans le domaine des recherches sur les relations entre les gènes, les protéines et les organismes, et l'affaire d'un petit nombre de spécialistes des structures moléculaires. Ce qui est nécessaire est de déplacer la question des structures d'un domaine scientifique périphérique représenté par quelques cas particuliers vers une question centrale de recherche pour toutes les études au niveau moléculaire » (Lewontin 2000 : 117, notre traduction).

D'AUTRES RAISONS DE SOUS-ESTIMER LA BIOLOGIE MOLÉCULAIRE STRUCTURALE

Il est parfaitement clair aujourd'hui que la biologie moléculaire structurale a été mal traitée dans l'historiographie de la biologie moléculaire. J'y vois au moins trois raisons.

La première est, comme nous l'avons vu, le rythme régulier avec lequel la connaissance structurale a été acquise. Il n'y eut ni crise, ni réorientation brutale. Il n'y a pas eu de découvertes révolutionnaires comparables à celles de l'épissage et des processus d'édition.

La deuxième raison est la complexité du domaine, son aspect « désordonné », et l'abondance des données. Les règles et principes ne se dégagèrent que lentement et progressivement, et cela au seul regard des spécialistes.

La troisième raison est plus générale, liée à la place limitée que la chimie s'est toujours vue accorder dans les travaux historiques et philosophiques. La philosophie de la chimie ne s'est constituée que très récemment comme discipline, bien après celle de la biologie, et plus encore de la physique et des mathématiques. Joachim Schummer a proposé plusieurs hypothèses pour expliquer les raisons de ce retard : « Jusqu'à peu, les philosophes ont obstinément négligé la chimie, comme si elle n'existait pratiquement pas. Il y a eu beaucoup de tentatives pour expliquer ce fait étrange. Est-ce l'absence de « grandes » questions en chimie, sa relation étroite avec les technologies, ou le pragmatisme des chimistes hérité de leur histoire, et leur absence d'intérêt pour les questions métaphysiques ? Une opinion largement répandue est que le principal obstacle est dans la prétendue réduction de la chimie à la physique (par la mécanique quantique) » (Schummer 2003 : 37). Il y a un effet boule de neige inhérent à ces caractéristiques de la chimie, puisque le pragmatisme des chimistes, et l'accumulation d'observations qui en est la conséquence, rendent la discipline opaque aux observateurs extérieurs à ses pratiques, et pour cette raison limite sa place en philosophie des sciences. Joachim Schummer concluait qu'une autre raison était d'ordre historique : l'attention presque exclusive portée à la physique depuis la révolution scientifique du XVIIe siècle. Il a été plus facile aux sciences biologiques de montrer leur originalité philosophique vis-à-vis de la physique, qu'à la chimie qui en était trop proche. Ajoutons que, depuis le XVIIIe siècle, les chimistes ont considéré avec un sentiment d'horreur les racines alchimiques de leur discipline, et préféré lier, même artificiellement, son développement à celui de la physique.

QUELLES SONT LES CONSÉQUENCES POUR L'HISTORIOGRAPHIE DE LA BIOLOGIE MOLÉCULAIRE ?

J'aimerais attirer l'attention sur deux conséquences de ce que j'appelle un déni de la part structurale de la biologie moléculaire. La première concerne l'historiographie de la biologie moléculaire actuelle. Le peu d'attention porté à la biologie moléculaire structurale n'est pas nouveau, mais il était contrebalancé dans les présentations traditionnelles de l'histoire de la biologie moléculaire par l'importance accordée à la découverte de quelques structures. Trop de travaux récents se sont focalisés sur les difficultés rencontrées par la vision informationnelle de la biologie moléculaire. Sans remettre en cause la valeur de ces travaux, il est très dommage qu'il y ait une absence totale d'études sur les énormes progrès accomplis dans la caractérisation des structures protéiques et le terrain, maintenant affermi, sur lequel se déploient les explications molécularo-mécanistes. L'état de la biologie contemporaine est complexe et ne peut être faussement réduit aux difficultés de la vision informationnelle.

La seconde conséquence concerne l'historiographie de l'ère classique de la biologie moléculaire. Prendre sérieusement en compte l'absence d'études historiques sur les développements récents de la biologie moléculaire structurale peut éclairer le débat entre les deux périodisations différentes proposées pour l'histoire de la biologie moléculaire

Dans la première, prônée par Robert Olby, Pnina Abir-Am et Lily Kay, la biologie moléculaire a émergé avec le développement de nouvelles technologies permettant l'étude des macromolécules. Ces dernières venaient occuper « le monde des dimensions négligées », selon le titre de l'ouvrage de Wolfgang Ostwald consacré aux colloïdes et publié en 1917, le monde qui s'étendait des molécules du chimiste organicien aux structures subcellulaires à peine détectables au microscope optique (Ostwald 1917 [1914], cité par Olby 1986). Si l'on accepte cette présentation de l'histoire de la biologie moléculaire, l'importance des développements récents de la biologie moléculaire structurale montre que la biologie moléculaire n'a jamais été aussi vivante qu'aujourd'hui.

La seconde périodisation, proposée par la jeune génération d'historiens incluant Soraya de Chadarevian et Bruno Strasser, donne plus d'importance à la vision informationnelle qui s'est développée après la Seconde Guerre Mondiale. Cette conjonction transitoire entre les caractéristiques des structures révélées par les biologistes et l'interprétation informationnelle des fonctions macromoléculaires est aujourd'hui rompue – non seulement à cause des difficultés rencontrées par la vision informationnelle, mais aussi et surtout grâce aux succès rencontrés dans le développement de la biologie structurale qui rendent moins utile une description informationnelle.

Ainsi, en donnant à la biologie moléculaire structurale sa vraie place dans les développements récents de la biologie, on peut obtenir deux réponses très différentes à la question « Est-ce que la biologie moléculaire est encore vivante ? » suivant la description historique que l'on a privilégiée. Ce n'est pas la place ici de choisir entre ces deux descriptions, mais simplement de montrer que remettre à sa juste place la biologie moléculaire structurale jette une lumière nouvelle sur l'histoire de la biologie moléculaire.

Références

BRANDEN C., Tooze J. (1991), *Introduction to protein structure*, New York, Garland Publishing co.

BUC H. (2010), « Les derniers écrits de Jacques Monod : biologie moléculaire et évolution », *Bull. Hist. Epistem. Sci. Vie* 17, 155-173

CHADAREVIAN S. (de) (2002), *Designs for life : molecular biology after World War II.* Cambridge, Cambridge University Press.

CHADAREVIAN S. (de) (2004), « Models and the making of molecular biology », *in* S. de Chadarevian, N. Hopwood (eds.), *Models : the third dimension of science*, Stanford, Stanford University Press, p. 339-368.

DICKERSON R. E., Geis I. (1969), *The Structure and action of proteins*, New York, Harper and Row.

FRANCŒUR E., Ségal J. (2004), « From model limits to interactive computer graphics », *in* S. de Chadarevian, N. Hopwood (eds.), *Models : the third dimension of science*, Stanford, Stanford University Press, p. 402-429.

KAY L. E. (1993), *The Molecular Vision of Life*, Oxford, Oxford University Press.

KENDREW J. C. (1958), « A three-dimensional model of the myoglobin molecule obtained by X-ray analysis », *Nature* 181, 662-666.

LEWONTIN R. (2000), *The Triple helix : gene, organism and environment*, Cambridge (MA), Harvard University Press.

MORANGE M. (2011), « Construction of the ribbon model of proteins (1981) : the contribution of Jane Richardson », *Journal of Biosciences* 36(4), 571-574.

OLBY R. (1986), « Structural and dynamical explanations in the world of neglected dimensions », *in* T. J. Horder, J. A. Witkowski, C. C. Wylie (eds.), *A History of embryology*, Cambridge, Cambridge University Press, p. 275-308.

OSTWALD W. (1917) [1914], *Introduction to theoretical and applied colloid science. The world of neglected dimensions*, New York, John Wiley & Sons.

PULLMAN B., PULLMAN A. (1963), *Quantum Biochemistry*, New York, Interscience Publ. (John Wiley and sons).

SCHUMMER J. (2003), « The Philosophy of Chemistry », *Endeavour* 27, 37-41.

THOM R. (1983), *Paraboles et catastrophes : entretiens sur les mathématiques, la science et la philosophie*, Paris, Flammarion.

PRÉSENTATION

DÉVELOPPEMENT

L'embryologie, rebaptisée biologie du développement au milieu du XXe siècle, a connu récemment une expansion remarquable. Des liens ont été établis entre la biologie du développement et la biologie de l'évolution au sein de ce que l'on appelle l'Evo-Dévo, la biologie évolutionnaire du développement. Mais, en dehors de ces relations avec la théorie darwinienne, la biologie du développement, comme une grande part de la biologie fonctionnelle, a peu attiré l'attention des philosophes. Scott Gilbert est un biologiste du développement connu, auteur d'un manuel, maintes fois réédité et mis à jour, qui sert de référence dans ce domaine. Il est aussi un historien de sa discipline, qui scrute avec attention les enjeux philosophiques, mais aussi politiques, sociaux et éthiques, des transformations de la biologie du développement.

Les questions qu'il soulève dans son article pourraient être considérées par le lecteur profane comme des questions constitutives de la biologie du développement. Les causes du développement sont-elles uniquement internes à l'organisme, ou situées aussi dans l'environnement ? Un même organisme peut-il adopter des structures et des fonctions différentes suivant l'environnement dans lequel son développement s'est opéré, et quelles sont les limites de cette variabilité ? Le développement d'un organisme est-il autonome, ou le fruit de l'interaction avec d'autres organismes ?

Mais autant le développement est, selon les termes de Scott Gilbert, « le produit de son milieu », autant les questions soulevées dans son article trouvent leur fondement dans l'histoire complexe de la biologie du développement.

LE CONTEXTE HISTORIQUE

La théorie de l'épigenèse, c'est-à-dire du développement progressif de l'organisme, a dominé la pensée biologique depuis l'Antiquité, et plus précisément depuis Aristote et Hippocrate. La théorie de la préformation, selon laquelle l'organisme est préformé dans ce qui est à son origine, ovule ou spermatozoïde, n'a été importante qu'aux XVIIe et XVIIIe siècles[1]. Son prolongement, la théorie de l'emboîtement des germes, permettait de réduire la création des organismes à un acte divin unique. Ces enjeux théologiques ne doivent pas faire oublier que la théorie de la préformation est avant tout le fruit de deux avancées scientifiques qui, rétrospectivement, apparaissent majeures : l'invention du microscope et la recherche systématique, à la suite de Galilée et de Descartes, d'explications mécanistes du fonctionnement des organismes vivants.

La renaissance de l'épigenèse fut liée à la découverte de mécanismes embryologiques fondamentaux et communs à un grand nombre d'organismes – existence de feuillets embryonnaires, repliement de ces feuillets pour engendrer

1. Voir notamment, J. Roger, *Les Sciences de la vie dans la pensée française du XVIIIe siècle. La génération des animaux de Descartes à l'Encyclopédie*, Paris, Armand Colin, 1963 ; J. Maienschein, « Epigenesis and Preformationism », *in* E. N. Zalta (ed.), *The Stanford Encyclopedia of Philosophy* (Spring 2017 Edition), URL=<https://plato.stanford.edu/archives/spr2017/entries/epigenesis, 2005.

les structures de l'embryon –, interprétés dans les premières décennies du XIXe siècle en termes cellulaires.

Le développement de la théorie darwinienne de l'évolution, et l'interprétation qu'en donna Ernst Haeckel (par la formule devenue célèbre « l'ontogenèse récapitule la phylogenèse »), fit de l'embryologie la servante de l'effort de classification évolutive des espèces vivantes. Chaque organisme récapitulait au cours de son développement les étapes évolutives successivement franchies par ses ancêtres : la description du développement embryonnaire donnait ainsi directement la place de l'organisme dans l'arbre du vivant.

La naissance de la « Mécanique du développement » à la fin du XIXe siècle fut une réaction contre ce rôle devenu second de l'embryologie, en même temps qu'un retour à une approche expérimentale et mécanistique du développement embryonnaire. La mécanique du développement (baptisée *Entwicklungsmechanik* par son fondateur Wilhelm Roux) fut étudiée dans les laboratoires des stations marines récemment créées, sur des organismes sélectionnés parce que l'étude des premières étapes du développement y était aisée, en raison de la petite taille des organismes, de leur cycle de vie court et de leur élevage simple. Les travaux de Hans Spemann dans les années 1930 contribuèrent de manière décisive à la description de mécanismes propres au développement embryonnaire : l'induction, la détermination, etc.

Le principal défi pour l'embryologie fut, pendant tout le XXe siècle, sa confrontation à la génétique, puis à la biologie moléculaire. La constitution d'une science autonome de l'hérédité était, pour l'embryologie, inacceptable : comment était-il possible d'expliquer la transmission entre générations des caractéristiques des organismes sans s'intéresser aux mécanismes par lesquels ces caractéristiques étaient reproduites au cours de l'embryogenèse ? L'essor de la génétique fut considéré par la majorité des embryologistes comme un retour du préformationnisme, la structure et le devenir des organismes étant apparemment entièrement contenus dans la nature des formes géniques présentes dans l'œuf. La génétique donnait aux gènes, et au noyau cellulaire qui les contient, le rôle principal dans le développement, alors que les embryologistes trouvaient dans l'organisation du cytoplasme de l'œuf le moteur des (premières) étapes du développement embryonnaire. Le cytoplasme était sensible aux influences venues de l'environnement ; le développement contrôlé par les gènes était, lui, un développement entièrement construit de l'intérieur de l'organisme.

Ce n'est pas un hasard si la Synthèse Moderne, qui marqua dans les années 1930 le rapprochement entre la théorie darwinienne de l'évolution et les résultats et modèles de la génétique, laissa pour l'essentiel de côté l'embryologie.

Pour François Jacob, l'essor de la génétique moléculaire, puis l'expansion de la biologie moléculaire dans les années 1950, sonnaient le glas de l'opposition entre génétique et biologie du développement, et représentaient la réconciliation des théories épigénétique et préformationniste du développement[1]. Les gènes ne contenaient pas les caractéristiques futures de l'organisme, mais simplement les instructions permettant leur réalisation.

Il n'est pas certain que la biologie moléculaire ait été cette réconciliation souhaitée par François Jacob : elle conforta plutôt la vision génocentrée des décennies précédentes. C'est à l'ADN (et aux gènes) que les techniques

1. F. Jacob, *La Logique du vivant*, Paris, Gallimard, 1970.

du génie génétique ouvraient un accès rapide. Leur usage permit l'isolement, dès 1984, des premiers gènes du développement. Le développement embryonnaire était vu comme le résultat du déroulement d'un programme interne contenu dans les gènes. Reprenant une formulation déjà présente chez Descartes, Lewis Wolpert espérait que, dans un avenir proche, on pourrait calculer (prédire) le développement de l'organisme à partir de la connaissance de l'œuf et de ses gènes [1].

Le succès remporté par la conception génocentrée du développement est aussi la conséquence d'un contexte politique et social particulier. Tous les efforts faits pour rendre à l'environnement sa place, comme ceux d'Yvan Schmalhausen, ont été assimilés aux errements de l'agronome soviétique Lyssenko [2] et à son rejet de la génétique. Le rôle majeur attribué aux gènes dans le développement est aussi, en partie, une conséquence de la guerre froide !

LA NOUVELLE VISION DU DÉVELOPPEMENT PROPOSÉE PAR SCOTT GILBERT

L'article de Scott Gilbert présente une alternative à cette vision géno-centrée issue de la biologie moléculaire. Il reprend des arguments déjà avancés par les partisans de la théorie des systèmes développementaux (DST) [3] et les

1. L. Wolpert, « Do we understand development ? », *Science* 266, 1994, p. 571-572.

2. Sur ce sujet, voir D. Lecourt, *Lyssenko. Histoire réelle d'une « science prolétarienne »*, Paris, François Maspero, 1976.

3. S. Oyama, P. E. Griffiths, R. D. Gray (eds.), *Cycles of Contingency : Developmental Systems and Evolution*, Cambridge (Mass.), The MIT Press, 2001.

observations de nombreux biologistes [1] sur la plasticité des organismes et leur sensibilité aux conditions environnementales. Il existe une multitude de causes du développement, internes et externes, et les causes génétiques ne disposent pas d'un statut particulier qui les rendrait supérieures ou simplement distinctes des autres causes. Le développement embryonnaire n'engendre pas une seule forme, mais une pluralité de formes, continues ou discontinues – dans ce dernier cas on parlera de polyphénisme. Scott Gilbert rend hommage aux biologistes qui, tel Oscar Hertwig, avaient démontré dès la fin du XIXe siècle que l'environnement pouvait, chez certaines espèces, déterminer des caractéristiques aussi importantes que le type sexuel, et aux généticiens qui, au sein en particulier de l'École russe, développèrent la notion de « norme de réaction » pour décrire la diversité des phénotypes pouvant résulter d'un même génotype.

Dans cet article, Scott Gilbert se concentre sur deux cas d'action de l'environnement sur le développement et la forme de l'organisme, résultant de la présence d'autres organismes : les modifications morphologiques induites chez les proies par la présence de leurs prédateurs (le polyphénisme induit par les prédateurs) et le rôle des symbiontes dans la morphogenèse (la symbiose développementale). Plusieurs exemples sont donnés, dont celui, aujourd'hui bien connu, de la contribution des microorganismes présents dans l'intestin des mammifères,

1. Voir par exemple, M-J. West-Eberhard, « Phenotypic Plasticity and the Origins of Diversity », *Annual Review of Ecology and Systematics* 20, 1989, p. 249-278 ; C. Van der Weele, *Images of Development : environmental causes of ontogeny*, Albany, SUNY Press, 1999 ou M. Pigliucci, *Phenotypic Plasticity : Beyond Nature and Nurture*, Baltimore, Johns Hopkins University Press, 2001.

dont l'être humain, à la genèse structurale et fonctionnelle de celui-ci. Les cas traités ne sont pas choisis au hasard : ils montrent l'importance des relations entre organismes, et fragilisent la notion d'un individu biologique autonome et « insulaire ».

Scott Gilbert montre comment la biologie du développement pourrait être enrichie par son interaction avec l'écologie. Il a été marqué par les travaux d'écologie évolutive qui ont révélé que des espèces proches pouvaient avoir des « histoires de vie » – durée de vie, périodes de reproduction – très différentes selon l'environnement dans lequel elles vivent et se développent. Cependant, si ces histoires de vie montrent la plasticité du vivant, cette dernière est, dans les cas étudiés par l'écologie évolutive, surtout d'origine génétique.

L'ambition de Scott Gilbert, qu'il a développée dans d'autres ouvrages et articles, est de compléter la Synthèse Moderne, non seulement en y incorporant la biologie du développement, ce que d'autres ont déjà fait avant lui sous le nom d'Evo-Dévo, mais en y ajoutant l'écologie pour engendrer l'Eco-Evo-Dévo [1].

L'intérêt n'est pas seulement théorique, mais aussi pratique. La biologie de la conservation [2] ne peut ignorer la plasticité du vivant. L'action des produits toxiques vis-à-vis de l'environnement doit être analysée en tenant compte de cette plasticité développementale du vivant.

1. Voir S. F. Gilbert, D. Epel, *Ecological Developmental Biology : Integrating Epigenetics, Medicine and Evolution*, Sunderland (Mass.), Sinauer Associates, 2009, 2e éd. 2015.

2. La biologie de la conservation est une branche relativement récente de la biologie, encore appelée écologie de la conservation. C'est une discipline qui traite des questions de perte, de maintien ou de restauration de la biodiversité.

Une politique de conservation de la nature prenant en compte la plasticité du vivant serait très différente des politiques proposées aujourd'hui.

Enjeux et questions

Comme le fait remarquer Scott Gilbert, l'introduction de cette nouvelle vision du développement a plusieurs enjeux. Le premier est épistémologique, c'est la remise en cause de la valeur des systèmes modèles qui ont joué un rôle majeur dans l'élaboration des connaissances biologiques au XXe siècle : les bactériophages et les bactéries pour la biologie moléculaire, la *drosophile* pour la génétique, les amphibiens, le nématode et les souris pour la biologie du développement. Dans ce dernier cas, les organismes modèles furent choisis pour la stabilité de leur développement. Cette critique a déjà eu un impact : on observe aujourd'hui en biologie la multiplication des organismes modèles, aidée d'ailleurs par le séquençage et la comparaison des génomes qui permet une circulation plus facile des observations faites sur des organismes très divers.

Le second enjeu est ontologique. La mise en évidence de ce que la formation et le fonctionnement des organismes est le fruit de l'interaction avec d'autres organismes n'est-elle pas une remise en cause de la notion d'individualité biologique ? Ce qui est visé à juste titre par Scott Gilbert est un modèle où l'individualité biologique préexisterait au développement sous forme des gènes contenus dans l'œuf. Mais le fait qu'un organisme adulte soit le fruit d'interactions avec d'autres organismes, et même formé d'un ensemble d'organismes distincts, n'implique pas qu'il ne soit pas un individu, le fruit d'un processus d'individuation, non au sens d'une séparation, mais au contraire au sens d'une synthèse.

Les enjeux méthodologiques sont moins clairs. Scott Gilbert va en effet très loin dans sa critique des systèmes expérimentaux utilisés par les biologistes du développement. Dans toute science expérimentale, le système soumis à l'étude est, d'une manière ou d'une autre, isolé : cet isolement peut être une source d'erreurs, quand l'environnement joue un rôle majeur, mais ignoré, dans les caractéristiques du système. La critique est juste, mais n'est-elle pas une évidence, sans doute nécessaire à rappeler, pour tout scientifique ? L'élaboration de toute forme de connaissance scientifique nécessite ce travail d'isolement des systèmes (couplé à l'analyse de ses composants élémentaires). La synthèse et la remise du système dans son environnement, seuls, permettent de savoir si des éléments essentiels ont été perdus au cours de ces opérations. Peut-on faire autrement que cet aller-retour entre les systèmes isolés et leur remise en contexte ? Scott Gilbert ne répond pas à cette question.

Notre conviction est que le prix à payer pour cet abandon de ce qui a été au cœur de la démarche expérimentale serait trop lourd et consisterait en une perte de précision, en partie visible dans la conclusion de l'article. Un certain flou y est déjà sensible : la plasticité du vivant désigne aussi bien des variations continues que des phénotypes distincts et discontinus, s'appliquant aussi bien à l'échelle cellulaire et à l'échelle des organismes ; l'épigénétique est confondue avec l'épigenèse. On peut se demander si une telle approche est opératoire.

Une dernière surprise à la lecture de ce texte : il n'y a aucune référence à la plasticité du système nerveux. La plasticité des connexions synaptiques est liée à leur fonctionnement : il s'agit d'un mécanisme sans doute essentiel pour les processus de mémorisation et d'apprentissage. Ainsi dans le cas de la plasticité neuronale, les connexions, on le sait grâce aux avancées en neurosciences depuis la deuxième moitié du XXe siècle, dépendent largement de l'interaction de l'individu avec son environnement[1]. Cet exemple, qui n'est pas mis en valeur dans le texte de Gilbert, permet pourtant de souligner que dans les autres domaines de la biologie du développement, le rôle et l'importance de la plasticité, et notamment les effets directs de l'environnement, restent à élucider.

Michel MORANGE et Antonine NICOGLOU

1. Voir notamment, E. L. Bennett, M. C. Diamond, D. Krech, M. R. Rosenzweig, « Chemical and Anatomical Plasticity of the Brain », *Science* 146, 1964, p. 610-619.

SCOTT F. GILBERT

LE GÉNOME DANS SON CONTEXTE ÉCOLOGIQUE : PERSPECTIVES PHILOSOPHIQUES SUR L'ÉPIGENÈSE INTER-ESPÈCES [1]

LE DÉVELOPPEMENT DÉPENDANT DE SON ENVIRONNEMENT

Le développement est la série d'interactions par lesquelles les potentialités héritées de l'œuf se réalisent dans le phénotype adulte. Parmi ces interactions, on trouve : celles entre l'ADN et les protéines, celles entre cellules voisines, celles parmi les tissus à l'intérieur du corps et entre le corps et son environnement. L'étude de ces séries d'interactions est ce que Waddington (1956) a appelé l'épigénétique. Waddington estimait que ce nouveau terme (dont il espérait qu'il remplacerait ceux de « mécanique du développement » et d'« embryologie expérimentale ») réunirait « le mot grec d'épigenèse, qu'Aristote utilisait pour qualifier la théorie selon laquelle le développement est opéré par une série d'interactions causales entre les différentes parties… » et « des facteurs génétiques ».

1. S. F. Gilbert, « The Genome in its Ecological Context », *Annals of the New York Academy of Sciences*, vol. 981, 2006, p. 202-218. Traduit de l'anglais par Antonine Nicoglou.

Waddington (1956 : 10) était surtout le spécialiste « des interactions épigénétiques » plutôt que de « l'épigénétique », un terme, qui, déplorait-il, « n'était pas encore suffisamment en usage ». L'épigénétique (ou plutôt l'épigenèse) peut être étudiée à n'importe lequel des niveaux mentionnés ci-dessus. Ce texte porte sur les interactions entre le corps en développement et son environnement et, en particulier, les interactions avec d'autres organismes. Il met en avant un modèle contextuel du développement, dans lequel le génome est à la fois actif et réactif. De plus, ce texte problématise ce qu'est le « corps », puisque pour se développer le corps a besoin des corps d'autres espèces et que certains se situent même en son propre sein. Dans cette approche du développement on considère que le génome a évolué pour pouvoir interagir avec les éléments biotiques de son environnement et qu'il existe des signaux environnementaux essentiels pour la production d'un phénotype particulier. En d'autres termes, mon souhait est d'étendre le champ traditionnel du développement afin d'y inclure les interactions épigénétiques entre les organismes. Ceci implique de prendre en compte les interactions instructives plutôt que les interactions permissives (comme le fait que la mère soit indispensable au développement du fœtus chez les Mammifères).

La biologie du développement écologique vers la fin des années 1800

Dans le programme initial visant à introduire l'expérimentation dans l'étude du développement animal, le volet écologique de la biologie du développement a joué un rôle majeur. Lynn Nyhart (1995) a démontré qu'une partie des travaux pionniers en embryologie expérimentale avait été menée par des morphologistes qui cherchaient à isoler les facteurs causaux du développement. Même August Weismann (1875), le savant qu'on associe le plus souvent à la vision selon laquelle le noyau est la seule source des facteurs développementaux, réalisa ses premiers travaux dans ce domaine. Il fut l'un des premiers à étudier la plasticité phénotypique, la capacité qu'a un organisme à répondre aux conditions environnementales en ajustant son développement. Weismann observa que la pigmentation des ailes des papillons variait selon la saison d'éclosion et qu'il était possible de reproduire (*mimic*) ces variations saisonnières de teintes en incubant les chenilles à des températures différentes.

Néanmoins, lorsque Weismann suggéra que le développement n'était que la ségrégation des entités du noyau, il y eut de nombreuses réactions chez les autres embryologistes (Gilbert 1988). Parmi ces réactions, une des plus vives vint du célèbre embryologiste de l'Université de Berlin, Oscar Hertwig (1900 [1894]). Hertwig était un épigénétiste convaincu et en 1894 il mena une des principales batailles intellectuelles pour le maintien du juste milieu entre les deux modèles opposés du développement. D'un côté se trouvait le modèle de Weismann et de ses partisans, qui minimisait le rôle de l'environnement et qui faisait du noyau l'unique dépositaire des déterminants développementaux. De l'autre côté, le modèle de Hans Driesch et de ses disciples vitalistes soutenait qu'une force immatérielle, orientée vers un but, une « entéléchie », permettait de guider l'embryon de l'œuf à l'adulte. Les embryologistes adoptèrent finalement l'« organicisme » (un matérialisme épigénétique) de Hertwig comme explication plus modérée du développement (Gilbert, Faber 1996 ; Gilbert, Sarkar 2000). Cependant les généticiens se revendiquèrent de Weismann qu'ils considéraient comme leur ancêtre, et inscrivirent leur travail dans un déterminisme nucléaire beaucoup plus marqué (par exemple, voir Thomson (1908) et Morgan (Morgan *et al.* 1922)).

L'ouvrage de Hertwig, *The Biological Problem of Today : Preformation or Epigenesis ?* (Hertwig 1900 [1894]), s'achève en étendant l'épigenèse des interactions entre les cellules de l'embryon aux interactions entre les organismes en développement et leurs environnements respectifs. Les preuves sur lesquelles il s'appuie contiennent de nombreux exemples de plasticité développementale : « Il me semble que ces exemples indiquent comment des résultats finaux très différents peuvent advenir à partir d'ébauches identiques, si celles-ci, dans les premiers stades du développement, sont soumises à différentes influences extérieures » (Hertwig 1900 [1894] : 122). Le premier des cas décrits par Hertwig impliquait le dimorphisme sexuel chez *Bonellia* et certains cirripèdes. Dans ce cas là, la femelle peut mesurer plus de 100 fois la taille du mâle et les deux sexes possèdent des morphologies totalement différentes. La distinction, cependant, est régulée par l'environnement. C'est l'étudiant de Hertwig, Baltzer, qui en 1914 a montré que le sexe du ver *Bonellia viridis* (Echiuroidea) dépend de l'*endroit où* la larve s'est établie. Si la larve s'établissait sur le fond de l'océan, elle devenait une femelle de 10 cm de long. Si la larve se retrouvait sur le proboscis déployé par cette femelle, elle pénétrait dans l'utérus de la femelle et s'y différenciait en un individu mâle de 1 à 3 mm de long, et fécondait ses œufs. Hertwig a utilisé également la production de mâles et de femelles à différents moments de l'année chez certaines espèces pour montrer que c'est l'environnement, et non le noyau, qui détermine le sexe chez ces espèces.

Hertwig a aussi montré que chez certaines espèces, la détermination du sexe dépend de la température. Citant les expériences de Maupas sur le rotifère *Hydantina Senta*, Hertwig a observé que le chercheur pouvait déterminer la proportion entre mâles et femelles en incubant les œufs à une température donnée. Par ailleurs, il a souligné que cet effet expérimental ne pouvait avoir lieu que pendant une période particulière :

> En élevant ou en abaissant la température au moment où les œufs se forment dans le sac germinatif (germariums) des jeunes femelles, l'expérimentateur est en mesure de déterminer si ces œufs donneront naissance à des mâles ou à des femelles. Au delà de cette période précoce la détermination sexuelle de l'œuf ne peut pas être modifiée par l'alimentation, l'éclairage ou la température.(Hertwig 1900 [1894] : 122)

Hertwig s'emploie, dans une grande partie du dernier chapitre de son livre, à contrer précisément l'explication nucléaire de Weismann au sujet de la production des castes de travailleurs et de reproducteurs chez les fourmis et les abeilles. Weismann concluait que dans la formation des différentes castes chez les fourmis, les membres de chaque caste héritaient uniquement des déterminants qui leur permettaient de devenir une ouvrière, un faux-bourdon, ou une reine. (Comparant la ruche à un individu, Weismann concluait que seule la reine contenait la totalité des déterminants et se comportait ainsi comme l'œuf d'un organisme). Hertwig (1900 [1894] : 129) s'oppose à Weismann en s'appuyant sur des études montrant que la caste est simplement un polyphénisme nutritionnel. À ce moment là, chaque larve est susceptible d'être un membre de n'importe quelle caste, et son devenir est déterminé par son régime alimentaire : « Il a été parfaitement démontré par l'expérience et par l'observation que les œufs fécondés de la reine des abeilles peuvent devenir soit des ouvrières, soit des reines. Cela dépend simplement de la cellule de la ruche dans laquelle l'œuf est placé et du type de nourriture avec lequel l'embryon est élevé ». Hertwig réalise des travaux montrant que les termites peuvent réguler le nombre d'ouvrières et de reines par une alimentation différentielle. Hertwig (1900 [1894] : 132) conclut (modestement comme toujours) : « J'ai montré, me semble-t-il, à travers ces pages qu'une grande partie de ce que Weismann expliquerait par des déterminants à l'intérieur de l'œuf doit avoir une cause à l'extérieur de l'œuf ».

Hertwig n'était pas idiot. Il savait que la plupart des caractères propres à l'espèce chez les organismes n'étaient pas spécifiés par l'environnement. L'accouplement de deux chiens ne produira jamais qu'un chien, même s'ils se trouvent dans le même environnement que les humains. Il mettait en évidence les différences entre les théories opposées – la théorie de la préformation et celle de l'épigenèse – et affirmait : « J'ai essayé de mélanger tout ce qu'il y a de bon dans ces deux théories. Ma théorie peut être appelée *évolutionnaire* [à savoir, préformationniste] car elle suppose l'existence d'un plasma initial spécifique et hautement organisé à la base du développement. On peut l'appeler théorie *épigénétique* parce que, d'un stade à l'autre, les ébauches grandissent et deviennent élaborées mais uniquement en présence de nombreux stimuli et conditions externes (…) » (Hertwig 1900 [1894] : 136).

Ce compromis fonctionne encore aujourd'hui, nous en discuterons par la suite. D'abord il faut remarquer que la perspective de Hertwig concernant le contexte environnemental dans lequel avait lieu le développement devait bientôt être éclipsée puis presque oubliée. Ceci survint en deux étapes. En premier, l'avènement de l'*Entwicklungs-mechanik* (la physiologie du développement) ramena l'embryologie à l'intérieur (à savoir, dans le laboratoire). Nyhart (1995) rend compte des forces sociales qui ont facilité l'étude du développement embryonnaire de manière interne plutôt qu'externe. Dans les nouvelles revues d'embryologie l'explication physiologique était devenue la norme et les promotions dépendaient de l'obtention de résultats en mois et non en années. L'essor des techniques cytologiques (notamment le recours au microtome) et les polémiques impliquant Roux et d'autres ont également transformé l'étude de l'embryologie à partir du *Bildung* (le développement selon le contexte, comme dans *Bildungsgeschichte* et *Bildungsroman*) vers l'*Entwicklung* (l'expression d'un potentiel préexistant ; comme dans *Entwicklungsbad*). La seconde étape, qui commença dans les années 1960, consista en la fusion de l'embryologie et de la génétique, donnant naissance à la génétique du développement : cette discipline examine explicitement comment le phénotype résulte de la lecture du génome nucléaire (Gilbert 1996).

La synthèse russe de la biologie du développement écologique et de l'évolution

Les mécanismes qui ont conduit à la marginalisation des effets environnementaux dans la biologie du développement fournissent de bons exemples de développement dépendant du contexte. (Hertwig comparait les sociétés à des organismes et voyait en eux un développement dépendant du contexte). Certainement, le modèle évolutionnaire-épigénétique du développement d'Hertwig n'a pas complètement disparu avec l'avènement de l'*Entwicklungs-mechanik*. Il est devenu une part importante du programme soviétique de biologie du développement. Le mécanisme de sa disparition ultérieure montre pourquoi l'idée du développement comme produit dépendant du contexte n'a pas été relancée jusqu'à la fin du XXe siècle. Dans une de ses dernières publications, Alexei Nikolaeovich Severtsov (1935), le fondateur de l'école russe de morphologie évolutionnaire, décrivait ainsi l'avenir :

> À l'heure actuelle, nous morphologistes, nous n'avons pas la théorie complète de l'évolution. Il nous semble que dans un avenir proche, les écologues, les généticiens et les biologistes du développement devraient aller de l'avant afin de créer une telle théorie, en utilisant leurs propres recherches, fondées sur les nôtres …

Pour Severtsov, une théorie complète de l'évolution doit expliquer causalement les changements morphologiques observés en paléontologie par des mécanismes génétiques, écologiques, et embryologiques. Il estimait que la génétique, seule, ne pouvait fournir le mécanisme, parce qu'elle n'inclut pas le « comment » de l'évolution (Adams 1980). Seules l'écologie et l'embryologie le pouvaient. Cette intégration de l'embryologie, du développement et de l'écologie devint le projet de l'Institut de Morphologie Évolutionnaire de Severtsov, dirigée par Ivan Ivanovitch Schmalhausen, l'étudiant de Severtsov. Le volume de Schmalhausen qui fit date, *Factors of Evolution* (Schmalhausen 1949), n'est rien de moins qu'une tentative pour intégrer dans un cadre cohérent la morphologie évolutionnaire, la génétique des populations, l'embryologie expérimentale, et l'écologie afin de fournir une théorie causale de l'évolution. Ce livre met l'accent sur ce que Schmalhausen a appelé « la morphogenèse dépendante » [*dependent morphogenesis*] (à savoir, la part du développement qui dépend de son contexte environnemental) et sur les normes de réaction. Les normes de réaction se rapportent à la capacité qu'a un organisme à hériter d'une gamme de potentiels phénotypiques, à partir desquels l'environnement déclenchera un phénotype particulier. La capacité des organismes à hériter de telles normes de réaction ainsi que la capacité de l'environnement à induire des changements dans le développement vont devenir par la suite essentielles pour la notion de sélection stabilisante de Schmalhausen (ce que C.H. Waddington appellera ensuite l'« assimilation génétique » (Waddington 1953a, Gilbert 1994)).

Bien qu'il ait été traduit en anglais en 1949 par Theodosius Dobzhansky, le livre de Schmalhausen a eu peu d'effet sur la biologie occidentale. La raison en est paradoxale. Les doctrines de Severtsov furent embrassées par les lyssenkistes, qui, en 1948, avaient déclaré que les recherches de Severtsov étaient en accord avec la biologie soviétique du moment. Toutefois, Lyssenko tourna immédiatement en dérision la tentative de Schmalhausen de mettre de telles études en conformité avec la génétique mendélienne-morganiste (Adams 1980). Les lyssenkistes considéraient l'environnement comme étant d'une importance capitale dans la détermination du phénotype et ils dénonçaient ceux qui pensaient que le génome était la principale cause des phénotypes au sein des espèces. L'épuration des généticiens en fonction de leurs positions, le meurtre d'autres comme N. Vavilov, l'exil de certains comme N. Timofeef-Ressovsky, et la destruction de leurs recherches amenèrent le rejet du programme modéré de biologie du développement écologique de Hertwig-Schmalhausen. Les tentatives pour examiner les contributions non-génomiques au développement figurent parmi les victimes de la guerre froide (Sapp 1987).

La renaissance de la biologie du développement écologique

La renaissance de la biologie du développement dans les années 1960 débuta par l'introduction de la biologie moléculaire dans l'embryologie (Gilbert 1996). À l'origine, l'embryologie expérimentale cherchait déjà les mécanismes expliquant comment s'effectuait le développement à l'intérieur de l'embryon, et sa fusion avec la génétique moléculaire renforça cette perspective internaliste. En effet, certains (Bolker 1995 ; Bolker, Raff 1997) ont soutenu que la biologie contemporaine du développement s'est concentrée sur six espèces d'animaux modèles, qui ont toutes convergé vers le même phénotype développemental. Chacun de ces systèmes modèles de la biologie du développement – la grenouille *Xenopus laevis* (xénope du Cap), le nématode *Caenorhabditis elegans*, la mouche *Drosophila melanogaster*, le poulet *Gallus gallus*, la souris *Mus musculus*, et le poisson zèbre *Danio rerio* – a été choisi pour son corps de petite taille, ses portées aux nombreux petits, son développement embryonnaire rapide, sa maturité sexuelle précoce, la séparation immédiate entre la lignée germinale et la lignée somatique, et sa capacité à se développer au sein du laboratoire. Les deux derniers critères sont très importants car ils permettent d'éliminer les effets de l'environnement sur le développement. Alors que les systèmes modèles possèdent deux énormes avantages – ils nous permettent de comparer les recherches dans les différentes régions du monde et ils permettent que la régulation génétique soit étudiée sans aucune variabilité majeure provenant de l'environnement – tous ces animaux ont été sélectionnés pour leur adéquation au paradigme génétique de la biologie du développement.

Cependant, la tradition de la biologie du développement écologique (et de la plasticité développementale) ne s'est jamais totalement éteinte. Au contraire, ses adeptes se sont retrouvés dispersés dans de nombreux domaines, enquêtant sur les signaux d'établissement des larves, la diapause, la nutrition, les stratégies d'histoire de vie, les symbioses, et d'autres sujets d'étude hors du courant dominant, génocentré, de la biologie du développement. C.H. Waddington (1956) essaya de réintégrer des questions écologiques dans le courant général de la biologie du développement, mais ses tentatives échouèrent, en partie, selon moi, à cause de la réaction contre le lyssenkisme et du fait que Waddington avait la réputation d'être un scientifique de gauche (Werskey 1978 ; Gilbert 1991). À partir des années 1990, il y eut un regain d'intérêt pour la biologie du développement écologique. Tout d'abord, l'étude des stratégies d'histoire de vie donna de nombreux exemples de développements dépendants du contexte (Gilbert 2001). La plasticité développementale devint un sujet d'étude majeur pour les biologistes évolutionnaires. La détermination sexuelle dépendante du contexte fut observée chez des tortues, des lézards et des poissons ; des polyphénismes nutritionnels furent identifiés chez les fourmis, les guêpes et les papillons nocturnes et l'on identifia des polyphénismes induits par des prédateurs non seulement chez les invertébrés mais aussi chez les vertébrés. En second lieu, les biologistes de la conservation eurent besoin d'en savoir plus sur la survie et le développement des stades de développement embryonnaires et larvaires ainsi que sur le stade adulte. Morreale et ses collègues (Morreale *et al.* 1982) montrèrent par exemple que des biologistes de la conservation réintroduisirent des milliers de jeunes tortues – toutes du même sexe – parce qu'ils ignoraient comment était déterminé le sexe des tortues. Troisièmement, il y eut un regain d'intérêt en raison des effets potentiellement dangereux que certains produits chimiques pouvaient avoir sur les embryons. Des substances chimiques issues de l'environnement que nous pensions inoffensives (du moins pour les adultes) pouvaient s'avérer dangereuses pour les organismes en cours de développement et pouvaient menacer la fertilité des adultes (Colburn, Dumanoski, Myers 1996). Relyea et Mills (2001) ont montré que sous des conditions plus réalistes, avec des temps d'exposition accrus et un stress lié à un prédateur, les protocoles actuels d'application des pesticides peuvent réellement causer des dégâts considérables parmi les populations d'amphibiens. Quatrièmement, de nouvelles technologies, notamment la réaction de polymérisation en chaîne (PCR) et les puces à ADN, permirent aux biologistes d'étudier les interactions développementales qui jusqu'ici leur avaient été inaccessibles. Comme nous le verrons par la suite, cette technique a révolutionné l'étude des symbioses développementales. Pour la première fois depuis la tentative (Gilbert 1997) de Waddington en 1956, des exemples de développement dépendant du contexte furent recensés et présentés en 1997 dans un ouvrage de biologie du développement. Depuis, plusieurs volumes (Schlichting, Pigliucci 1998 ; Tollrian, Harvell 1999, van der Weele 1999, Pigliucci 2001) ont été écrits sur le sujet. C'est devenu un des axes majeurs de la *Society for Integrative and Comparative Biology*, et un symposium fut organisé sur ce thème au congrès de 2002 (Gilbert, Bolker 2003).

Dans les sections suivantes, deux domaines de développement dépendant du contexte qui ont d'importantes implications à la fois pour la biologie et la philosophie seront abordés. Le premier traite des polyphénismes induits par les prédateurs et le second traite des symbioses développementales. Les deux domaines mettent en jeu la question de l'épigenèse développementale entre les espèces.

LA PLASTICITÉ PHÉNOTYPIQUE : LES POLYPHÉNISMES INDUITS PAR LES PRÉDATEURS

La plasticité développementale (parfois appelée plasticité phénotypique) est la notion qui renvoie à la capacité du génome permettant à l'organisme de produire un éventail de phénotypes. Il n'y a pas de phénotype unique produit par un génotype particulier. On appelle morphe le phénotype structurel qui est instruit par la stimulation environnementale. Lorsque la plasticité développementale se manifeste sous la forme d'un éventail continu de phénotypes, exprimés par un génotype unique soumis à une gamme de conditions environnementales, on appelle cet éventail la norme de réaction (Woltereck 1909, Schmalhausen 1949). Il existe une autre forme de plasticité développementale, le polyphénisme, qui fait référence, dans une population, à l'expression de phénotypes distincts (« soit/soit »), expression qui est suscitée par l'environnement à partir d'un seul génotype (Mayr 1963).

Un des aspects les plus intéressants du développement dépendant du contexte concerne les polyphénismes induits par les prédateurs. Dans ce cas précis, les proies juvéniles détectent des molécules solubles émises par des prédateurs, et en réponse elles altèrent leur développement, en adoptant des morphologies et des comportements qui font obstacle à la prédation. Par exemple, des daphnies juvéniles (*Daphnia*)[1] ainsi que d'autres espèces d'invertébrés modifient leurs morphologies lorsqu'elles se développent

1. (NdE) Petits crustacés d'eau douce.

dans un étang où leurs prédateurs ont été élevés. L'eau dans laquelle des larves prédatrices du diptère *Chaoborus* ont été cultivées peut induire un « casque » pendant le développement de *Daphnia*, ce qui lui permet d'échapper plus efficacement aux prédateurs. Les *Daphnia* induites ont une mortalité moins élevée que les autres vis-à-vis de ces prédateurs (Agrawal, Laforsch, Tollrian 1999 ; Tollrian, Dodson 1999). Une telle induction peut même être transmise à la descendance parthénogénétique de ces *Daphnia*. Les *Daphnia* dont les mères ont été exposées aux signaux des prédateurs naissent avec de grands casques, même si les mères ont été transférées dans une eau dépourvue de prédateurs en cage. Ainsi, la progéniture née dans un environnement précaire (à savoir, un environnement où la concentration de prédateurs est suffisamment élevée pour induire la croissance de casques chez leurs mères) est pourvue dès la naissance d'une défense contre la prédation. Chez les *Daphnia*, on constate que la production de casques contribue à la diminution des ressources nutritives mises à la disposition des œufs (Riessen 1992). On appelle cela un « compromis » (*trade-off*), ce qui signifie qu'il y a une raison pour laquelle le phénotype induit n'est pas produit tout le temps.

Les polyphénismes induits par les prédateurs chez les vertébrés

Les polyphénismes induits par les prédateurs sont nombreux parmi les amphibiens. Des têtards récoltés dans des étangs ou en présence d'autres espèces peuvent différer significativement de têtards élevés isolément en aquarium. Par exemple, si on place de jeunes têtards de la grenouille des bois, *Rana sylvetica*, nouvellement éclos dans un aquarium qui contient également des larves de la libellule

Anax (ces carnivores sont enfermés dans des cages grillagées de telle sorte qu'elles ne peuvent pas manger les têtards), on constate que ces têtards deviennent différents de ceux élevés seuls : ils restent plus petits ; ils ont une musculature caudale épaissie et une nageoire caudale plus haute, qui leur permettent de nager plus vite et de changer de cap avec grande agilité pour échapper aux attaques des prédateurs (van Buskirk, Relyea 1998 ; Gilbert 2006). Il est probable que ces modifications morphologiques, d'abord rangées parmi les polyphénismes, relèvent plutôt d'une norme de réaction capable d'évaluer le nombre (et le type) des prédateurs. L'ajout de prédateurs dans les réservoirs entraîne une augmentation constante de la taille de la nageoire caudale et de la musculature de la queue.

Les têtards des espèces apparentées produisent différents types de modifications phénotypiques en fonction du prédateur. Le têtard de la rainette versicolore (*Hyla chryoscelis*) répond aux molécules solubles émises par ses prédateurs par une modification de sa taille et par l'apparition d'une coloration rouge vive sur sa queue qui dévie l'attention des prédateurs (McCollum, van Buskirk 1996). Le compromis (trade-off) consiste ici en ce que les têtards non induits croissent plus lentement mais survivent mieux dans des environnements sans prédateurs (van Buskirk, Relyea 1998).

Les humains ont une plasticité développementale induite par les prédateurs spécifiques et qui est d'une ampleur inimaginable chez des invertébrés ou des amphibiens. Nos principaux prédateurs sont évidemment des microbes. Nous réagissons à leurs agressions grâce à un système immunitaire antigène-spécifique fondé sur la sélection clonale des lymphocytes qui reconnaissent des prédateurs spécifiques et leurs produits. Notre système immunitaire reconnaît un microbe particulier, comme une bactérie du choléra ou un poliovirus, en augmentant la production de lymphocytes qui peuvent justement défendre le corps contre eux. Quand un lymphocyte B (un lymphocyte immature qui utilise l'anticorps comme un récepteur de membrane cellulaire pour l'antigène) se lie à sa substance étrangère (l'antigène), elle entre dans une voie qui conduit à sa division répétée et à sa différenciation en une cellule sécrétrice d'anticorps, qui va sécréter le même anticorps qui liait originellement l'antigène. De plus, certains descendants de ce lymphocyte B stimulé restent dans l'organisme comme des sentinelles mettant ainsi l'organisme à l'abri de nouvelles infections par le même microorganisme. Ainsi au regard de leurs systèmes immunitaires, de vrais jumeaux ne sont pas identiques. Leurs phénotypes (dans ce cas, les lymphocytes dans leurs ganglions lymphatiques et leur capacité à réagir à l'encontre d'un microorganisme infectieux) ont été modifiés par l'environnement. De plus, notre système immunitaire donne également une immunité transgénérationnelle contre des prédateurs ordinaires. Les anticorps IgG que nos mères produisent pendant la grossesse ont la capacité de traverser le placenta et de nous donner une immunité passive à la naissance. Chez les oiseaux, un anticorps similaire est placé dans l'œuf. Les cellules de nos systèmes immunitaires respectifs ne sont donc pas uniquement spécifiées par notre héritage génétique. (Même les gènes codant pour les anticorps et les récepteurs des lymphocytes T ne sont pas présents chez le zygote). Il semble plutôt qu'il faille ajouter le vécu à l'héritage génétique. L'environnement (dans ce cas, les microbes) oriente le développement de nos lymphocytes.

En plus des défenses spécifiques liées aux antigènes de notre système immunitaire, nous avons aussi développé des défenses non spécifiques : des composants bactériens activent en nous des gènes qui produisent des substances défensives non spécifiques. Il existe par exemple une enzyme, la matrilysine, que nos tissus utilisent pour digérer les protéines dans de nombreux organes. Elle est également utilisée dans l'intestin comme première ligne de défense contre les bactéries, tuant les bactéries sur le site de l'infection. Dans l'intestin grêle de souris, la matrilysine est produite par les cellules de Paneth à la base des villosités. Les souris mutantes pour cette protéine sont moins aptes à détruire les bactéries exogènes dans leurs intestins. Ce sont les bactéries elles-mêmes qui induisent l'expression de la matrilysine dans les cellules intestinales des mammifères. Lopez-Boedo et ses collègues (Lopez-Boedo *et al.* 2000) ont montré que les souris nées et élevées dans des conditions normales fabriquent cette protéine. Elle est probablement utilisée pour empêcher la prolifération excessive des bactéries dans l'intestin. Les souris élevées dans un milieu stérile, et qui n'ont pas de microbes intestinaux, ne produisent pas de matrilysine. Toutefois, si l'on donne à ces souris exemptes de germe un inoculum d'un seul composant d'intestin grêle normal, *Bacteroides thetaiomicron*, on observe la production de l'enzyme dans les cellules de Paneth. Seules les cellules de Paneth ont produit l'enzyme, et la réponse n'a pas été une augmentation générale de la synthèse protéique. De plus, les cellules de Paneth ont été capables de répondre à une molécule soluble produite par la bactérie ; il n'y a pas eu besoin d'adhésion ou de colonisation pour que les cellules intestinales produisent de la matrilysine. Nos corps ont donc évolué pour répondre aux agressions bactériennes à la fois spécifiquement (en fabriquant des anticorps) et non spécifiquement (en fabriquant des molécules antibactériennes telle que la matrilysine). Dans les deux cas, l'environnement extérieur dicte aux cellules humaines ce qu'elles doivent faire et notre corps a évolué de telle sorte qu'il puisse répondre à cet environnement.

LE « MOI » PERMÉABLE

Le polyphénisme induit par les prédateurs est un excellent exemple qui met en lumière la façon dont le développement est régulé non seulement « par le bas » (à savoir, par notre génome), mais aussi « par le haut » (par l'environnement). Ce que nous sommes dépend à la fois de notre héritage et de notre expérience. Nous constatons par ailleurs que, dans le polyphénisme induit par les prédateurs, il est nécessaire d'avoir deux organismes pour le développement d'une structure particulière. Ce phénomène est encore plus frappant dans le cas des associations symbiotiques pendant le développement « normal ». Dans ce cas, certaines des substances produites par une des deux espèces régulent l'expression génique de l'autre espèce, et les deux espèces ont co-évolué pour maintenir cette relation développementale. Les deux (ou plusieurs) organismes contribuent l'un l'autre à leur développement réciproque (McFall-Ngai 2002).

Caractère étendu des symbioses développementales

Il y a trois choses que tout organisme peut s'attendre à trouver dans son environnement : des bactéries, des champignons, et un champ gravitationnel de 1G. Plusieurs espèces se servent de la gravité comme source d'information positionnelle lors du développement, et l'altération de ces attentes gravitationnelles peut altérer le développement. Dans le cas des œufs de grenouille, le fait de les retourner lors de la première division, par rapport à leur champ de gravité, va conduire à une redistribution des déterminants morphogénétiques de telle sorte que les embryons développent deux têtes complètes (Black, Gerhart 1986). Cela fait maintenant plus de vingt ans que l'on connaît des cas de symbioses bactériennes. Les œufs de homards et de crevettes par exemple, sont sujets aux infections fongiques. (Tout enfant qui possède un aquarium le sait, tous les aliments qui n'ont pas été consommés par les poissons sont rapidement entourés d'un halo de champignons filamenteux). En réalité, les chorions des œufs de homards et de crevettes attirent des bactéries qui produisent des composés fongicides (Gil-Turnes, Hay, Fenical 1989). L'organe luminescent du calmar *Euprymna scolopes* est formé par l'interaction des calmars juvéniles avec *Vibrio fischeri*, une bactérie issue du milieu marin que le calmar a fait évoluer de manière à l'attirer et à la sélectionner à partir de l'eau de mer. Le calmar a développé, en effet, tout un ensemble de tissus dont la seule fonction semble être d'assurer sa propre colonisation par ses symbiotes (Montgomery, McFall-Ngai 1994 ; Nyholm *et al.* 2000). Il a été observé récemment que l'ovogenèse chez la guêpe parasite *Asobara tabida* était régulée par la présence de son symbiote, la bactérie *Wolbachia*. La suppression de la bactérie par des antibiotiques fait échouer l'ovogenèse, et par là même la reproduction (Dedeine *et al.* 2001). Dans ces différents cas, la formation d'un « individu » dépend en réalité de la formation et de la continuité d'un assemblage collégial d'organismes.

Les Symbioses développementales dans l'intestin des mammifères

La biologie moléculaire commence à montrer que ces cas de co-évolution dans le développement animaux-bactéries ne sont pas l'exception mais plutôt la règle. La réaction en chaîne par polymérase (PCR) permet d'identifier des espèces bactériennes que l'on ne peut élever en culture, et les puces à ADN permettent à partir d'une grande population de gènes de montrer des modifications de l'expression génique. Ces techniques ont mis en lumière une complexité remarquable de notre « soi ». On trouve en fait chez les mammifères d'étonnants exemples de pareilles symbioses. On considère que tout corps humain contient environ 10^{14} cellules mais seules 10% de celles-ci constituent les cellules nucléées de notre corps « à proprement parler ». Les 90% restantes constituent la composante microbienne de notre corps humain, situées et à la surface, et l'intérieur du corps (Savage 1977). Tout comme les autres types cellulaires de notre corps, les cellules microbiennes se caractérisent par une capacité d'organisation spatiale et temporelle notable. À l'intérieur de notre corps les microbiotes adoptent une répartition géographique particulière, comme les 400 espèces bactériennes du côlon chez l'être humain qui se constituent en strates suivant des régions spécifiques tout le long et sur tout le diamètre du tube intestinal. À cet endroit du corps, ils peuvent atteindre des densités de 10^{11} cellules par millilitre (Savage 1977 ; Hooper *et al.* 1998). Ces bactéries ne sont pas simplement, pour le corps humain, des passagers. En vérité, elles constituent plutôt des parties de ce corps. Nous avons co-évolué de telle sorte que nous pouvons partager notre espace avec elles, nous nous sommes même co-développés de telle sorte que nos cellules soient prêtes à les accueillir et que les leurs le soient à induire l'expression génique dans nos noyaux (Bry, Falk, Gordon 1996).

Ces composants microbiens ne nous manquent jamais ; nous les recevons de l'appareil reproducteur de nos mères dès le moment où se brise l'amnios. Ils font partie de l'organisme écosystème humain. Nous sommes préparés à ce que ces micro-organismes soient dans notre corps et nous les avons utilisés au cours de notre évolution. Les microbes produisent non seulement les vitamines K et B-12 que notre génome diploïde ne peut synthétiser, mais ils sont également impliqués dans la différenciation de nos intestins et du système immunitaire qui y est associé.

Remarquons d'abord que les bactéries induisent certaines enzymes caractéristiques des villosités de l'intestin grêle. En l'absence des bactéries induisant leur synthèse, ces enzymes ne sont pas produites. Umesaki (1984) a fait remarquer que des bactéries avaient pu induire l'expression d'une enzyme spécifique, le fucosyl transférase, caractéristique des villosités intestinales de souris, et des études plus récentes (Hooper *et al.* 1998) ont montré que chez les souris axéniques la différenciation des intestins pouvait être initiée sans pour autant être achevée. Les symbiotes microbiens de l'intestin sont pour cela nécessaires. Ensuite, les analyses grâce aux puces à ADN des cellules intestinales de souris (Hooper *et al.* 2001) ont montré que des bactéries normalement présentes peuvent réguler la transcription de gènes impliqués dans plusieurs fonctions intestinales importantes. Ces fonctions comprennent l'absorption des nutriments, la maturation intestinale, et la formation des vaisseaux sanguins (Stappenbeck, Hooper, Gordon 2002). Il semble aussi que les microbes intestinaux sont essentiels pour la maturation du tissu lymphoïde associé à l'intestin de la souris (Cebra 1999). Par conséquent, les mammifères ont co-évolué avec les bactéries de telle sorte que nos phénotypes corporels ne peuvent pas se développer correctement sans elles.

LES CHANGEMENTS DANS LA BIOLOGIE DU DÉVELOPPEMENT ET SA PHILOSOPHIE

Une ontologie de l'ontogenèse

Ces résultats ont des implications ontologiques, épistémologiques et méthodologiques pour la biologie et la philosophie. [1] La biologie du développement écologique est d'abord significative d'un point de vue *ontologique*. Elle fait au minimum une critique importante d'une ontologie qui serait réductionniste. Une réponse définitive peut être apportée à la question posée par Wolpert (1994) :

> L'œuf sera-t-il un jour calculable ? En d'autres termes, si l'on possède une description complète de l'œuf fécondé – la totalité de sa séquence d'ADN et la localisation de toutes les protéines et de ses ARN – pourrait-on prédire la façon dont l'embryon se développera ?

La réponse doit être « Non. Et heureusement ». Le phénotype est le produit qui dépend, pour une part significative, de l'environnement, c'est une condition nécessaire pour que l'organisme en développement puisse s'intégrer dans l'habitat qui lui est propre.

1. Cor van der Weele (1999) soutient qu'il y a aussi une dimension éthique dans la biologie du développement écologique. En formulant une critique contre le réductionnisme génétique, le développement comme produit dépendant de l'environnement agirait à l'encontre des possibilités eugénistes et discriminatoires implicites dans l'approche réductionniste.

La dépendance du développement vis-à-vis de l'environnement a aussi une autre signification importante d'un point de vue ontologique. Notre « soi » devient un soi perméable. Chacun de nous est une communauté complexe, à savoir un ensemble de plusieurs écosystèmes. Lynn Margulis a défendu l'importance de la symbiose en évolution, et pourtant elle considère que les symbioses se font entre des entités « autopoïétiques » (qui se développent par elles-mêmes) :

> Nous voyons maintenant une correspondance possible entre « le sens du soi » et « l'entité autopoïétique » ou « individu vivant »... Ce qui est remarquable, c'est la tendance des entités autopoïétiques à interagir avec d'autres entités autopoïétiques (Sagan, Murgulis 1991).

Or, si les symbioses développementales constituent la règle et non une simple exception, c'est la notion même d'« autopoïèse » qu'il faut alors abandonner. Nous ne sommes pas des adultes qui entrent dans des relations symbiotiques avec d'autres adultes ou des microbes. En réalité, les processus qui nous ont rendus adultes sont déjà des interactions entre nous et nos microbes. Kauffman (1995) a affirmé que « Toute évolution est de la coévolution ». En s'interrogeant sur les données accumulées par McFall-Ngai (2002), nous pouvons conclure que « Tout développement est du co-développement ». Les polyphénismes environnementaux mettent en évidence d'importantes interactions à distance entre notre soi en développement et l'environnement ; les symbioses développementales démontrent que chacun est en réalité un « nous », puisque les interactions moléculaires entre nos cellules diploïdes et nos cellules microbiennes font également partie de notre développement.

Épistémologie et méthodologie du développement animal

En tant que biologistes du développement, l'idée de développement comme produit dépendant de l'environnement met aussi en question notre *épistémologie*. En premier lieu, comme nous l'avons mentionné précédemment, les espèces modèles utilisées pour étudier le développement animal ont été sélectionnées pour leur absence de dépendance vis-à-vis de l'environnement. Si la plupart des espèces possèdent des composants dont l'activation dépend de l'environnement, et si ces éléments sont déterminants pour leur développement (tel qu'on l'a montré dans la détermination du sexe et l'évitement des prédateurs), alors il nous faut adapter en conséquence notre façon d'obtenir et d'interpréter les données en biologie du développement. Ensuite, comme le souligne McFall-Ngai (2002),

> L'hypothèse implicite qui a accompagné l'étude du développement animal est que seules les cellules du « soi » (à savoir, celles contenant le génome hôte) communiquent entre elles pour induire les voies de développement. Ce point de vue est compréhensible compte tenu du fait que l'embryogenèse se produit souvent en l'absence de contact direct entre bactéries et cellules hôtes. Pourtant, même durant l'embryogenèse, on peut voir l'empreinte de l'influence bactérienne dans la formation des tissus destinés à interagir avec les espèces microbiennes ayant coévolué.

Il a été montré que cette hypothèse est fausse ; et elle peut avoir une influence importante dans la façon dont nous observons le développement animal.

La critique *méthodologique* implicite qui est faite au travers de la conception du développement comme produit dépendant de l'environnement a pour objet la façon dont nous réalisons nos expériences. Il se pourrait que nous ayons à nouveau à sortir du laboratoire. Relyea et ses collaborateurs ont démontré l'existence de polyphénismes chez *Rana* en faisant croître leurs larves dans « un mésocosmos » – des piscines pataugeoires pour enfants. L'observation des causes prochaines des stratégies d'histoire de vie nécessite d'étudier les populations animales sur de longues périodes. Ce n'est pas la procédure opératoire habituelle en biologie du développement. Tout comme il n'est pas habituel non plus de faire état des différences au sein des populations. Les biologistes du développement ont tendance à considérer l'espèce dans sa globalité plutôt que de prendre en compte les variantes au sein des populations (Amundson 1998). Les symbioses développementales pourraient notamment donner une orientation intéressante aux études sur la sélection naturelle. Waddington (1953b) divisait la sélection naturelle en une sélection naturelle « normative » fondée sur la compétition et une sélection naturelle épigénétique fondée sur la complémentarité des interactions intercellulaires dans l'organisme en développement. Si les symbioses développementales constituent la norme, nous sommes contraints d'étudier le fonctionnement de la sélection épigénétique entre les organismes. Une telle ligne de recherche, en effet, a déjà été amorcée par des études sur les symbioses développementales chez les plantes (Young, Johnson 1989 ; Long 1996).

Le volet écologique de la biologie du développement est crucial. On l'a négligé, probablement en raison des réussites de la génétique du développement et aussi des politiques pratiquées durant la guerre froide. Le développement écologique comme produit dépendant du contexte étend la notion d'épigenèse, lui permettant d'inclure à la fois les interactions ayant lieu à l'intérieur de l'embryon et celles qu'il a avec l'extérieur. Les exemples de développement comme produit dépendant de l'environnement ne sont pas insignifiants, car ils incluent la détermination du sexe, l'évitement des prédateurs, le développement des cellules immunocompétentes et l'interaction symbiotique entre les organismes. De plus, si l'on observe le développement en tenant compte à la fois de ce qui est issu de l'héritage génétique et de ce qui est issu de l'expérience, nous obtenons une nouvelle évaluation du développement animal ainsi que de notre soi contextuel (*contextual selfhood*).

Références

ADAMS M. B. (1980), « Severtsov and Schmalhausen : Russian morphology and the evolutionary synthesis », *in* E. Mayr, W. B. Provine (eds.), *The Evolutionary Synthesis*, Cambridge (MA), Harvard University Press, p. 193–225.

AGRAWAL A.A., LAFORSCH C., TOLLRIAN R. (1999), « Transgenerational induction of defenses in animals and plants », *Nature* 401, 60-63.

AMUNDSON R. (1998), « Typology reconsidered : two doctrines on the history of evolutionary biology », *Biology and Philosophy* 13, 153–177.

BLACK S. D., GERHART J. C. (1986), « High-frequency twinning of *Xenopus laevis* embryos from eggs centrifuged before first cleavage », *Developmental Biology* 116, 228-240.

BOLKER J. A. (1995), « Model systems in developmental biology », *BioEssays* 17, 451–455.

BOLKER J. A., RAFF R. A. (1997), « Beyond worms, flies and mice : it's time to widen the scope of developmental biology », *Journal of NIH Research* 9, 35–39.

BRY L., FALK P.G., GORDON J. I. (1996), « Genetic engineering of carbohydrate biosynthetic pathways in transgenic mice demonstrates cell cycle-associated regulation of glycoconjugate production in small intestinal epithelial cells », *Proc. Natl. Acad. Sci. USA* 93, 1161–1166.

CEBRA J. J. (1999), « Influences of microbiota on intestinal immune system development », *The American Journal of Clinical Nutrition* 69(Suppl.), 1046S–1051S.

COLBURN T., DUMANOSKI D., MYERS J. P. (1996), *Our Stolen Future*, New York, Dutton.

DEDEINE F., VAVRE F., FLEURY F., *et al.* (2001), « Removing symbiotic *Wolbachia* bacteria specifically inhibits oogenesis in a parasitic wasp », *Proc. Natl. Acad. Sci. USA* 98, 6247-6252.

GIL-TURNES M. S., HAY M. E., FENICAL W. (1989), « Symbiotic marine bacteria chemically defend crustacean embryos from a pathogenic fungus », *Science* 246, 116–118.

GILBERT S. F. (1988), « Cellular politics : Just, Goldschmidt, and the attempts to reconcile embryology and genetics », *in* R. Rainger, K. Benson, J. Maienschein (eds.), *The American Development of Biology*, Philadelphia, University of Pennsylvania Press, p. 311–346.

GILBERT S. F (1991), « Induction and the origins of developmental genetics », *in* S.F. GILBERT (ed.), *A Conceptual History of Modern Embryology*, New York, Plenum Press, p. 181–206.

GILBERT S. F. (1994), « Dobzhansky, Waddington and Schmalhausen : embryology and the modern synthesis », *in* M.B. Adams (ed.), *The Evolution of Theodosius Dobzhansky : Essays on His Life and Thought in Russia and America*, Princeton, Princeton University Press, p. 143–154.

GILBERT S. F. (1996), « Enzyme adaptation and the entrance of molecular biology into embryology », *in* S. Sarkar (ed.), *The Philosophy and History of Molecular Biology : New Perspectives*, Dordrecht, Kluwer Academic Publishers, p. 101-123.

GILBERT S. F. (1997), *Developmental Biology*, 5th ed. Sunderland (MA), Sinauer Associates.

GILBERT S. F. (2001), « Ecological developmental biology : developmental biology meets the real world », *Developmental Biology* 233, 1–12.

GILBERT S. F., BOLKER J. (eds.) (2003), Special issue of *Evolution and Development* 5(1).

GILBERT S. F., FABER M. (1996), « Looking at embryos : the visual and conceptual aesthetics of emerging form », *in* A. I. Tauber (ed.), *The Elusive Synthesis : Aesthetics and Science*, Dordrecht, Kluwer Academic Publishers, p. 125–151.

GILBERT S. F., SARKAR S. (2000), « Embracing complexity : organicism for the twenty-first century », *Developmental Dynamics* 219, 1–9.

HERTWIG O. (1900 [1894]), *Zeit- und Streitfragen der Biologie I. Präformation oder Epigenese ? Grundzüge einer Entwicklungstheorie der Organismen* (Jena : Gustav Fischer), Translated by P. C. Mitchell as *The Biological Problem of To-Day : Preformation or Epigenesis ?* New York, Macmillan.

HOOPER L. V., BRY L., FALK P. G., GORDON J. I. (1998), « Host-microbial symbiosis in the mammalian intestine : exploring an internal ecosystem », *BioEssays* 20, 336–343.

HOOPER L. V., WONG M. H., THELIN A., *et al.* (2001), « Molecular analysis of commensal host-microbial relationships in the intestine », *Science* 291, 881–884.

KAUFFMAN S. A. (1995), *At Home in the Universe : The Search for the Laws of Self-Organization and Complexity*, New York, Oxford University Press.

LONG S. R. (1996), « Rhizobium symbiosis : nod factors in perspective », *Plant Cell* 8, 1885–1898.

LOPEZ-BOADO Y. S., WILSON C.L., HOOPER L.V., PARKS W. C. (2000), « Bacterial exposure induces and activates matrilysin in mucosal epithelial cells », *Journal of Cell Biology* 148, 1305-1315.

MCFALL-NGAI M. J. (2002), « Unseen forces : the influence of bacteria on animal development », *Developmental Biology* 242, 1–14.

MAYR E. (1963), *Animal Species and Evolution*, Cambridge (MA), Harvard University Press.

MONTGOMERY M. K., MCFALL-NGAI M. (1994), « Bacterial symbionts induce host organ morphogenesis during early postembryonic development of the squid *Euprymna scolopes* », *Development* 120, 1719–1729.

MORGAN T. H., STURTEVANT A. H., MULLER H. J., BRIDGES C. B. (1922), *The Mechanism of Mendelian Heredity*, 2nd ed. New York, Holt.

MORREALE S. J., RUIZ G. J., SPOTILA J. R., STANDORA E. A. (1982), « Temperature-dependent sex determination : current practices threaten conservation of sea turtles », *Science* 216, 1245–1247.

NYHART L. K. (1995), *Biology Takes Form : Animal Morphology and the German Universities, 1800–1900*, Chicago, The University of Chicago Press.

NYHOLM S. V., STABB E. V., RUBY E.G., MCFALL-NGAI M. J. (2000), « Establishment of an animal-bacterial association : recruiting symbiotic vibrios from the environment », *Proc. Natl. Acad. Sci. USA* 97, 10231–10235.

PIGLIUCCI M. (2001), *Phenotypic Plasticity : Beyond Nature and Nurture*, Baltimore (MD), Johns Hopkins University Press.

RELYEA R.A., MILLS N. (2001), « Predator-induced stress makes the pesticide carbaryl more deadly to grey treefrog tadpoles (Hyla versicolor) », *Proc. Natl. Acad. Sci.* USA 98, 2491–2496.

RIESSEN H. P. (1992), « Cost-benefit model for the induction of an antipredator defense », *American Naturalist* 140, 349–362.

SAGAN D., MARGULIS L. (1991), « Epilogue : the uncut self », *in* A. I. Tauber (ed.), *Organism and the Origins of Self*, Dordrecht, Kluwer Academic Publishers, p. 361–374.

SAPP J. (1987), *Beyond the Gene*, New York, Oxford University Press.

SAVAGE D. C. (1977), « Microbial ecology of the gastrointestinal tract », *Annual Review of Microbiology* 31, 107–133.

SCHLICHTING C. D., PIGLIUCCI M. (1998), « *Phenotypic Evolution : A Reaction Norm Perspective*, Sunderland (MA), Sinauer Associates.

SCHMALHAUSEN I. I. (1949), « *Factors of Evolution : The Theory of Stabilizing Selection* », Trans. by T. Dobzhansky. Chicago, The University of Chicago Press.

SEVERTSOV A. N. (1935), « *Modes of Phyloembryogenesis*. Quoted in M. B. Adams (1980), Severtsov and Schmalhausen : Russian morphology and the evolutionary synthesis », *in* E. Mayr, W. B. Provine (eds.), *The Evolutionary Synthesis*. Cambridge (MA), Harvard University Press, p. 193-225.

STAPPENBECK T. S., HOOPER L.V., GORDON J. I. (2002), « Developmental régulation of intestinal angiogenesis by indigenous microbes via Paneth cells », *Proc. Natl. Acad. Sci. USA* 99, 15451–15455.

THOMSON J. A. (1908), *Heredity*, London, John Murray.

TOLLRIAN R., DODSON S. I. (1999), « Inducible defenses in cladocera : constraints, costs, and multipredator environments », *in* R. Tollrian, C. D. Harvell (eds.), *The Ecology and Evolution of Inducible Defenses*, Princeton (NJ), Princeton University Press, p. 177–202.

TOLLRIAN R., HARVELL C. D. (eds.) (1999), *The Ecology and Evolution of Inducible Defenses*, Princeton (NJ), Princeton University Press.

UMESAKI Y. (1984), « Immunohistochemical and biochemical demonstration of the change in glycolipid composition of the intestinal epithelial cell surface in mice in relation to epithelial cell differentiation and bacterial association », *J. Histochem. Cytochem.* 32, 299–304.

WADDINGTON C. H. (1953a) « Genetic assimilation of an acquired character », *Evolution* 7, 118–126.

WADDINGTON C. H. (1953b), « Epigenetics and evolution », *in* R. Brown, J. F. Danielli, (eds.), *Evolution* (Soc. Exper. Biol. Symposium 7), Cambridge, Cambridge University Press, p. 186–199.

WADDINGTON C. H. (1956), *Principles of Embryology*, New York, Macmillan.

WEELE C. van der (1999), *Images of Development : Environmental Causes in Ontogeny*, Albany (NY), SUNY Press.

WEISMANN A. (1875), « Über den Saison-Dimorphismus der Schmetterlinge », *Studien zur Descendenz-Theorie*, Leipzig, Engelmann.

WERSKEY G. (1978), *The Visible College : The Collective Biography of British Scientific Socialists of the 1930s.*, New York, Holt, Rheinhart, and Winston.

WOLPERT L. (1994), « Do we understand development ? », *Science* 266, 571–572.

WOLTERECK R. (1909), « Weitere experimentelle Untersuchungen über Artveränderung, speziell über das Wesen quantitativer Artunderscheide bei Daphniden », *Versuch. Deutsch. Zool. Ges.* 1909, 110–172.

YOUNG J. P. W., JOHNSON A. W. B. (1989), « The evolution of specificity in legume symbiosis », *Trends in Ecology and Evolution* 4, 341–350.

INDEX DES NOTIONS

1. Il a été décidé de ne pas traduire ce terme.

1. Il a été décidé de ne pas traduire ce terme.

INDEX DES NOMS

TABLE DES MATIÈRES

Achevé d'imprimer en décembre 2020
sur les presses de
La Manufacture - Imprimeur – 52200 Langres
Tél. : (33) 325 845 892

N° imprimeur 201298 - Dépôt légal : janvier 2021
Imprimé en France